CIÊNCIA E TECNOLOGIA SOLAR NO BRASIL 60 ANOS

CIP-BRASIL. CATALOGAÇÃO NA PUBLICAÇÃO
SINDICATO NACIONAL DOS EDITORES DE LIVROS, RJ

F812c Fraidenraich, Naum.
Ciência e tecnologia solar no Brasil : 60 anos / Arno Krenzinger, Chigueru Tiba, Elizabeth Duarte Pereira, Naum Fraidenraich / organização Naum Fraidenraich. – 1. ed. – Porto Alegre [RS] : AGE, 2023.
261 p. ; 16x23 cm.

ISBN 978-65-5863-164-4
ISBN E-BOOK 978-65-5863-165-1

1. Energia solar – Brasil. 2. Energias Renováveis – Brasil I. Krenzinger, Arno, II. Tiba, Chigueru, III. Pereira, Elizabeth Duarte, IV. Título.

CDD: 333.79230981
22-81217 CDU: 551.521.37(81)

Meri Gleice Rodrigues de Souza – Bibliotecária CRB-7/6439

Naum Fraidenraich (Organização)

Arno Krenzinger
Chigueru Tiba
Elizabeth Duarte Pereira
Naum Fraidenraich

CIÊNCIA E TECNOLOGIA SOLAR NO BRASIL 60 ANOS

EDITORA AGE

PORTO ALEGRE, 2023

Edição geral:
Naum Fraidenraich

Edição:
Mariana Oliveira
Maria Clara Feitosa

Diagramação:
Luiz Arrais

Acervo de imagens:
Dos autores

Capa:
Maria Clara Feitosa,
utilizando imagens de Naum Fraidenraich e Wikimedia Commons

Finalização:
Stéfane Quezado

Revisão:
Maria Helena Porto
Maria Clara Feitosa
Naum Fraidenraich

Supervisão editorial:
Paulo Flávio Ledur

Impresso no Brasil / Printed in Brazil

AUTORES

NAUM FRAIDENRAICH (organização do livro e autor)

Professor Emérito da Universidade Federal de Pernambuco. Professor Titular aposentado pela mesma universidade. Possui título de Doutor em Engenharia pela Universidade Federal do Rio Grande do Sul. Formado como engenheiro pela Universidade Nacional de Buenos Aires. Realizou trabalhos de especialização no Departamento de Física do Imperial College of Science and Technology. Tem experiência em Engenharia Solar, tanto em aplicações térmicas quanto fotovoltaicas, em geometrias utilizadas na ótica de sistemas de concentração de energia solar e em modelos de sistemas solares.

ARNO KRENZINGER

Possui doutorado na Escuela Técnica Superior de Ingenieros de Telecomunicación – Universidad Politécnica de Madrid e Pós-Doutorado no Centro de Investigaciones Energéticas Medioambientales y Tecnológicas, CIEMAT – Espanha. Atualmente é Professor Titular aposentado da Universidade Federal do Rio Grande do Sul. Tem experiência na área de Energia Solar, tanto em aplicações térmicas quanto fotovoltaicas.

CHIGUERU TIBA

Possui doutorado em Tecnologias Energéticas e Nucleares pela Universidade Federal de Pernambuco (2000). Atualmente é Professor Titular da Universidade Federal de Pernambuco. Tem experiência no estudo do Recurso Solar, medições e tratamento de dados e na área de Engenharia Solar, com ênfase em Geração da Energia Elétrica e Térmica.

ELIZABETH MARQUES DUARTE PEREIRA

Possui doutorado em Química pela Universidade Federal de Minas Gerais. Professora aposentada, atuou como coordenadora de projetos de P&D na UFMG, PUC Minas e Instituto ANIMA SOCIESC. Tem atuado como consultora junto à Agência de Cooperação Brasil-Alemanha (GIZ), Câmara de Comércio Brasil-Alemanha (AHK), INMETRO, dentre outros. Tem experiência na área de Engenharia Térmica, com ênfase nos seguintes temas: energia solar térmica e fotovoltaica.

PREFÁCIO

A sistematização das atividades de *Ciência e Tecnologia Solar no Brasil – 60 anos*, revela a longa trajetória e persistência de um grupo de pesquisadores e docentes de diversas instituições de ensino e pesquisa no país, os quais, mesmo diante do ceticismo estabelecido à época sobre o potencial efetivo de a energia solar suprir parte significativa das necessidades de energia da humanidade, e de forma economicamente viável, desenvolveram suas atividades profissionais com paixão permanente na área solar. A persistência desse grupo de pesquisadores/docentes estimulou muitos jovens, entre o final da década de 70 e década de 80, entre os quais me incluo, a dedicar atenção especial à energia solar.

No meu referencial, limitado pelas condições de contorno geográficas em que me encontrava, destaco dois acontecimentos importantes que motivaram a difusão das potencialidades da energia solar para o público em geral e no meu interesse em particular: o Congresso Internacional da UNESCO realizado em julho de 1973, que teve como título "O Sol a Serviço da Humanidade", e o 1.º Ciclo de Debates "A Questão Energética: Problemas e Alternativas", promovido pela Comissão de Obras Públicas da Assembleia Legislativa do Estado do Rio Grande do Sul na primeira quinzena de outubro de 1977.

Durante o 1.º Ciclo de Debates, tive a oportunidade de assistir às palestras dos professores Paulo Roberto Krahe (Diretor da FINEP e do CNPq),

João Mayer (Diretor do Grupo de Energia Solar da UNICAMP e Presidente da FAPESP) e Oscar Daniel Corbella (Diretor do Grupo de Investigação em Energia Solar, do Programa de Pós-Graduação em Engenharia Metalúrgica e dos Materiais da UFRGS). Os três professores apresentaram uma perspectiva entusiasta sobre a utilização da energia solar no país. Certamente eles, assim como os precursores citados neste livro, foram os grandes responsáveis pela formação de uma geração que resistiu às dificuldades e investiu seu tempo no desenvolvimento profissional na área da energia solar. Eu nem imaginava que oito anos após o 1.º Ciclo de Debates estaria realizando minha pesquisa de mestrado sob a orientação do Professor Corbella.

Abandonando a breve retrospectiva pessoal, mantendo-me assim dentro dos limites saudáveis proporcionados por reflexões sobre o passado e caminhos percorridos, pode-se perceber que a trajetória histórica apresentada no livro, pelos professores Arno Krenzinger, Chigueru Tiba, Elizabeth Duarte Pereira e Naum Fraidenraich, contempla a formação de recursos humanos, desenvolvimento de dispositivos, protótipos, e estabelecimento de infraestrutura laboratorial em universidades e institutos de pesquisa. O trabalho de sistematização permite um olhar pelo retrovisor, revelando a persistência de todos na construção de infraestrutura de pesquisa no país na área de energia solar.

As atividades de pesquisa realizadas, em geral, encontraram dificuldades instrumentais e laboratoriais, essencialmente pelo contexto marginal de participação da energia solar nas questões energéticas no país. Muitos esforços foram realizados para criar as condições de contorno favoráveis ao desenvolvimento de pesquisas na área de energia solar, assim como ações de formação de recursos humanos e desenvolvimento de políticas incentivadoras para a área. As conquistas obtidas até aqui são frutos da participação real, efetiva e até entusiasta dos precursores mencionados no livro, os quais, como em outras escolhas na vida, tinham muita coisa a perder, decidiram pelo trabalho duro baseado na paixão duradoura, que possibilitou a pavimentação de uma substantiva infraestrutura laboratorial e de recursos humanos no país na área de energia solar.

Nas próximas décadas, devido ao seu efetivo potencial de desenvolvimento tecnológico e de mitigação dos impactos gerados pelo consumo dos combustíveis fósseis no planeta, a energia solar incrementará sua participação na matriz energética brasileira e mundial, e os esforços realizados no estabelecimento de infraestrutura e formação de recursos humanos revelarão sua importância estratégica. Espero que a retrospectiva histórica apresentada pelos autores no livro desperte interesse de uma nova geração na área de energia solar, provocando paixão e prazer tanto quanto propiciou durante uma vida de dedicação de muitos de nós.

Roberto Zilles
Professor Titular
Instituto de Energia e Ambiente da Universidade de São Paulo
São Paulo, 20 de novembro de 2021

Dedico este livro

a minha querida esposa María Inés,
companheira de todas as horas
e de toda minha vida.

Naum Fraidenraich

SUMÁRIO

APRESENTAÇÃO

A tecnologia solar, cujas realizações pós-Revolução Industrial remontam aos trabalhos de August Mouchot, entre 1864 e 1878, e às primeiras patentes na Índia, em 1878, atravessou fins do século 19 e primeira metade do século 20, construindo as bases teóricas e práticas do seu desenvolvimento. Após a Segunda Guerra Mundial, as aplicações da tecnologia solar irrompem na vida cotidiana. Coletores solares para aquecimento de água, em primeiro lugar, e módulos fotovoltaicos, posteriormente, começaram a ganhar mercado em forma ininterrupta e, no século 21, a tecnologia solar, juntamente com a energia eólica e a biomassa, se estabelecem como fontes de energia do futuro.

O livro tem origem na tese que apresentei na defesa de Professor Titular, no Departamento de Energia Nuclear da UFPE, no ano de 1999. A recomendação da banca de publicá-la como livro foi guardada na memória por mais de 20 anos, até que decidi desengavetá-la recentemente, há dois anos. A necessária atualização passou por diversas modificações na versão agora apresentada. Contei para esta tarefa com a colaboração indispensável das colegas Elizabeth Duarte Pereira (UFMG), Arno Krenzinger (UFRGS) e Chigueru Tiba (UFPE).

O objetivo do livro é mostrar, para um amplo público leitor, o complexo e polifacetado processo de pesquisa e desenvolvimento da ciência e tecnologia solar no Brasil ao longo dos últimos 60 anos. O esforço foi realizado por várias gerações de pesquisadores, instituições universitárias e institutos de pesquisa, assim também como a contribuição de organismos e políticas públicas. São 60 anos dedicados ao aproveitamento e à disponibilização da maior fonte de energia existente na superfície da Terra, tarefa realizada com o maior sucesso.

Ao longo de cinco capítulos são desenvolvidas as várias dimensões do espaço da tecnologia solar: espaço energético, comunidade científica, recurso solar, tecnologia solar térmica e tecnologia solar fotovoltaica.

O primeiro capítulo analisa indicadores do desempenho energético do Brasil e sua comparação com os indicadores dos países mais desenvolvidos. Dada a prevalência, no Brasil, do consumo de derivados do petróleo e suas consequências para o meio ambiente, este tema é apresentado em detalhes. Analisa-se o fenômeno do aumento de temperatura global do sistema terra-atmosfera e suas diversas manifestações. São descritos os compromissos assumidos pelo Brasil nas últimas conferências internacionais. Apresenta-se o tema da poluição ambiental, sua origem e os custos sociais decorrentes da utilização de combustíveis derivados do petróleo. Custos externos da energia, não contabilizados, são mostrados nas suas diferentes manifestações na saúde coletiva. O capítulo introduz as novas energias renováveis, solar, eólica e biomassa, e mostra sua contribuição e rápido crescimento no âmbito da produção de energia elétrica no cenário nacional.

Os protagonistas da inserção da tecnologia solar no sistema energético brasileiro, pioneiros, pesquisadores que atuaram e atuam em centros universitários e institutos de pesquisa, assim também como a Associação que os congrega e representa, são descritos ao longo do segundo capítulo. Escrito pelos Professores Arno Krenzinger e Naum Fraidenraich, relata as primeiras manifestações oficiais de interesse pela exploração da energia solar, no ano de 1952, até a criação efetiva do Laboratório de Energia Solar em 1971, na Universidade Federal da Paraíba, pelos Profs. Cleantho da Câmara Torres, Júlio Goldfarb e Antônio Maria Amazonas MacDowell. O capítulo relata a longa jornada que acompanha a Associação Brasileira de Energia Solar – ABENS, desde sua fundação, em fevereiro de 1978, até nossos dias. Um anexo informa sobre as pesquisas realizadas por centenas de pesquisadores que defenderam títulos de mestre e doutor nas universidades brasileiras, até o ano 1999.

O recurso solar do Brasil é abordado no capítulo terceiro. O autor, Professor Chigeru Tiba, destaca a importância que adquire o conhecimento adequado do recurso quando se trata de projetar e instalar sistemas solares, descreve os instrumentos utilizados nacional e internacionalmente para sua medição e os esforços realizados para construir bancos de informação solarimétrica no

Brasil. O resgate de importante conjunto de dados existentes em secretarias de governo dos Estados brasileiros é relatado, assim como a experiência de elaboração do Atlas Solarimétrico do Brasil.

O quarto capítulo, de autoria da Professora Elisabeth Duarte Pereira, descreve o panorama do setor solar térmico do Brasil, o vasto mercado que os sistemas de coletores solares térmicos abarcam e os benefícios decorrentes de sua utilização em residências e indústrias do Brasil. A aplicação da energia solar para aquecimento de água residencial é analisada e comparada com o uso de energia elétrica para o mesmo fim, mostrando as vantagens dos equipamentos que coletam radiação solar. Panorama do mercado solar térmico, crescimento e redução do ritmo de variação das vendas de coletores são mostrados em detalhe, desde 1994 até o presente, juntamente com o trabalho realizado para normalizar e qualificar os equipamentos. Exemplos de cálculo da superfície de coletores necessária para atender uma determinada demanda são apresentados. Descreve-se a diversidade de atores envolvidos no processo de decisões e suas diferentes percepções em relação a custos e benefícios, riscos e incertezas.

A tecnologia fotovoltaica, o início da pesquisa desde fins da década dos anos 1960 até nossos dias e as primeiras aplicações em residências rurais, afastadas da rede de energia elétrica, são relatadas. Numa perspectiva de tempo mais ampla, analisa-se o caminho, iniciado nas áreas rurais, a concorrência com a rede de energia elétrica, seu deslocamento para áreas urbanas e o retorno para o campo de acordo com as novas possibilidades que a tecnologia fotovoltaica oferece. São mostradas as novas arquiteturas de células solares lançadas no mercado na década de 2020. Destaca-se, também, o impulso proporcionado pela lei de comercialização de energia elétrica, do ano de 2004, para empreendimentos em escala de megawatt (potência superior a 12 MW) no marco regulatório vigente.

Agradeço aos inúmeros autores citados nas referências as valiosas informações e ideias às quais tive acesso durante a elaboração deste livro.

Agradeço igualmente à Professora Elielza Moura de Souza Barbosa pela importante colaboração brindada durante os primeiros passos no processo de elaboração deste livro e a generosa contribuição do Engenheiro Pedro Bezerra de Carvalho Neto sobre o marco institucional e regulatório, que culmina no Capítulo V.

Naum Fraidenraich
Recife, abril de 2022

CAPÍTULO 1

O SISTEMA ENERGÉTICO BRASILEIRO E AS ENERGIAS RENOVÁVEIS

Naum Fraidenraich

"Não escrevo um livro para que seja o último:
escrevo um livro para que outros sejam possíveis –
não necessariamente escritos por mim."
Michel Foucault

1.1 INTRODUÇÃO

A difusão da tecnologia solar no Brasil tem ingressado numa fase de crescimento tal, que permite vislumbrar sua implantação e consolidação definitiva na sociedade brasileira. Uma reflexão sobre as características que essa tecnologia assume hoje é um exercício necessário para aqueles que se preocupam com a promoção de um desenvolvimento sustentável, autônomo e solidamente alicerçado.

Talvez mais do que nenhuma outra, a tecnologia solar suscitou, ao longo de diferentes épocas, expectativas que foram, muitas vezes, sucedidas por grandes frustrações. As razões das primeiras podem ser compreendidas. A energia solar é nossa fonte principal de energia, incorporada à vida e à cultura da humanidade através de milênios. Faz parte do imaginário de povos e países, e a sua utilização e domínio constituem, em muitos casos, aspiração profunda dos seres humanos.

Entretanto, seu progresso não tem sido uniforme, atravessando períodos de rápidos avanços e outros de estagnação. A difícil concorrência com os combustíveis fósseis tem sido, em momentos, motivo de alento quando, por alguma circunstância, esses chegam a escassear. Em outros momentos, a causa de sua postergação indefinida.

Um período particularmente próspero foi o segundo pós-guerra. Mais recentemente, na década do 1970, paradoxalmente depois da crise do petróleo e de um período de grande euforia em relação às fontes renováveis, sobreveio um período de estagnação que manteve o ritmo de crescimento dessas fontes em nível vegetativo. No início da década de 1990, ingressamos na fase atual e, ao que tudo indica, parece ser o começo de sua inserção definitiva na sociedade.

Os caminhos pelos quais essa inserção acontece nem sempre são os previstos. Mas qual as águas que inundam uma planície e formam, primeiro, pequenos espelhos que mais tarde se estendem e vinculam-se para constituir uma lâmina única, a tecnologia de coletores solares planos, os sistemas de eletrificação rural, de bombeamento fotovoltaico e plantas solares fotovoltaicas vão ocupando aqueles nichos de oportunidade que, a princípio, a realidade dos sistemas energéticos convencionais possibilita, mesmo que não de maneira definitiva. Particularmente, os sistemas de eletrificação rural fotovoltaicos instalados em regiões remotas e isoladas contribuíram, devido a sua relevância social e a custos aceitáveis, para viabilizar essas aplicações. Por outro lado, concederam o tempo necessário para o amadurecimento da tecnologia em grande escala, o aumento da eficiência dos componentes e sistemas e a redução de custos. Assistimos, hoje, ao desenvolvimento de grandes usinas fotovoltaicas. No estado de Ceará foi instalada, na localidade de Tauá, em 2011, uma planta de 1 MWp e recentemente inaugurada a usina solar São Gonçalo na localidade de São Gonçalo do Gurgueia, no Piauí, de 437 MWp (PORTAL SOLAR).

Tem-se configurado, assim, uma situação bem diferente, e o quadro abarca não somente as aplicações da energia solar, mas todas as formas de energia renovável.

- Em primeiro lugar, começa-se a compreender que as energias renováveis constituem uma verdadeira alternativa à escala planetária, a médio e longo prazo, para as energias de origem fóssil. Duas são as características que as tornam tão atrativas: a) não são poluentes, o que elimina os custos que a sociedade vai ter que pagar no futuro para limpar a poluição associada às fontes convencionais de energia, e contribuem, significativamente, para a redução do aquecimento ambiental; b) pela sua própria natureza, estão espacialmente distribuídas, evitando os custos relativos à construção de redes de distribuição de energia.
- Os desenvolvimentos das últimas décadas resultaram na oferta de excelentes equipamentos, dispositivos e sistemas para produção de energia a partir de fontes renováveis, produtos que oferecem ampla segurança aos seus usuários.
- As energias renováveis se adaptam muito bem à abordagem filosófica da questão energética do ponto de vista da demanda, em lugar da visão tradicional da oferta. A primeira abordagem coloca a qualidade do serviço do ponto de vista do consumidor como questão central, permitindo, assim, evitar custos desnecessários associados ao uso irracional de energia.

O argumento em favor das energias renováveis já não mais está baseado exclusivamente na concorrência, favorável ou não, com os preços dos combustíveis fósseis, mas também com os impactos ambientais associados ao seu uso. Sabe-se, hoje, que a capacidade da natureza para absorvê-los é simplesmente finita. Por mais que tentemos desvincular os preços dos combustíveis fósseis dos investimentos que a sociedade deverá fazer para atenuar os efeitos decorrentes de sua utilização, a própria natureza se encarregará de mostrar, de forma muito eloquente, que se trata de uma tentativa inútil. Uma vez que a Natureza se pronuncie, e está se pronunciando, não teremos mais a chance de comparar custos e verificar que combustível é mais barato. Simplesmente deveremos correr atrás do prejuízo. Hoje, ainda temos a possibilidade de verificar que, feitas todas as contas, as energias renováveis são mais baratas.

Entretanto, é necessário estabelecer políticas que viabilizem sua utilização. Apesar de os equipamentos solares apresentarem baixos custos operacionais, o usuário deve efetuar um elevado desembolso inicial. Ao contrário de outros sistemas, dentre eles os convencionais, com baixo investimento inicial e elevado custo operacional. No caso da energia solar, paga-se logo no início boa parte do serviço que o sistema vai prestar ao longo de sua vida útil.

As ações necessárias para reduzir a barreira que separa o consumidor do acesso à energia solar passam a ser, deste ponto de vista, do âmbito das políticas energéticas, criando, por exemplo, linhas de financiamento orientadas a distribuir, ao longo da vida útil, o investimento inicial. A experiência brasileira com as megacentrais hidroelétricas é abundante nesse sentido. No caso da energia solar, em lugar de recursos multimilionários concentrados, se requer uma política de crédito que facilite o acesso a essa forma de energia, levando em consideração seus múltiplos benefícios e sua real competitividade.

É possível argumentar que estariam sendo criados mecanismos de favorecimento de uma fonte de energia em detrimento de outras, mas não é bem assim. Sempre existiram e ainda existem mecanismos de política de preços dos energéticos em função de uma política maior que favorece ou facilita o uso de uns combustíveis e coíbe outros. Assim acontece com os derivados de petróleo, por exemplo, onde o óleo combustível é o mais barato dos derivados e a gasolina o mais caro, diferença que responde a razões de política econômica e não a razões de índole técnica.

Mas as mudanças necessárias são de ordem geral e bem mais profundas que medidas de política financeira. É lugar-comum a noção de que, a partir de um certo ponto, qualidade de vida e consumo de energia não estão necessariamente correlacionados. Acima de certos valores, o consumo de energia passa a ser desperdício. Basta tomar nota do fato de que o consumo *per capita* de muitos países europeus é a metade do consumo de energia nos Estados Unidos. Por exemplo, em 2016, na França e Alemanha, o consumo de energia foi igual a 114 e 95 GJ/hab., respectivamente, enquanto nos Estados Unidos e Canadá, o consumo alcançou valores de 194 e 222 GJ/hab, respectivamente (Tabela 1.1). Destacam-se a Índia pelo baixo consumo por habitante, em lento crescimento (18 GJ/hab.), e a China triplicando, em uma década e meia, o seu consumo.

No Brasil, nesse mesmo período, o consumo de energia por habitante se encontra em níveis bem inferiores, 46 GJ/hab. (Tabela 1.1), tanto em relação a países mais desenvolvidos da Europa, quanto ao Canadá e aos Estados Unidos. Ao mesmo tempo, um Produto Interno Bruto (PIB) por habitante bem menor no Brasil conduz a consumos específicos (MJ/dólar, 2016) da mesma ordem, 4,16 MJ/dólar no Brasil e 3,70 MJ/dólar nos Estados Unidos (Tabela 1.2). Significa, no caso do Brasil, baixo consumo de energia por habitante, consumo altamente desigual e baixa produtividade, seja por tratar-se

TABELA 1.1 Consumo de energia por habitante (GJ/hab.).

País	1980	1990	2000	2010	2016
Alemanha	133	127	118	117	114
Austrália	133	139	152	145	141
Canadá	265	244	261	234	222
China	21	24	26	50	61
Espanha	54	65	88	83	74
França	107	102	111	103	95
Índia	10	12	12	16	18
Inglaterra	98	101	107	92	82
Itália	76	85	95	94	81
México	41	42	40	43	41
Rússia	SD	176	119	131	136
Estados Unidos	239	223	222	203	194
Japão	84	97	110	102	95
Brasil	33	31	37	45	46

Fonte: IEA (2017) (Elaboração do autor).

de produtos de baixo valor agregado ou porque uma parte importante da população ativa encontra-se desempregada.

Por motivos históricos, China, Índia e Rússia exibem elevados índices de consumo por valor agregado. Países de desenvolvimento recente ou que atravessaram situações históricas complexas apresentam baixo e moderado consumo de energia por habitante (61; 18 e 136 GJ/hab.), China, Índia e Rússia, respectivamente, e elevado consumo por valor agregado (8,82; 9,65 e 11,87 MJ/US$, no ano 2016) (Tabelas 1.1 e 1.2).

As políticas energéticas estão fortemente atreladas à necessidade de amenizar o impacto no aquecimento global e, ao mesmo tempo, ampliar o consumo de energia para os setores mais pobres da população. Por esse motivo, reduzir o consumo por dólar de valor agregado requer, em termos globais, ações diferenciadas e permanentes, tal como os acordos internacionais sustentam (COP21, 2015).

TABELA 1.2 Consumo de energia por dólar produzido (MJ/2010 US$).

País	1980	1990	2000	2010	2016
Alemanha	5,10	3,93	3,10	2,80	2,47
Austrália	4,46	3,87	3,43	2,80	2,52
Canadá	8,31	6,69	5,97	4,94	4,42
China	59,90	33,26	14,65	11,01	8,82
Espanha	SD	2,91	3,11	2,70	2,35
França	3,99	3,13	2,91	2,54	2,27
Índia	24,60	20,04	15,05	12,08	9,65
Inglaterra	4,49	3,54	3,02	2,36	1,94
Itália	3,10	2,75	2,62	2,64	2,37
México	5,08	5,33	4,36	4,64	4,05
Rússia	SD	18,48	18,39	12,26	11,87
Estados Unidos	8,38	6,19	4,98	4,19	3,70
Japão	3,27	2,56	2,60	2,29	2,10
Brasil	3,98	3,92	4,17	4,00	4,16

Fonte: IEA (2017) (Elaboração do autor).

Consideramos, a seguir, o atual contexto energético global e do Brasil, no que se refere ao problema ambiental, à eficiência energética e aos, assim denominados, custos externos. Posteriormente, analisamos a participação das energias renováveis na estrutura energética do Brasil e a importância do recurso solar.

1.2 O CONTEXTO ENERGÉTICO

A crise da energia dos anos 1970, junto à comoção causada pelo aumento dos preços do petróleo, inaugura um período de análise crítica sobre o funcionamento do sistema energético. Entre os aspectos que se destacam, podemos mencionar o problema ambiental, os custos externos e a eficiência energética. A preocupação com a rápida taxa de crescimento do consumo de energia e o volume de recursos necessários para sua sustentação suscitam, também, preocupações de caráter crítico sobre a forma de crescimento do setor energético, tradicionalmente guiado pela política de oferta de energia e não pelo atendimento de demandas específicas e bem-equacionadas. Surgem, assim, propostas de outras modalidades de planejamento dos recursos energéticos, que privilegiam ou outorgam maior importância à análise e gerenciamento da energia, não mais a partir da oferta, mas a partir de sua demanda.

Os procedimentos tradicionais de produção de energia e as estruturas que sustentam o sistema energético encontram-se, desta forma, diante de uma série de desafios, como a proteção do meio ambiente, a eficiência energética, os custos externos e o planejamento a partir da demanda. Desafios esses que, queira-se ou não, exigem respostas a curto e médio prazo. A paz que reinava até o período da crise do petróleo, quando a maior oferta de energia constituía a resposta principal do planejamento energético às demandas da sociedade, deverá cessar.

As limitações do processo de aquecimento global obrigam não somente a substituição de fontes de energia altamente poluentes por energias renováveis, mas também a reformulação das políticas para determinados setores de consumo, tal como o setor de transportes, basicamente rodoviário, reconhecidamente de baixa eficiência para cargas não perecíveis e para o transporte urbano.

1.2.1 A energia e o problema ambiental

As atividades humanas têm enfrentado, ao longo da história, a complexa tarefa de conciliar a capacidade de crescimento econômico com as oportunidades e limitações que surgem de sua interação com o meio ambiente. Nesse sentido, o sucesso tem coroado seus esforços. Mas como já é conhecido, esse é só o início da história. Imaginemos uma placa de Petri, cheia de bactérias e uma certa quantidade de nutrientes. Um crescimento exuberante tem lugar inicialmente. Uma vez esgotados os recursos existentes e mergulhados em seus próprios dejetos, o florescimento inicial cessa e é substituído por um processo de estagnação e colapso. A analogia com as sociedades humanas, apesar de limitada, não deixa de ser ilustrativa.

Ainda que os esforços para administrar as interações entre comunidades e meio ambiente sejam tão antigos quanto as civilizações humanas, o problema, no presente, tem se modificado drasticamente devido ao aumento sem precedentes na velocidade, escala e complexidade das interações. O que antigamente constituía um problema local tem se tornado, hoje, um problema global, na escala terrestre (aumento de CO_2 na atmosfera, aumento da temperatura global média, diminuição da espessura da camada de ozônio) ou regional (chuva ácida, e.g., na Europa e nos Estados Unidos). Episódios que antigamente podiam chegar a provocar danos relativamente reversíveis, hoje podem afetar várias gerações, presentes e futuras. O que no passado era um confronto direto entre preservação ecológica e crescimento econômico, hoje envolve múltiplas interações entre consumo de energia, agricultura e mudanças climáticas.

O efeito que mais preocupa, pelas suas possíveis consequências, é o aquecimento global da superfície terrestre. A análise de registros geológicos, observações e modelos de simulação permitem prever aumento da temperatura da terra devido ao aumento da concentração de gases responsáveis pelo efeito estufa. Surpreendentemente, esses efeitos não são provenientes de variações na concentração dos componentes mais importantes da atmosfera (oxigênio e nitrogênio), mas dos componentes menores. O Protocolo de Quioto relaciona como gases de efeito estufa (GEE) o dióxido de carbono (CO_2), o metano (CH_4), o óxido nitroso (N_2O), os hidrofluocarbonos (HFC), os perfluorcarbonos (PFC) e o hexafluoreto de enxofre (SF_6) (UN, 1997).

A queima de combustíveis fósseis contribui, significativamente, para a produção de vários gases contaminantes (monóxido e dióxido de carbono e dióxido de enxofre), o que coloca a produção de energia no centro do problema ambiental. O dióxido de carbono (CO_2) é responsável, junto com o metano e outros gases menos abundantes, pelo efeito estufa. O aumento da concentração desses gases na atmosfera e as possíveis perturbações associadas a eles, especialmente o aumento da temperatura média global, são motivo de forte preocupação. Alguns dados sobre a evolução histórica da fração de dióxido de carbono contido na atmosfera são ilustrativos.

Durante o período pré-Revolução Industrial, nos anos de 1700, o nível de carbono atmosférico encontrava-se na faixa de 280 ppm (partes por milhão em volume). Opera-se, então, uma lenta variação a partir do século XIX, atingindo 320 ppm na segunda metade do século XX. Uma nova era na mudança climática inicia-se a partir dos anos 1960, considerada um verdadeiro vulcão climático, para atingir o registro recorde de 403,5 ppm em março de 2016 (Figura 1.1). Uma simples projeção para 2030, mantendo a taxa de crescimento de CO_2 na atmosfera próxima dos valores atuais, oscilará entre 450 e 500 ppm.

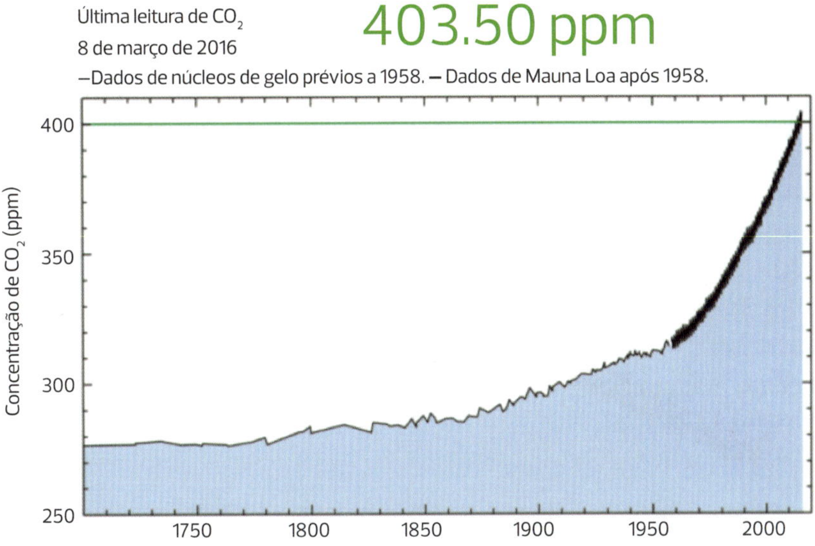

FIGURA 1.1 Variação de CO_2 no período 1700-2016, registrado pelo Observatório de Mauna Loa (Hawai).
Fonte: Scripps Institution of Oceanography (2016).

Quatro registros no período mais recente, 1975-2020, são mostrados na Figura 1.2. Obtidos em latitudes polares, norte e sul, além de latitudes intertropicais, mostram a consistência e a natureza planetária do fenômeno. As variações sazonais que se observam na figura se dão devido ao processo de fotossíntese, que, no período de crescimento das plantas, absorve CO_2 e o libera durante o processo de oxidação do tecido vegetal.

O dióxido de carbono é a forma principal em que o elemento carbono circula no sistema atmosfera-terra. O balanço de massa relativo ao CO_2 na atmosfera mostra que esta continha, na década 2000-2009, 829 bilhões de toneladas métricas de dióxido de carbono ou gigatoneladas (GtC), e a média da produção anual decorrente da queima de combustíveis fósseis (86%) e da devastação de florestas (14%) foi igual a 8,9 GtC, ou seja, 1,1% do CO_2 armazenado na atmosfera (HOUGHTON, 2015, p. 35). Desse fluxo, 4 GtC são incorporados à atmosfera e a diferença, 4,9 GtC, participa do intercâmbio atmosfera-planeta Terra, dos quais 2,3 GtC no sentido atmosfera-oceanos e 2,6 GtC no sentido atmosfera-terra. A relação do CO_2 com a temperatura global é resultado do intercâmbio de energia entre Sol e Terra, por meio da atmosfera.

O efeito estufa atmosférico é similar ao efeito utilizado em ambientes condicionados para a criação de determinadas espécies de plantas, denomi-

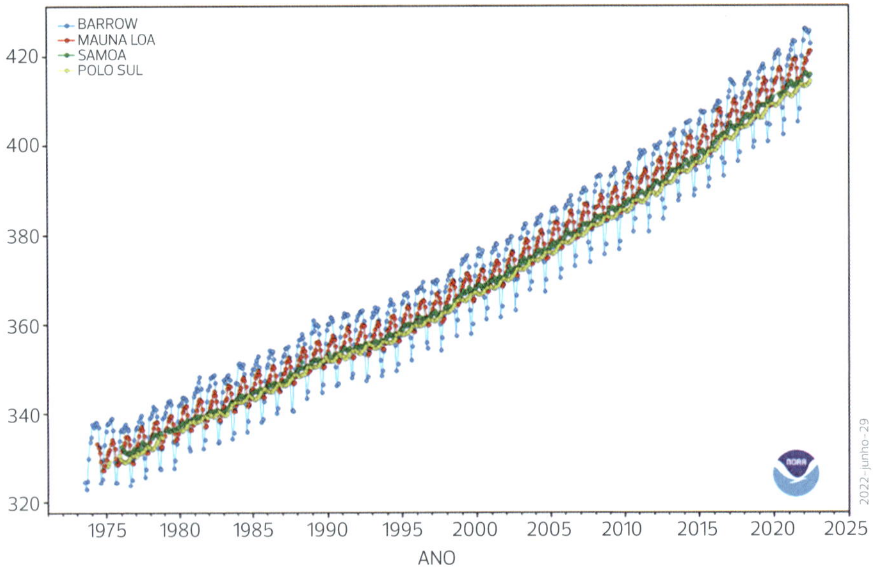

FIGURA 1.2 Registros da variação de CO_2 na atmosfera, no período de 1975–2020, obtidos em observatórios dos Estados Unidos: a) Observatório de Mauna Loa, Hawai, b) South Pole Observatory (SPO), Polo Sul, c) American Samoa Observatory (SMO), entre Havaí e Nova Zelândia e Barrow Atmospheric Baseline Observatory (BRW) no Polo Norte.
Fonte: NOAA (2020).

nados casas de vegetação. Em condições de equilíbrio, a radiação solar absorvida, seja pela atmosfera ou pela Terra, deve retornar ao espaço nas mesmas quantidades em que foi absorvida. A energia irradiada pela Terra e pela atmosfera na direção do espaço deve ser igual à energia irradiada pelo Sol que aquece a superfície terrestre. Se esse balanço é perturbado, aumentando a proporção de CO_2 residente na atmosfera, por exemplo, o equilíbrio pode ser restaurado se a temperatura da Terra aumenta.

A atmosfera se comporta como "quase transparente" para a radiação emitida pelo Sol e com baixa "transmissividade" para a radiação emitida pela Terra. Esse comportamento tem relação com o fato de que a radiação solar incidente, emitida pelo Sol à temperatura de 6.000K, está constituída pelo espectro visível, ultravioleta e infravermelho próximo. Já a radiação emitida pela Terra e atmosfera se encontra na região do infravermelho distante, devido às relativas baixas temperaturas de ambas, 300K e menos. A baixa transmissividade se deve, fundamentalmente, à presença de pequenas quantidades de moléculas, como CO_2, ozônio e CH_4, que absorvem a radiação infravermelha emitida pela Terra e dificultam sua passagem através da atmosfera. Dessa forma, a atmosfera "blinda" termicamente a superfície terrestre. Essa função de blindagem determina que a Terra alcance uma temperatura ambiente, em média, da ordem de 15°C. Se a atmosfera não existisse, as temperaturas seriam bem menores (- 6°C) (HOUGHTON, 2015, p. 18-19).

O acréscimo atmosférico de GEE por atividades humanas aumenta a função de blindagem da atmosfera, consequentemente aumenta a temperatura da Terra e, a partir de certo ponto, o que permitiu o desenvolvimento da vida na superfície terrestre passa a ser um grave problema para a humanidade: o aquecimento global.

Medidas realizadas na estação russa Vostok, na Antártica, ilustram a estreita correspondência entre concentração de CO_2 e temperatura na atmosfera (Figura 1.3) (PETIT et. al., 1999). As temperaturas são expressas como diferenças relativas à média do período 1961-90, também denominadas anomalias de temperatura (*temperature anomalies*) (HOUGHTON, 2015, p. 66).

Os registros da figura cobrem um período de 420.000 anos, obtidos mediante o exame de núcleos de gelo retirados ao longo de 3.623m de profundidade, na estação de medidas meteorológicas Vostok (PETIT et al., 1999; SCHNEIDER, 1989).

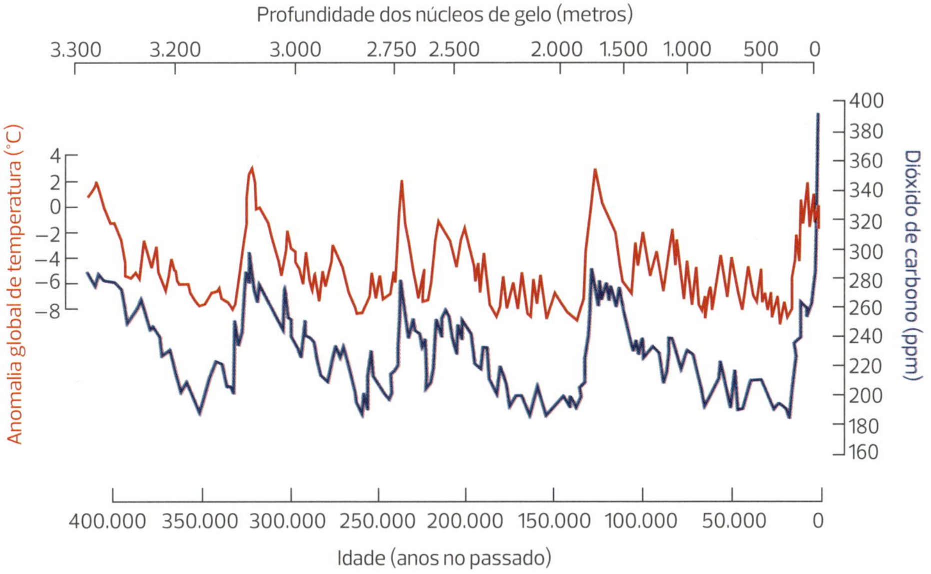

FIGURA 1.3 Variação da temperatura global e do dióxido de carbono (CO_2) ao longo de 420.000 anos, na estação Vostok, Antártica Leste (78° S, 106° E, elevação 3.488 m).
Fonte: Petit et al. (1999).

A técnica utilizada baseia-se na correlação existente entre a profundidade dos núcleos de gelo e sua idade. O exame de pequenas bolhas de ar presas no gelo informa sobre a composição da atmosfera na época em que ele se formou, em particular de gases tais como CO_2 e CH_4. A composição de isótopos de hidrogênio, também analisada, está relacionada com a temperatura da atmosfera no mesmo período. Observa-se o aumento da temperatura ambiente e do CO_2 no fim de uma era glacial, 140.000 anos atrás, e a queda de ambas as grandezas durante o último período glacial, de 100.000 anos de duração (de 130.000 a 30.000 anos atrás). A percentagem de CO_2 na atmosfera nesse longo período de centenas de milhares de anos permanece entre limites estáveis de 180 a 280 ppm (Figura 1.3).

Ao longo de um período mais curto, de 1880 a 2010, houve uma variação de temperatura junto com o aumento de CO_2, conforme ilustrado na Figura 1.4, na ordem de 280 ppm no início do século XX, até 400 ppm nos dias atuais (em 2019 a concentração de CO_2 atingiu o valor de 411 ppm).

O rápido aquecimento que se inicia em meados da década de 1970 excede o aquecimento de qualquer período anterior, em particular o que se estende do

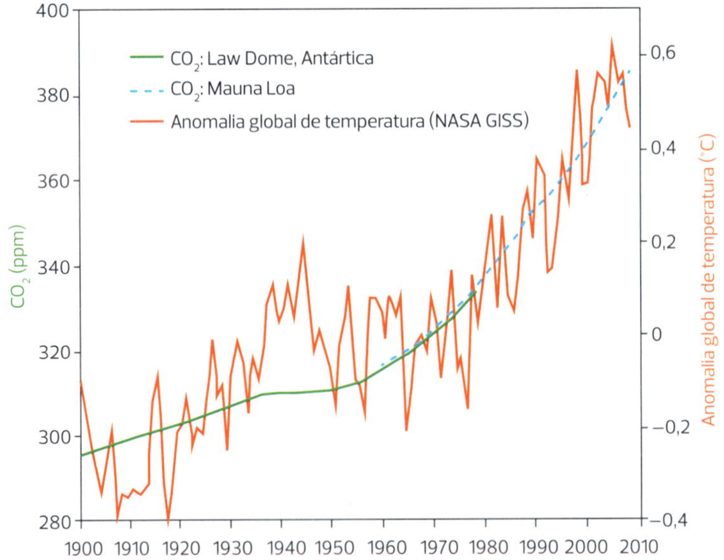

FIGURA 1.4 Registro da variação de CO_2 e do aumento de temperatura com relação à média móvel do período de 1951-1980. CO_2, linha verde, derivada de núcleos de gelo obtidos em Law Dome, Antártica Leste (CDIAC); CO_2, linha azul, medida em Mauna Loa (NOAA); temperatura, traço vermelho (GISS).
Fonte: Cook (2009).

início do século XX até 1970 (Figura 1.4). O aumento de temperatura observado desde 1900 até 1970 é da ordem de 0,3°C, ou seja, uma taxa de 0,0043°C/ano. Já no período de 1970-2005, o aumento é da ordem de 0,5°C, isto é, uma variação de 0,014°C/ano. Ou seja, uma velocidade de variação três vezes maior.

Essa observação mostra que, na hipótese de a taxa atual de emissão de dióxido de carbono não apresentar alterações, a temperatura poderá crescer 0,14°C a cada 10 anos, ou seja, 1,4°C em 100 anos. A variação pode parecer insignificante quando se compara com as variações normais de temperatura entre dia e noite ou entre um dia e outro. Porém, não se trata de variação localizada de temperatura em algum lugar da Terra, mas da temperatura média sobre a superfície terrestre, na sua totalidade. Um pequeno aumento da temperatura média da superfície terrestre significa um aumento significativo da energia térmica acumulada nas massas oceânicas, disponíveis para promover eventos como variação latitudinal das precipitações (redução para algumas latitudes e aumento para outras), aumento da taxa de evaporação devido ao aumento de temperatura, variação do fluxo de água dos rios, inundações e secas, tormentas e furacões, efeitos observados hoje com frequência cada vez maior.

As variações de temperatura observadas nos séculos XX e parte do XXI podem ser consideradas atípicas devido às elevadas taxas de variação observadas quando comparadas com as maiores variações de caráter histórico. Por exemplo, a diferença de temperatura entre o período mais frio da penúltima glaciação e o mais quente entre glaciações, igual a 8°C, é um aumento que se produz ao longo de 10.000 anos (Figura 1.3). Pela natureza das medições, as variações de temperatura registradas na estação Vostok, na Antártica, podem ser consideradas o dobro da temperatura média global terrestre. Uma taxa de crescimento, portanto, igual a 0,004°C cada 10 anos, significativamente menor que a taxa das últimas décadas, de 0,14°C cada 10 anos.

Os trabalhos do Painel Intergovernamental sobre Mudanças Climáticas (IPCC) têm contribuído, nas três últimas décadas, para a compreensão das causas e consequências do câmbio climático. Durante esse tempo, tem-se verificado uma aceleração no aumento do nível do mar e das emissões de GEE devido às atividades humanas, raiz do aquecimento global. O relatório considera necessária uma resposta global à ameaça do câmbio climático, mantendo o aumento de temperatura inferior a 2°C acima dos níveis pré-industriais e realizar esforços para limitar mais ainda esse aumento a 1,5°C (IPCC, 2018).

Diante desse panorama, as palavras de Roger Revelle e Hans E. Suess, pronunciadas em 1957, são apropriadas: "O homem está realizando uma grande experiência geofísica, não na escala de laboratório ou no computador, mas em escala planetária" (REVELLE; SUESS, 1957, p. 19, tradução nossa). As recomendações do IPCC são, hoje, mais urgentes do que nunca.

Emissão de CO_2 nas últimas décadas: global e no Brasil

Os setores energéticos e de transporte são os grandes emissores de CO_2 no mundo. No ano de 1960, representavam 50%, e no ano de 2010, constituíam 70% do total de emissões. Em 1990, a emissão de dióxido de carbono a partir de combustíveis como carvão, petróleo e gás natural foi da ordem de 20 bilhões de toneladas (t). No período de 1995-2010, a emissão de carbono experimenta um rápido crescimento que culmina, em 2010, em 30 bilhões de t emitidas (Figura 1.5). A taxa de crescimento no período de 1990-2000 é de 1,3% ao ano e no período de 2000-2010, de 3,2% ao ano. Compromissos internacionais forçam uma desaceleração a partir de 2013 (32,2 bilhões de t), permanecendo aproximadamente constantes até 2017. Já no período de 2017-2018, as emissões voltam a crescer. Em consonância com o aumento da emissão de CO_2, observa-se o aumento de sua concentração atmosférica.

Em junho de 2019, atinge o valor de 413,93 ppm, e em junho de 2020, atinge 416,39 ppm (Figura 1.2) (NOAA, 2019a), valores nunca alcançados na

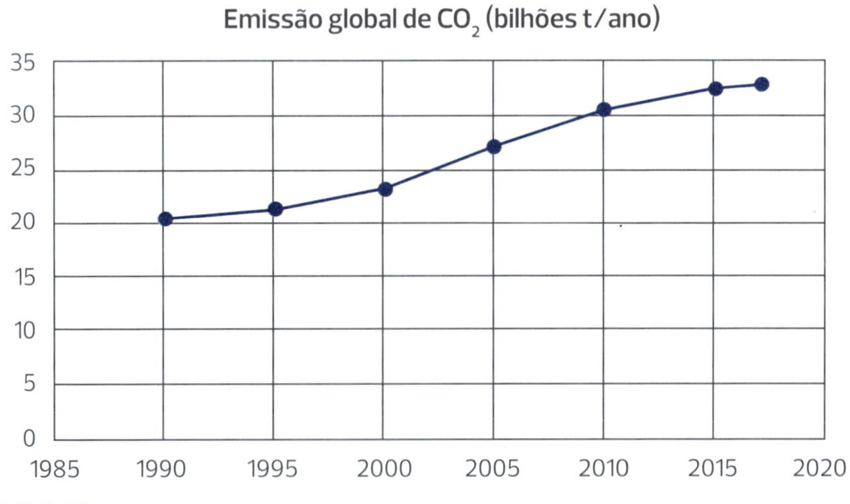

FIGURA 1.5 Emissão anual de CO_2 devido à combustão de gás natural, petróleo e carvão no período de 1990-2017.
Fonte: IEA (2018).

história humana. O aumento da temperatura global em novembro de 2019, com relação à média global (terra e oceanos) do século XX (1901-2000), igual a 12,9°C, foi igual a 0,92°C acima de 12,9°C (NOAA, 2019b).

Os valores de emissão de CO_2 representados na Figura 1.5 são o resultado de processos de combustão (IEA, 2018). No entanto, existem outras fontes de emissão de CO_2, particularmente mudanças no uso do solo e a produção de cimento, assim como emissão de outros gases, metano e óxido nitroso no setor agropecuário (Tabelas 1.3 e 1.4). Neste último caso, a contribuição é estimada pela relação de partes de CO_2, cujo efeito equivale a uma parte do gás em questão, metano e oxido nitroso, por exemplo, o que define o CO_2 equivalente (CO_2e).

TABELA 1.3 Emissões antrópicas globais de gases do efeito estufa (GEE) em CO_2e por setor da economia.

Setor	Ano 2010 (%)
Eletricidade	25,0
Transportes	14,0
Indústria	21,0
Edificações	6,4
Agricultura e florestas	24,0
Outras formas de energia	9,6

Fonte: Edenhofer (2014, p. 9). Elaborada pelo autor.

TABELA 1.4 Emissões antrópicas globais de gases do efeito estufa (GEE) em CO_2 e por fonte no ano de 2010.

Gás	Ano 2010 (%)
CO_2 (Combust. fósseis e processos industriais)	65
CO_2 (Florestas e outros usos da terra)	11
CH_4 (agropecuária)	16
N_2O (agropecuária)	6,2
HFC/PFC/SF_6	2,0

Fonte: Edenhofer (2014, p. 7).

Um aspecto que tem levantado polêmica se refere aos compromissos que devem ser assumidos por parte dos países desenvolvidos e em desenvolvimento, tema considerado explicitamente por Stern (2007a). Os países que mais emitem CO_2 são China, Estados Unidos, Índia, o conjunto de países europeus e Rússia, que totalizam 62% da emissão global. Em três décadas (1980-2010), a China aumentou as emissões em 5,5 vezes, a Índia em 6 vezes, Estados Unidos aumentou levemente e Rússia decresceu 32% (1990-2010). Os países europeus reduziram a emissão. Na América Latina, Brasil e México aumentaram consideravelmente, em 120 e 115%, respectivamente.

TABELA 1.5 Emissão de CO_2 ($MtCO_2$).

Países	1980	1990	2000	2010	2016
Alemanha	1.000,0	940,0	812,3	758,8	731,6
Austrália	206,7	259,7	334,7	384,1	382,4
Canadá	422,3	419,6	516,3	529,5	540,8
China	1.400,0	2.100,0	3.100,0	7.800,0	9.100,0
Espanha	186,3	202,6	278,6	262,1	238,6
França	455,2	345,6	364,7	341	292,9
Índia	263,3	529,1	884,7	1.600,0	2.100,0
Inglaterra	570,6	549,4	520,6	476,6	371,1

(Continua)

(Continuação)

TABELA 1.5 Emissão de CO_2 ($MtCO_2$).

Países	1980	1990	2000	2010	2016
Itália	355,4	389,4	420,4	392,0	325,7
Japão	–	1.042,0	1.136,0	1.127,0	1.147,0
México	204,6	257,0	359,7	440,5	445,5
Rússia	–	2.200,0	1.500,0	1.500,0	1.400,0
Estados Unidos	4.600,0	4.800,0	5.700,0	5.400,0	4.800,0
Brasil	167,8	184,3	292,4	370,6	416,7
Total	9.832,2	14.218,7	1.6220,4	2.1382,2	2.2292,3

Fonte: IEA (2017).

Quando se analisam as cifras da emissão de CO_2 por dólar de PIB, o quadro se modifica em parte (Tabela 1.6). China e Estados Unidos vêm reduzindo rapidamente as emissões por dólar de PIB, Rússia moderadamente e Índia sem modificações (Tabela 1.6). Todos os países europeus apresentaram redução importante. Entretanto, no Brasil e no México, a emissão por unidade de PIB se mantém uniforme ao longo das últimas décadas. Nesses países, a emissão aumentou na mesma medida que a produção, sem melhoras na relação entre elas, o que tem a ver com a eficiência energética, tema que será tratado mais na frente.

O perfil das emissões brasileiras de GEE difere significativamente do mundial. Os dados apenas revelam emissão de CO_2 devido a processos de combustão, no âmbito da produção de energia e processos industriais. No caso do Brasil, a contribuição do setor de florestas e uso da terra supera consideravelmente a emissão dos setores de energia e processos industriais (Tabela 1.7). No período 1990-2005, a emissão total cresceu a uma taxa de 3,3% ao ano. Em conjunto com México, o Brasil é um dos países que mais emitem CO_2 na América Latina.

A tarefa de redução das emissões é complexa. Afeta severamente a política energética das maiores economias do mundo, com implicações diretas nas políticas energética, agrícola, industrial e de transporte, sobretudo levando em consideração os prazos que as atuais circunstâncias, emergenciais, exigem.

TABELA 1.6 Emissão de CO_2 /PIB (kgCO_2/1.000US$ 2010).

Países	1980	1990	2000	2010	2016
Alemanha	0,49	0,37	0,26	0,22	0,19
Austrália	0,47	0,42	0,39	0,34	0,29
Canadá	0,54	0,41	0,38	0,33	0,30
China	4,11	2,54	1,39	1,28	0,96
Espanha	–	0,23	0,24	0,18	0,16
França	0,31	0,18	0,16	0,13	0,10
Índia	0,89	1,04	1,01	0,95	0,85
Inglaterra	0,47	0,34	0,25	0,19	0,13
Itália	0,26	0,22	0,20	0,18	0,16
Japão	–	0,20	0,20	0,20	0,20
México	0,38	0,39	0,39	0,42	0,35
Rússia	–	1,55	1,58	0,98	0,84
Estados Unidos	0,71	0,53	0,45	0,36	0,28
Brasil	0,17	0,15	0,19	0,17	0,18

Fonte: IEA (2017).

TABELA 1.7 Emissões antrópicas de dióxido de carbono no Brasil.

Setor	Ano 1990		Ano 2005	
	Mt	%	Mt	%
Energia	194	14	332	14
Processos Industriais	48	3	77	3
Mudança de uso da terra e florestas	826	57	1.398	60
Agropecuária	356	25	484	21
Tratamento de resíduos	12	1	54	3
Total	1.436	–	2.345	–

Fonte: Vital (2018).

Mais de 170 nações concordaram com necessidade de limitar as emissões de carbono para evitar os perigos das mudanças climáticas, formalizada na Convenção-Quadro das Nações Unidas sobre a Mudança do Clima (UNFCCC, 1992). Entretanto, a dura realidade é que as emissões globais variam a taxas elevadas, e novos esforços estão a caminho para expandir maciçamente a extração de combustíveis fósseis, seja perfurando a maiores profundidades oceânicas, extraindo óleos combustíveis de areias e rocas asfálticas, *hydro-fracking* para expansão da extração de gás natural, assim como novos procedimentos de mineração de carvão (HANSEN et al., 2013).

O economista britânico Nicholas Stern, diretor do Grantham Research Institute sobre Mudança Climática e Ambiente do London School of Economics, elaborou um extenso e detalhado relatório sobre o significado econômico do aquecimento global (STERN, 2007a). Em palestra pronunciada na Universidade de Manchester em 2007, Stern expressou que "o problema do aquecimento global envolve uma falha fundamental dos mercados: aquelas pessoas que prejudicam outras emitindo gases do efeito estufa geralmente não pagam pelos danos que causam" (STERN, 2007b, tradução nossa). Aspectos relevantes do relatório podem ser vistos no *site* do Grantham Research Institute sobre Mudança Climática e Ambiente. Dentre eles, destacamos:

- Existe tempo para evitar os impactos mais severos da mudança de clima se atuarmos com decisão agora.
- Os custos para estabilizar o clima são importantes, mas administráveis. A demora é perigosa e bem mais onerosa.
- O câmbio climático requer ação internacional baseada numa compreensão compartilhada dos países participantes (STERN, 2007a).

A mudança do clima e os danos da poluição para a saúde são considerados *externalidades*, ou seja, custos que não entram na formação do preço dos combustíveis e são pagos por toda a sociedade. O Professor James Hansen, um dos primeiros cientistas a fazer um alerta sobre o problema de aquecimento global na década de 1980, durante sua apresentação na COP21 em Paris, manifestou o seguinte sobre esse tema: "Se seu filho tem asma, quem vai ter de pagar a conta do hospital é você, não a empresa de combustível fóssil", e acrescentou que a negociação do clima está fadada ao fracasso se a estratégia de precificação de carbono não mudar (HANSEN, 2015).

1.2.2 Iniciativas nacionais e internacionais sobre aquecimento global e desenvolvimento sustentável

Convocada pela Organização das Nações Unidas (ONU), em junho de 1972, na cidade de Estocolmo, teve lugar a primeira grande reunião de chefes de Estado para tratar das questões relativas à degradação do meio ambiente. Reuniram-se representantes de 113 países e 250 organizações ambientais. Conhecida como "Conferência de Estocolmo", a Conferência das Nações Unidas sobre o Meio Ambiente Humano proclama pela primeira vez, na sua declaração final, Princípio 1, que:

> Os seres humanos têm o direito à liberdade, igualdade e condições de vida adequadas, em um ambiente de qualidade que possibilite uma vida digna e de bem-estar. Ao mesmo tempo, eles têm o solene compromisso de proteger e melhorar o meio ambiente para as gerações presentes e futuras (UN, 1972, tradução nossa).

No Brasil, o movimento para estabelecer práticas sustentáveis em regiões de florestas tropicais começou nos anos 1930 com a criação de parques nacionais. Localizados em regiões afetadas pelo desmatamento de florestas com fins agricultáveis, foram criados o Parque Nacional de Itatiaia, em São Paulo, Parque Nacional do Iguaçu, no Paraná, e Serra dos Órgãos, no Rio de Janeiro. Os parques nacionais foram criados principalmente na região Sudeste-Sul, a mais populosa e urbanizada do país. Somente a partir da década de 1960, com a expansão da fronteira agrícola e o aumento da destruição das florestas, criaram-se parques em outras regiões. Entre 1959 e 1961, 12 parques nacionais foram criados, três deles no Estado de Goiás e um no Distrito Federal (QUINTÃO, 1983; ESTEVES, 2006). Em 1960, são instituídas as Áreas Permanentes de Proteção (APPs) em torno de rios. Definem-se, também, compromissos para estabelecer reservas de áreas de florestação em terras de agricultores. Contudo, foi depois da Conferência de Estocolmo que o governo retomou a política ambiental, criando, em 1973, a Secretaria Especial do Meio Ambiente (SEMA).

A Constituição Federal promulgada em 1988 é reconhecida como uma carta avançada em matéria de proteção do meio ambiente. As leis cobrem as obrigações dos cidadãos, companhias, instituições e ações governamentais em relação ao problema ambiental (NOGUEIRA; LOPES, 2016).

Posteriormente à Conferência de Estocolmo, nos anos 1970, adotam-se novas-iniciativas no âmbito internacional para enfrentar o que já estava sendo considerado um grave problema global, o aumento da temperatura média da superfície terrestre (ONU, 2015).

Coube ao Brasil ser sede de duas importantes conferências internacionais:

1. A Conferência das Nações Unidas sobre Meio Ambiente e Desenvolvimento (UNCED) ou, ainda, Cúpula da Terra, realizada no Rio de Janeiro em 1992 e popularmente conhecida como Eco-92 (UNCED, 92). A reunião contou com ampla cobertura jornalística e a presença de representantes de 172 países e centenas de organizações ambientais. A Conferência do Rio consagrou o conceito de desenvolvimento sustentável formulado de acordo com o Relatório Brundtland (*Our common Future*): "(...) a humanidade tem a capacidade de promover o desenvolvimento sustentável de forma tal que atenda às necessidades do presente, sem comprometer a capacidade das futuras gerações atenderem às suas necessidades" (BRUNDTLAND, 1987, p. 16).

   Durante a conferência foram debatidos e elaborados os seguintes documentos: **a) Carta da Terra; b) Três convenções: Biodiversidade, Desertificação e Mudanças Climáticas; c) Declaração de Princípios sobre Florestas; d) Declaração do Rio sobre Ambiente e Desenvolvimento; e) Agenda 21.** A Agenda 21 é um programa de ação que viabiliza o novo padrão de desenvolvimento ambientalmente sustentável. A Convenção-Quadro das Nações Unidas sobre a Mudança do Clima (UNFCCC, 1992), instituída a partir da Eco-92 e da Agenda 21, foi ratificada por 196 países. Estabelece os lineamentos gerais das ações a serem promovidas para estabilizar as mudanças do meio ambiente. Por sua vez, cabe à Conferência das Partes (COP) estabelecer metas precisas para a redução da emissão de gases poluentes que intensificam o efeito estufa, com destaque para CO_2. A primeira dessas conferências, COP-1, foi realizada em Berlim em 1995, a COP-2 em Genebra no ano seguinte e a COP-3 em Quioto, no ano de 1997 (BRASIL, MMA, 2019a). A ratificação do Protocolo de Quioto estabeleceu a necessidade de mudanças na matriz energética dos países assinantes. Os elevados custos recairiam, principalmente, sobre os países desenvolvidos, em especial os Estados Unidos.

2. Com realização, novamente, na cidade do Rio de Janeiro, dessa vez no ano de 2012, a Rio+20 ou Conferência da ONU sobre o Desenvolvimento Sustentável reuniu um total de 193 representantes de países e ampla cobertura jornalística mundial. O resultado foi a avaliação das políticas ambientais adotadas, concluindo com um documento intitulado "O futuro que queremos. Nossa visão comum." (UN, 2012). O documento destaca aspectos sociais e ressalta o esforço conjunto para o combate à pobreza e à fome, a proteção das florestas, dos oceanos e da biodiversidade, assim como o incentivo à agricultura e à energia sustentáveis. No entanto, em reuniões posteriores, os acordos foram objeto de críticas em relação à falta de clareza, objetividade e não estabelecimento de metas concretas para que os países reduzissem a emissão de poluentes e preservassem ou reconstituíssem suas áreas naturais. Essas limitações virão a ser superadas, parcialmente, na COP-21.*

Conferência das Partes e COP 21

A Conferência das Partes (COP) é o órgão supremo da UNFCCC, que reúne anualmente os Países Parte em conferências mundiais. Suas decisões, coletivas e consensuais, só podem ser tomadas se forem aceitas unanimemente pelas partes, sendo soberanas e valendo para todos os países signatários (COP21, 2015).

Em dezembro 2015, foi celebrada, em Paris, a vigésima primeira Sessão da Conferência das Partes (COP21). As 196 nações que são parte da Convenção-Quadro aprovaram o Acordo de Paris, que passou a vigorar a partir de 2016. O Acordo aspira a limitar o aumento de temperatura a menos de 2°C acima dos níveis pré-industriais e realizar esforços para limitar o aumento de temperatura a 1,5°C acima dos níveis pré-industriais.

De acordo com a urgência na adoção de medidas relativas ao aquecimento global, foram estabelecidos compromissos definidos para cada país, denominados Contribuições Nacionalmente Determinadas (iNDC) (BRASIL, 2016). Em setembro de 2016, o Brasil adere ao Acordo de Paris, que entra em vigência em dezembro desse ano. Pelo compromisso assumido, o Brasil se propõe a reduzir, para o ano 2025, as emissões de GEE em 37% com relação

* Um guia para as conferências da ONU sobre meio ambiente pode ser encontrado em: https://sustainabledevelopment.un.org/conferences

às emissões do ano 2005, visando a uma redução de 43% para 2030. Também se compromete a aumentar a participação de bioenergia sustentável na sua matriz energética para aproximadamente 18%, restaurar e reflorestar 12 milhões de hectares de terra, bem como alcançar uma fração de 45% de fontes renováveis até 2030 (BRASIL, MMA, 2016).

Depois de mais de meio século de esforços desde a Conferência de Estocolmo, em 1972, existe, ainda, a incerteza de que as metas estabelecidas na COP21 serão alcançadas com sucesso. A batalha das emissões requer, além de compromissos internacionais, empenho com os compromissos nacionais, um processo de ampla discussão e um pacto com a sociedade.

1.2.3 A poluição atmosférica

Os efeitos das atividades humanas não somente alteram as condições da atmosfera, mas também afetam, em forma direta, as condições de vida na superfície da Terra. Poluição do ar e aquecimento ambiental são duas faces da mesma moeda. A rigor, todos os países contribuem para a deterioração da atmosfera, mas existem diferenças substanciais entre países de acordo com seu grau de desenvolvimento. Nesse sentido, o Relatório Stern (STERN, 2007a) estabelece, claramente, que a principal responsabilidade cabe aos países ricos, que são, ao mesmo tempo, os maiores poluidores do planeta.

Na Seção 1.3, energias renováveis, analisamos aspectos da matriz energética brasileira; no entanto, informações citadas nessa seção são também de interesse neste tema. A produção de energia elétrica no Brasil é basicamente de origem hidráulica. Os derivados de petróleo, gás natural e carvão participam com modestos 16%, enquanto a energia hidroelétrica representa 63% (2017) (Tabela 1.13). Entretanto, no âmbito geral, relativo aos energéticos destinados a indústria, transporte, comércio e produção de energia elétrica, a queima de combustíveis fósseis, derivados do petróleo, gás natural e carvão, representaram, em 2017, 59,2% da produção de energia primaria (Tabela 1.13). As fontes não renováveis de energia ocupam, portanto, o segmento majoritário da energia produzida no Brasil.

A contaminação ambiental não se distribui espacialmente de maneira uniforme, tendo caráter localizado. As grandes cidades brasileiras, distribuídas ao longo do território nacional, são particularmente afetadas pela queima de derivados do petróleo no setor de transportes.

Poeira, pólen, fuligem, partículas metálicas e gotas líquidas são emitidas durante processos de combustão ou transportadas pelo vento. Estes são poluentes primários. Processos físico-químicos convertem gases como dióxido do enxofre (SO_2), óxidos de nitrogênio (NO_x) e compostos orgânicos voláteis (COVs), na presença de vapor de água e luz, em poluentes secundários. Essa combinação complexa de partículas orgânicas e inorgânicas é o que se conhece como material particulado (MP) ou poluente.

A Organização Mundial da Saúde (OMS) estabelece limites a serem atingidos para a poluição do ar ambiente (WHO, 2018a), assim como valores adequados às realidades locais, com vistas à sua gradual redução (Tabela 1.8).

Graves problemas de saúde são provocados pela contaminação ambiental. As micropartículas dispersas no meio ambiente e inaladas durante a respiração podem conduzir a problemas bronquiais crônicos e infeções respiratórias, câncer de pulmão e problemas cardíacos. Na Tabela 1.9 são descritas as consequências para a saúde devido à poluição ambiental. Poluentes primários são aqueles que atuam da forma como são emitidos, e secundários são aqueles criados no ambiente por meio de transformações químicas a partir de certos poluentes primários.

A poluição do ar é considerada um problema global. De acordo com a Organização Mundial de Saúde (OMS), nove de cada 10 pessoas respiram ar poluído no mundo. Estima-se que, a cada ano, a poluição do ar causa 7 milhões de mortes prematuras (SNS, 2018; WHO, 2018b). Desse total, 91% são países de baixo e médio ingresso. Em torno de metade das mortes é devida à poluição ambiental das grandes cidades e a outra metade, nas regiões rurais, por causa da utilização de fornos de lenha ou outros combustíveis sólidos. Cerca de 3 bilhões de pessoas, 40% da população mundial, ainda não têm acesso a fogões desenhados para funcionar com baixa emissão de poluentes, principal causa de mortes prematuras nas regiões rurais.

TABELA 1.8 Valores-guia para a qualidade do ar. Material particulado fino e grosso.

	Material particulado fino $MP_{2,5}$ (µg/m³)	Material particulado grosso MP_{10} (µg/m³)
Média de 24 horas	25	50
Média anual	10	20

Fonte: WHO (2018a).

TABELA 1.9 Efeito dos poluentes atmosféricos sobre a saúde humana.

Poluentes primários	Poluentes secundários	Efeitos (dependem do nível de concentração e do tempo de exposição)
Material particulado (PM_{10}, $PM_{2,5}$)	–	Asma, bronquite e outras doenças respiratórias; doenças cardíacas; aumento da mortalidade
NO_2 + COV (compostos orgânicos voláteis)	–	Dificuldades respiratórias; irritação no nariz, garganta e dores no peito; tosse muito forte
Dióxido de nitrogênio (NO_2)	–	Doenças cardíacas e pulmonares (bronquite crônica, broncopneumonia, fibrose crônica, enfisema pulmonar) potencialmente fatais
	Nitratos	Similar a material particulado
Dióxido de enxofre (SO_2)	–	Problemas respiratórios e pulmonares; aumento de doenças em pessoas idosas; aumento de mortalidade
	Sulfatos	Similar a material particulado
Monóxido de carbono (CO)	–	Irritação nos olhos; agravamento de doenças respiratórias; diminuição da performance física e da capacidade respiratória
Oxidantes fotoquímicos	–	Estresse fisiológico em pacientes cardíacos; diminuição do desempenho físico; redução do transporte de oxigênio

Fonte: Adaptado de Galvão Filho (1996) e Rabl e Spadaro (2016).

No Brasil, as mortes em decorrência da poluição atmosférica aumentaram 14% em dez anos. Nesse período, o número de óbitos por Doenças Crônicas Não Transmissíveis (DCNT) passou de 38.782 em 2006 para 44.228 mortes em 2016 (BRASIL, 2019b). Um estudo do Laboratório de Poluição do Ar da Faculdade de Medicina da Universidade de São Paulo mostra que respirar o ar de São Paulo é tão prejudicial à saúde quanto a ser um fumante passivo. Segundo o estudo, respirar o ar da metrópole por duas horas é o mesmo que fumar um cigarro. Entretanto, devido a esse quadro preocupante, medidas efetivas de controle da emissão de poluentes atmosféricos produziram, ao longo dos últimos anos, melhorias na qualidade do ar para a maior parte dos poluentes monitorados (SÃO PAULO, 2017).

Fonte: Vecteezy (2023).

A Conferência do Rio de Janeiro (1992) estabeleceu no Princípio 16 de sua declaração que: "As autoridades nacionais deveriam fomentar a internalização dos custos ambientais pelo poluidor ou degradador, e o uso de instrumentos econômicos que impliquem que o poluidor deve, em princípio, arcar com os custos da degradação ambiental" (DECLARAÇÃO, 1992). Verifica-se, entretanto, que as camadas da população que menos contribuem para a deterioração do ambiente são as mais afetadas.

O tema da contaminação ambiental conduz à análise do custo da energia. Verifica-se que os custos ambientais não fazem parte das tarifas de energia elétrica ou dos preços dos combustíveis. Dessa forma, abdica-se de inibir o consumo irracional e ineficiente, tal como relataremos mais na frente. Por conseguinte, quais são os, assim denominados, custos externos da energia?

1.2.4 O custo da energia

Em 1989, o Departamento de Defesa dos Estados Unidos gastou, segundo algumas estimativas, mais de 15 bilhões de dólares para salvaguardar seus interesses durante a Guerra do Golfo. Outras estimativas elevam esse valor para 30 bilhões de dólares. A menor delas acrescenta US$ 23,50 ao custo do barril importado. Os gastos extras que o consumo de um barril de petróleo ou um kWh impõe, além do preço estabelecido, é o que se tem convencionado chamar de custos externos ou externalidades. São custos transferidos à sociedade como um todo, inclusive às pessoas que não participam como usuários desses bens (HUBBARD, 1991).

Há muito tempo é reconhecido que a produção de energia ocasiona danos ao meio ambiente. Os custos associados a esses danos têm sido tratados como custos externos à economia da energia, dado que, em princípio, o ambiente não é considerado uma mercadoria, mas um bem disponível livremente para todos e também facilmente poluído por todos. Os custos para reverter ou reparar esses danos seriam, teoricamente, pagos pela sociedade como um todo e a longo prazo, via redução da qualidade de vida ou, eventualmente, mediante impostos. Ignorando-os, o setor energético tem tomado decisões fortemente influenciadas por preconceitos com relação às energias renováveis, que são ambientalmente benignas e impõem custos sociais menores.

A existência desses custos tem levado, nas últimas décadas, ecologistas e economistas ambientais a lutarem para identificá-los e medi-los. Por enquanto, a economia convencional e a política de mercado os têm ignorado sistematicamente, assim como sua perversa consequência, o elevado custo social, já que as forças do mercado conduzem inevitavelmente ao uso excessivo de produtos ou serviços subvalorizados.

O progresso da civilização poderia ser demarcado em termos da internalização de custos, percebidos pela sociedade como custos externos. Os primeiros custos internalizados talvez tenham sido os custos das matérias-primas e da terra. Um longo e doloroso processo internalizou o custo da mão de obra, quando da abolição da servidão, o custo da educação, por meio da criação da escola pública, da maternidade (licença-maternidade), cuidados da criança e segurança no trabalho, mediante seguros e outros meios de compensação. Custos externos como a poluição química ou térmica gerada por processos industriais e a produção de energia em particular colocam novos desafios ao processo de internalização.

A quantificação dos custos externos não é tarefa fácil. Por exemplo, efeitos sobre a saúde da população resultantes da contaminação ambiental, como doenças pulmonares ou envenenamento devido à contaminação com chumbo ou mercúrio, são difíceis de estimar. Com critérios similares aos adotados em outras situações, só cabem, nesses casos, as medidas preventivas que evitem suas graves consequências. Outras externalidades, ainda que difíceis de quantificar, podem ser avaliadas de forma qualitativa.

Análise detalhada e quantitativa do impacto dos custos externos tem sido realizada nos últimos anos. A descrição da metodologia para análise dos custos ambientais e apresentação dos resultados obtidos no projeto ExternE (External Costs of Energy) da Comissão Europeia, assim como em projeto similar desenvolvido nos Estados Unidos, é realizada por Rabl e Spadaro (2016). Os custos são calculados a partir do, assim denominado, Impact Pathway Analysis (IPA), cujos passos mais importantes podem ser agrupados como: emissão, dispersão, impacto e custo.

Nas Figuras 1.6 e 1.7 são mostrados resultados selecionados do documento ExternE, atualizados em 2016. São diferenciadas três categorias de danos: à saúde humana, ao ambiente (inclui danos à agricultura, construções e ecossistemas) e à mudança climática. Para a tecnologia nuclear, são apresentadas duas opções: a primeira, convencional, e a segunda opção utiliza a estimativa de Rabl e Rabl (2013), que incorpora os custos de um acidente catastrófico e vazamento de resíduos. A energia eólica tem duas entradas: uma composta por energia eólica e ciclo combinado com gás natural, acionado a gás, e outra eólica isolada, admitindo suficiente capacidade de armazenamento.

Na Figura 1.7, são apresentados os custos da Figura 1.6, porém organizados por etapa de processo na produção de energia (pré e pós-produção de energia) em €cent 2013/kWh.

Observa-se que a tecnologia fotovoltaica apresenta custos externos bem maiores que a tecnologia solar térmica. Entretanto, os custos atuais da tecnologia solar térmica são bem maiores que a fotovoltaica, de forma que os custos totais da tecnologia fotovoltaica (atuais mais externos) continuam sendo menores que a solar térmica. Como era de se esperar, os processos de conversão do carvão em energia elétrica resultam nos custos externos mais elevados.

A manifestação explícita do processo de internalização e sua incorporação ao custo da energia têm relevância social. Trata-se de uma batalha da sociedade para colocar em evidência os danos relativos ao meio ambiente, por meio de aspectos tangíveis que afetam o dia a dia das pessoas, e atuar, com as políticas necessárias, na salvaguarda da qualidade de vida de gerações presentes e futuras (SÃO PAULO, 2017).

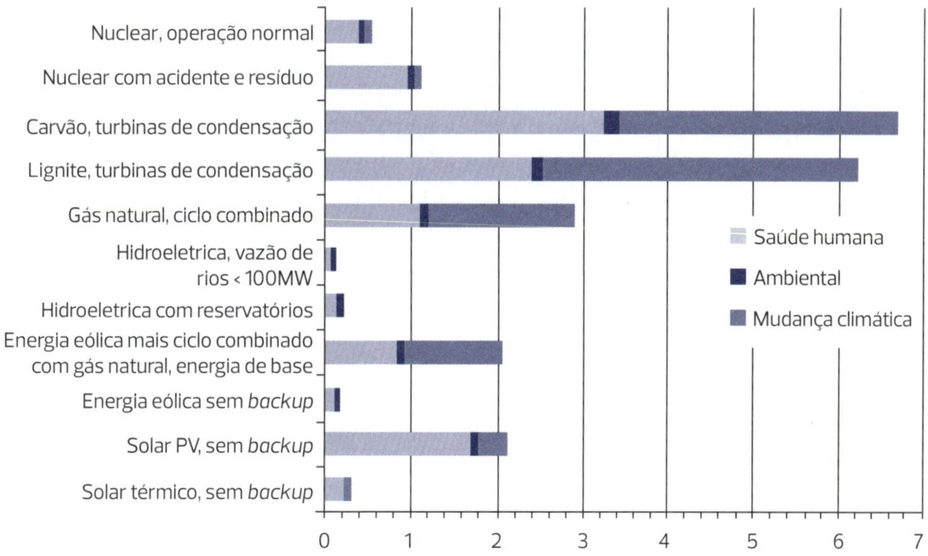

FIGURA 1.6 Resultados selecionados de custos por categoria de impacto para tecnologias ativas em 2010, em €cent2013/kWh.
Fonte: Rabl e Spadaro (2016).

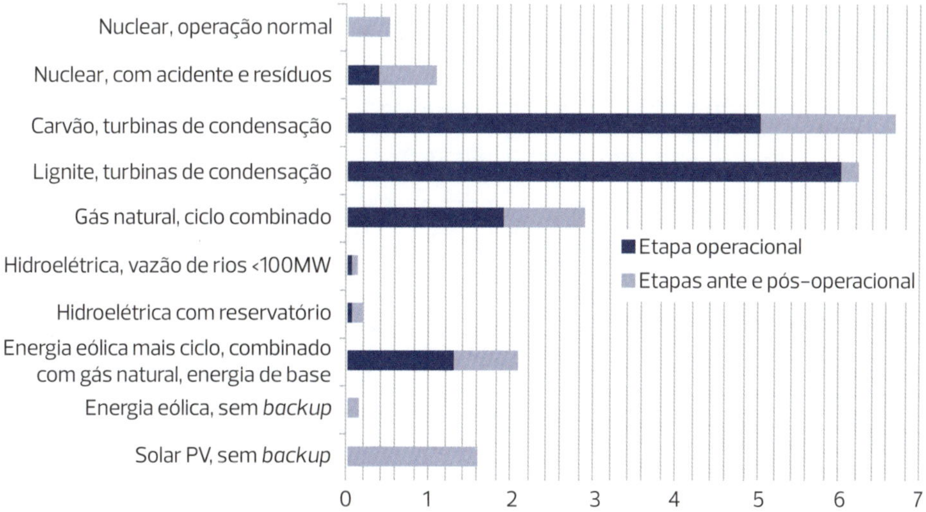

FIGURA 1.7 Análises dos custos apresentados na Figura 1.6 por etapa da cadeia de processos na produção de energia em €cent2013/kWh. Dados de ExternE, porém atualizados para 2013.
Fonte: Rabl e Spadaro (2016).

1.2.5 Eficiência energética

Da tríade problema ambiental, custos externos e eficiência energética, esta última categoria é, no momento, a mais aceita por profissionais que atuam no setor energético. As ações para melhorar a eficiência no uso da energia recebem o nome de conservação de energia, denominação não muito apropriada, já que não se trata de conservar a energia, mas de utilizá-la adequadamente (a energia se conserva em qualquer caso, apesar de se degradar).

O espaço existente para a melhoria da eficiência no uso de energia é muito grande. Nos anos posteriores à crise do petróleo, foi realizado, no Brasil, um esforço considerável nesse sentido, abarcando todas as formas de energia. Nessa tarefa, o Brasil alcançou êxitos importantes na redução do consumo específico. Porém, resta muito por ser feito, como pode ser concluído a partir

TABELA 1.10 Consumo final de energia na indústria em MJ/1000 US$ PIB (constante 2010).

País	1980	1990	2000	2010	2016
Alemanha	2,09	1,45	1,02	0,95	0,84
Austrália	1,96	1,59	1,41	0,98	0,86
Canadá	3,24	2,54	2,27	1,58	1,46
China	23,36	13,97	6,59	6,82	5,03
Espanha	ND	1,19	1,21	0,81	0,66
França	1,52	0,97	0,87	0,68	0,59
Índia	6,65	6,61	5,27	4,83	4,05
Inglaterra	1,57	1,10	0,91	0,57	0,47
Itália	1,36	1,05	0,94	0,76	0,62
Japão	1,70	1,23	1,07	0,94	0,82
México	2,08	2,24	1,61	1,58	1,34
Rússia	ND	7,39	7,17	5,27	5,46
Estados Unidos	3,10	1,92	1,54	1,13	0,96
Brasil	1,67	1,72	1,88	1,84	1,70

Fonte: IEA (2017).

dos dados na Tabela 1.10, onde se compara o consumo de energia na indústria por unidade do PIB do Brasil com o consumo de outros países.

No setor industrial, durante o período entre 1980 e 2016, na maioria dos países desenvolvidos, inclusive Estados Unidos, o consumo específico de energia foi reduzido para menos da metade, enquanto no Brasil esse indicador permaneceu aproximadamente constante (Tabela 1.10). Na China, com elevados valores absolutos, observa-se uma redução drástica do consumo específico, ficando quatro vezes menor. Na Índia, México e Rússia, a redução é moderada, no intervalo de 25 a 40%, mas com valores absolutos elevados. Existe ampla margem para redução do consumo específico no Brasil, de forma que, assim como nos anos 1980 houve uma enérgica e eficiente política de redução do consumo de energia na indústria, também hoje poderá ser parte da contribuição do Brasil na redução das emissões de CO_2.

A distribuição do consumo de energia por unidade de produto interno bruto, nos diversos setores da economia do Brasil, pode ser vista na Tabela 1.11. Existe grande disparidade no consumo de energia entre setores, não somente devido ao consumo de energia, mas também devido ao produto bruto do setor. Setores com baixo produto interno bruto tendem a mostrar consumos específicos elevados. Por exemplo, o setor de transporte apresenta o maior consumo específico de todos os setores da economia (mais de quatro vezes o consumo específico do setor industrial). O maior consumo específico na indústria observa-se no setor de metalurgia, que, em 2016, tinha uma relação de 8 para 1 com relação ao consumo de todo o setor industrial.

1.3 AS ENERGIAS RENOVÁVEIS NO BRASIL

Energias renováveis são utilizadas desde as origens da humanidade: lenha, carvão vegetal, resíduos agrícolas e animais. A combustão da lenha, o fogo, é fonte de luz, calor para aquecimento e cocção. No presente, o uso tradicional de biomassa no mundo faz referência ao emprego desses combustíveis por meio de procedimentos simples, fogão de três pedras, basicamente para aquecimento e cocção, utilizados por famílias de baixa renda.

Do ponto de vista energético, biomassa de diferentes origens (madeira, carvão vegetal, cana-de-açúcar, ceras, entre outros) é empregada até os dias de hoje no Brasil. Utilizado pela indústria, o bagaço da cana-de-açúcar é um importante resíduo do processo de produção de açúcar e álcool, empregado

TABELA 1.11 Consumo Final de Energia do Setor/PIB do Setor em tep/10^6 US$ (constante 2010)

Setor	2008	2010	2015	2016
Serviços	48,6	49,6	55,7	56,2
Comércio e outros	7,0	6,9	7,8	7,8
Transportes	653,6	682,1	775,8	818,3
Agropecuário	88,2	86,9	84,4	79,4
Indústria	157,7	158,2	165,4	173,6
Extrativa mineral	108,7	95,9	93,7	86,0
Transformação	160,6	162,3	170,7	179,7
Não metálicos	625,9	636,0	665,2	688,0
Metalurgia	1.428,1	1.410,8	1.437,6	1.402,2
Química	340,2	326,8	327,8	323,4
Alimentos e bebidas	414,7	429,0	415,6	448,9
Têxtil	148,3	153,4	177,6	175,1
Papel e celulose	1.030,4	1.070,0	1.089,2	1.117,7

Fonte: Balanço Energético Nacional, Brasil (2018).

tradicionalmente para autoabastecimento energético das usinas onde se elaboram esses produtos.

Energias não renováveis, o carvão mineral em primeiro lugar, começam a ser utilizadas em forma regular na Inglaterra na época da Revolução Industrial (1750). A descoberta de uma jazida de petróleo em 1859, nos Estados Unidos, marca o início da utilização moderna desse combustível. Depois da Segunda Guerra Mundial, a indústria automobilística e o petróleo se desenvolvem impetuosamente, de maneira simultânea e interdependente, ao ponto que o petróleo é, hoje, o combustível que alimenta a economia mundial. Entretanto, o aquecimento global questiona, no presente, a continuidade do seu uso.

As fontes renováveis de energia de exploração mais recente, com tecnologias modernas, são energia solar, energia eólica, derivados da biomassa (álcool), hidroeletricidade, geotermia, energia das marés e das ondas de mar. Em particular, as duas primeiras formas são, hoje, utilizadas em larga escala no mundo, embora incipientes, com taxas de crescimento elevadas.

1.3.1 Programas de incentivo às energias renováveis no Brasil

Álcool combustível

O uso de fontes renováveis de energia tem longa tradição no Brasil. A utilização de álcool combustível no transporte automotor remonta aos anos 1930 e adquire importância após a Segunda Guerra Mundial. No documento *Biofuels for transport:...*, do Worldwatch Institute (2007), destaca-se que, no início do século XX, os biocombustíveis chegaram a ocupar 5% da oferta de combustível na Europa, com suporte principalmente na Alemanha e na França e que, entre a Primeira e Segunda Guerras, o etanol suplementou o petróleo na Europa, nos Estados Unidos e no Brasil. Entretanto, com a desmobilização militar e a descoberta de novos campos de petróleo, a fartura de petróleo barato eliminou os biocombustíveis do mercado.

A dependência do petróleo e as incertezas derivadas de um mercado fortemente subordinado à situação internacional, à existência de períodos de paz ou guerra, incentivou a procura de uma situação energética mais estável. A

solução dessa problemática viria a se expressar, obrigatoriamente, devido às condições favoráveis encontradas no Brasil, como o estímulo ao uso de energias renováveis. Programas governamentais de incentivo, como o Proálcool e o PROINFA, contribuíram tanto para a consolidação da utilização do álcool combustível, assim como para a introdução das novas formas de energia renovável, especialmente eólica e solar.

Em 1975, por meio do Decreto n.º 76.593, o governo brasileiro criou o Programa Nacional do Álcool, Proálcool (ALISSON, 2016).

> Essa ação governamental, motivada principalmente pela súbita elevação dos preços do petróleo (primeiro choque do petróleo, 1973), representou um marco no processo de desenvolvimento econômico e social no Brasil. Até então, a imagem da cana-de-açúcar estava ligada a economias e relações sociais atrasadas, basicamente objeto de pesquisa de sociólogos e historiadores. Dadas as circunstâncias, principalmente econômicas e de segurança energética, empresários uniram-se ao governo federal para implantar, em 1975, um conjunto de ações que resultaria no programa de energia renovável, o Proálcool, uma iniciativa inédita em um país sem tradição em inovação científica e tecnológica (BARBOSA CORTEZ, 2016).

A história do Proálcool, como toda jornada de avanços tecnológicos, é uma história de muitos contratempos e também de bons resultados: progresso tecnológico e industrial, indústria nacional de equipamentos, consolidação do mercado de álcool como combustível automotor. A superação das dificuldades contou sempre com a capacidade da comunidade científica nacional em buscar soluções e colaborar com o setor sucroalcooleiro. Embora o Proálcool tenha se encerrado na década de 1980, seu nome ainda é empregado com frequência para descrever as atividades de produção e uso do etanol combustível (BARBOSA CORTEZ, 2016).

Programa de Desenvolvimento Energético dos Estados e Municípios – PRODEEM

A necessidade de atendimento energético de residências localizadas em regiões distantes ou isoladas do território nacional deu origem a uma iniciativa do Ministério de Minas e Energia (MME) denominada Programa de Desenvolvimento Energético dos Estados e Municípios (PRODEEM), instituído por meio de decreto presidencial de 27 de dezembro de 1994.

O objetivo principal do programa foi promover a instalação de microssistemas energéticos autônomos em comunidades carentes não atendidas pela rede elétrica, com a finalidade de atender a uma demanda mínima de energia elétrica e promover, ao mesmo tempo, o desenvolvimento econômico-social da comunidade. Depois dos passos iniciais do programa, foi considerado que, numa primeira etapa, era interessante a instalação dos sistemas em locais de interesse público, como escolas, postos de saúde, igrejas e centros comunitários. Reservas indígenas também constituíram alvo do programa.

A dinâmica da execução do programa e os dados da realidade sugeriram os sistemas fotovoltaicos como a opção mais viável. Desse modo, 8.700 sistemas foram instalados no que foi a primeira experiência de implantação de sistemas fotovoltaicos em grande escala nas regiões rurais do Brasil. O programa se estendeu até 2004, ano em que o PRODEEM foi vinculado ao Programa Luz para Todos (GALDINO; LIMA, 2002).

Programa de Incentivo às Fontes Alternativas de Energia Elétrica – PROINFA

O Programa de Incentivo às Fontes Alternativas de Energia Elétrica (PROINFA) foi criado pela Lei n.º 10.438, art. 3.º, em 26 de abril de 2002. Procurava-se, com a regionalização, maior segurança no abastecimento de energia elétrica, participação importante de fontes renováveis, redução da emissão de gases de efeito estufa e valorização das potencialidades regionais e locais por meio da geração de empregos (BRASIL, MME, 2009).

Em decorrência do novo marco do setor elétrico estabelecido pela Lei n.º 10.848, de março de 2004, que prevê a contratação de energia por meio de leilões de energia, coube à Centrais Elétricas Brasileiras S.A. (Eletrobras) o papel de agente executor, com a celebração de contratos de compra e venda de energia (CCVE), responsável pela comercialização da energia gerada pelos empreendimentos contratados no âmbito do PROINFA por um prazo de 20 anos (BRASIL, MME, 2009; MOREIRA, 2007) (vide próxima seção).

As fontes alternativas passaram a figurar como opção factível para o fornecimento de energia, inclusive com a realização do primeiro leilão voltado exclusivamente para sua categoria – o Leilão de Fontes Alternativas (LFA) de 2010 (DINIZ, 2018).

Nesse ambiente, a energia eólica registrou um crescimento notável ao longo de um período de 10 anos. A tecnologia eólica, além do PROINFA e do ambiente de contratação livre (ACL), teve projetos contratados em dezesseis leilões e expandiu seu parque produtor rapidamente, saltando de 27 MW de capacidade instalada em 2005, para 12.300 MW em 2016-2017, chegando a corresponder a 8% da matriz elétrica brasileira (DINIZ, 2018; ABEEÓLICA, 2017).

1.3.2 Comercialização de energia elétrica

A consolidação do processo de difusão da tecnologia solar no Brasil decorre, principalmente, da intensa queda do preço dos equipamentos no mercado mundial e local, de modo que tem promovido a formulação de legislação favorável à inserção tecnológica dessa fonte. A Lei n.º 10.848, de 15 de março de 2004, dispõe sobre a comercialização de energia elétrica de acordo com os seguintes conceitos:

- Modicidade tarifária, obtida por meio dos leilões de energia organizados pelo governo brasileiro.
- Segurança no fornecimento de energia elétrica.
- Universalização dos serviços.
- Estabilidade regulatória.

A comercialização no Sistema Interligado Nacional (SIN) de energia elétrica no Brasil é feita em dois ambientes, o Ambiente de Contratação Regulada, voltado para as concessionárias de distribuição, para atendimento do mercado de consumidores cativos, e o Ambiente de Contratação Livre, voltado para os consumidores livres.

Ambiente de Contratação Regulada (ACR). Leilões

Faz referência à contratação feita por meio de leilões de energia, organizados pelo governo, em que empresas interessadas concorrem na venda de uma certa quantidade de energia sob a oferta do menor preço. Os empreendimentos exitosos no certame são contratados com antecedência de quatro ou seis anos (designados como Leilão A-4 ou A-6, respectivamente). Esses leilões constituem os pilares do arranjo institucional introduzido em 2004 e são classificados de acordo com suas características de contratação e tipo de energia (CCEE, 2015).

Ambiente de Contratação Livre (ACL)

A contratação é realizada por meio de livre negociação bilateral entre compradores e vendedores.

1.3.3 Programa Luz para Todos

O Programa Luz para Todos empreendeu a difícil e postergada tarefa, no tempo, de eletrificar mais de 90% das propriedades rurais do Brasil. Neste capítulo, algumas considerações breves sobre o Programa são realizadas, já que no Capítulo 5 é tratado de forma mais detalhada.

Em 2003, foi instituído o Programa Nacional de Universalização do Acesso e Uso da Energia Elétrica, também denominado Luz para Todos, por meio do Decreto n.º 4.873, de 11 de novembro de 2003, coordenado pelo Ministério de Minas e Energia e operacionalizado com a participação das Centrais Elétricas Brasileiras S.A. – Eletrobras.

A meta original do Programa de 2 milhões de ligações foi atendida em maio de 2009. A execução do programa permitiu verificar que o universo de

Fonte: Eugênio Pacelli | CEMIG (2023).

moradias que carecia de atendimento de energia elétrica era bem mais amplo. Por esse motivo, o Decreto n.º 4.873, de 2003, foi prorrogado até 2010 e a nova meta aumentou para quase 3 milhões de domicílios. No fim de 2013, o Programa completou 10 anos e atingiu a marca de 15 milhões de pessoas beneficiadas (aproximadamente 5 milhões de domicílios).

A partir do Decreto n.º 9.357, de 27 de abril de 2018, a vigência do programa se estendeu até 2022 (ELETROBRAS, 2017). As realizações do Programa cumprem com um mandato histórico: levar o índice de eletrificação rural a 100%. Embora o índice seja próximo desse valor, a tarefa deve ainda ser completada. A tecnologia fotovoltaica poderá prestar um auxílio essencial para o número que resta.

1.3.4 Micro e macrogeração de energia elétrica: Resolução 482, de 2012, da Agência Nacional de Energia Elétrica

As atividades desenvolvidas em torno do Programa PRODEEM permitiram adquirir considerável experiência com a utilização de pequenos sistemas fotovoltaicos, tanto no que se refere à instalação como à operação e manutenção nas condições de relativo isolamento das residências rurais. Em paralelo, e com menor intensidade, foi desenvolvido um programa de sistemas de abastecimento de água com geradores fotovoltaicos. Os geradores eram de maior potência e se propunham a atender o abastecimento de água em regiões remotas, tema de enorme importância na região Nordeste.

O desenvolvimento do Programa Luz para Todos, instituído em 2006, com excelentes resultados em termos de eletrificação de residências rurais, foi substituindo as atividades de eletrificação com sistemas fotovoltaicos isolados, cobertas pelo PRODEEM, com linhas elétricas que atendiam à demanda dessas residências. Por outro lado, mudanças importantes na tecnologia fotovoltaica, no âmbito internacional, começaram a deslocar o interesse dessa tecnologia do âmbito rural para o âmbito urbano.

A história da tecnologia fotovoltaica, embora seja uma história de sucessos, desde o anúncio da primeira célula solar comercial, em abril de 1954, até nossos dias, também foi uma história de luta sem igual para conquistar a capacidade de produzir energia a preços comparáveis com os de fontes convencionais. Depois de um período com preços relativamente estacionários em torno de 3$/W, entre 2000-2008, os preços dos módulos diminuem de 3$/W para menos de 1$/W em 4 anos (FRANHOUFER INSTITUTE, 2020; FRAIDENRAICH et al., 2003, p. 281-335). As razões que explicam essa mudança brusca, quase uma revolução tecnológica, para uma tecnologia que já se encontrava no estágio de maturidade, são descritas no Capítulo 5 deste livro. O fato é que a comunidade de pesquisadores, tecnólogos e companhias de equipamentos fotovoltaicos sediadas no Brasil consideram que se há criado uma oportunidade única para incorporar, de vez, a tecnologia fotovoltaica na vida das famílias brasileiras.

No mês de novembro de 2008, criou-se, no âmbito do Ministério de Minas e Energia – Departamento de Desenvolvimento Energético, um Grupo de Trabalho dedicado ao tema Geração Distribuída com Sistemas Fotovoltaicos (GT-GDSF) (BRASIL, MME, 2008). No relatório elaborado por um grupo de pesquisadores de universidades e institutos de pesquisa do Brasil, denominado "Estudo e Propostas de Utilização de Geração Fotovoltaica Conectada à Rede, em Particular Edificações Urbanas", foi analisada a situação do Brasil no intuito de implementar uma política de ampla difusão da tecnologia fotovoltaica (GT-GDSF, 2009). Entre outros temas, o relatório analisa: a) situação da tecnologia fotovoltaica no Brasil; b) carga tributária na importação de equipamentos fotovoltaicos; c) custo e valor econômico da geração distribuída com sistemas fotovoltaicos; d) políticas de incentivo.

Audiências públicas convocadas pela Agência Nacional de Energia Elétrica (ANEEL) para elaborar normas que regulem o processo de conexão à rede de sistemas fotovoltaicos, assim como outras formas de energia renovável, aconteceram no período 2009-2011 (ANEEL, 2016). Em 2012, a ANEEL estabeleceu as condições gerais para o acesso de microgeração e minigeração distribuída aos sistemas de distribuição de energia elétrica e o sistema de compensação de energia elétrica por meio da Resolução Normativa n.º 482 (ANEEL, 2012).

Após a publicação da REN 482/12, iniciou-se no país um lento processo de difusão de micro e minigeradores distribuídos, o qual começou a acelerar a partir de 2016. A Figura 1.7 apresenta os valores acumulados de conexões e consumidores que receberam créditos de micro e minigeração distribuída até maio de 2017.

O modelo de *net-metering* estabelecido por essa Resolução representa a principal política de incentivo à instalação de geração distribuída no país.

FIGURA 1.8 Número de micro e minigeradores até maio de 2017.
Fonte: Nota Técnica n° 0056/2017 – SRD/ANEEL (ANEEL, 2017).

Diferentemente do modelo *feed-in-tariff*, adotado em diversos países, em que a energia injetada é remunerada por uma tarifa definida, no modelo brasileiro a energia injetada compensa a energia consumida, que tem uma tarifa estabelecida pela ANEEL para cada concessionária (ANEEL, 2010).

As formas de geração de energia elétrica consideradas pela REN, 2012 são as mesmas que as contempladas pelo PROINFA. Porém, devido ao fato de a energia solar fotovoltaica ser uma forma nova que irrompe no mercado da energia elétrica, o ingresso de micro e minigeração adquire um significado especial. Com efeito, o crescimento das instalações fotovoltaicas residenciais e centralizadas acontecem com o mesmo ímpeto que a energia eólica teve, aproximadamente, uma década antes (2005-2016). De acordo com ABSOLAR, as instalações solares fotovoltaicas cresceram de 7 MW em 2012 até 5.764 MW em maio de 2020, dos quais 2.928 MW como geração centralizada e 2.836 MW na forma de micro e minigeração distribuída (PORTAL SOLAR, 2020). Os benefícios são numerosos, dentre eles: geração de empregos locais de qualidade, redução de impactos ao meio ambiente, redução de perdas elétricas na rede nacional, postergação de investimentos em transmissão e distribuição e alívio do sistema elétrico em horários de alta demanda diurna, como nos meses de verão.

1.3.5 Matriz energética brasileira

Desde a década de 70, existe, no Brasil, uma matriz energética bem diversificada e com elevada participação de energias renováveis (Tabela 1.12). Lenha, bagaço, energia hidráulica, carvão vegetal e outras fontes renováveis totalizavam, em

TABELA 1.12 Produção de energia primária no Brasil por fontes de energia (10^3 tep). Ano 2017 (%)

Fontes	1970	1980	1990	2000	2010	2017	(%) 2017
Não renovável	**10.591**	**14.058**	**41.140**	**80.757**	**134.276**	**179.478**	**59,2**
Petróleo	8.161	9.256	32.550	63.849	106.559	135.907	44,8
Gás natural	1.255	2.189	6.233	13.185	22.771	39.810	13,2
Carvão vapor	611	1.493	1.595	2.603	2.104	1.930	0,6
Carvão metalúrgico	504	991	320	10	0	0	0,0
Urânio (U_3O_8)	0	0	51	132	1.767	0	0,0
Outras não renováveis	60	129	391	978	1.075	1.831	0,6
Renovável	**39.038**	**52.347**	**66.551**	**72.577**	**118.831**	**123.563**	**40,8**
Energia hidráulica	3.422	11.082	17.770	26.168	34.683	31.898	10,6
Lenha	31.852	31.083	28.537	23.054	25.997	23.424	7,7
Produtos da cana	3.601	9.301	18.451	19.895	48.852	51.083	16,9
Eólica	–	–	–	0	187	3.644	1,2
Solar	–	–	–	–	0	72	0,0
Outras renováveis	163	881	1.793	3.460	9.112	13.442	4,4
TOTAL	**49.629**	**66.405**	**107.691**	**153.334**	**253.107**	**303.041**	**100**
Renovável/ Energia total (%)	78,7	78,8	61,8	47,3	46,9	40,8	–

Fonte: Balanço Energético Nacional, Brasil (2018).

*tep: tonelada equivalente de petróleo.

1970, 78,7% da produção primária de energia. A mudança na composição das fontes de energia, cada vez mais combustíveis fósseis, fez com que em 2018 essa fração diminuísse para 40,8%. Não obstante a importante redução, esse percentual continua sendo uma fração significativa do total de energia produzida, fato que coloca Brasil numa situação favorável, seja com relação às atuais emissões de CO_2, seja no que se refere aos compromissos internacionais assumidos, visando a sua redução no futuro imediato (BRASIL, 2016).

Cabe destacar que boa parte da energia elétrica gerada no Brasil provém de fontes renováveis de energia. Tal como se verifica na Tabela 1.13, a fração de energia elétrica a partir de fontes renováveis é igual a 80% (2016). Trata-se de uma situação favorável à política de redução das emissões de CO_2 via aumento do grau de eletrificação da economia de energia, promovendo, por exemplo, o uso de motores elétricos para carros e outros meios de transporte. É verdade que com a preeminência do uso de petróleo, a eletricidade a ser armazenada em carros elétricos poderá provir de centrais de energia elétrica alimentadas com

TABELA 1.13 Geração elétrica por fonte de energia no Brasil (GWh), ano 2017 (%)

Fontes	2012	2013	2014	2015	2016	2017	(%) (2017)
Hidráulica	415.342	390.992	373.439	359.743	380.911	370.906	63,1
Gás Natural	46.760	69.003	81.073	79.490	56.485	65.593	11,2
Derivados de Petróleo (i)	16.214	22.090	31.529	25.657	12.103	12.733	2,2
Carvão	8.422	14.801	18.385	18.856	17.001	16.257	2,7
Nuclear	16.038	15.450	15.378	14.734	15.864	15.739	2,7
Biomassa (ii)	34.662	39.679	44.987	47.394	49.236	49.385	8,4
Eólica	5.050	6.578	12.210	21.626	33.489	42.373	7,2
Outras	10.010	12.241	13.540	13.728	13.809	14.976	2,5
Energias renováveis	455.054	437.249	430.636	428.763	463.636	462.664	–
Total	**552.498**	**570.834**	**590.541**	**581.228**	**578.898**	**587.962**	**100**
Renováveis/ total (%)	82,3	76,6	72,9	73,7	80,0	78,7	–

Fonte: Brasil (2018) i) Derivados de petróleo: gasolina, óleo diesel e óleo combustível. ii) Biomassa: lenha, bagaço de cana.

carvão ou gás natural. Porém, nestes casos, o controle das emissões é mais eficiente que o controle de milhares de carros queimando gasolina.

O sucesso do programa das Nações Unidas, que promove a redução das emissões de gases efeito estufa (Conferência das partes – COP25), depende, basicamente, da evolução da estrutura de consumo de energia no mundo, especialmente da redução do consumo de derivados de carbono e substituição por energias renováveis. Entre 1990 e 2016, o consumo mundial de energia aumentou 52% e passou de consumir 80 milhões de barris diários a 120 milhões de barris diários, aumento de 50% em 26 anos. Isso é resultado de grandes investimentos num dos maiores mercados mundiais. Menores investimentos, portanto, nas fontes renováveis, essenciais para enfrentar o problema do aquecimento global (IEA, 2017).

O consumo dos derivados de carbono no mundo, desde 1990 a 2016, se manteve praticamente constante em relação ao total, 69% a 67%. A relação entre consumo de energias renováveis e consumo total, no mesmo período, mantém-se na ordem do 17%. As energias renováveis crescem na mesma proporção que o consumo de energia total quando deveriam crescer mais rapidamente, ao mesmo tempo em que as fontes derivadas de carbono deveriam se estabilizar e começar a diminuir (IEA, 2017).

A energia solar fotovoltaica e a energia eólica são as formas renováveis que mais crescem no mundo. A contribuição incide, especialmente, no setor de energia elétrica. De uma fração de 1% e 8%, em 2010, respectivamente, da energia elétrica produzida no mundo por fontes renováveis, essas cresceram até 8% e 19% do total em 2017 (IEA, 2017).

De maneira geral, também no Brasil o setor energético tem se estruturado em função do consumo, privilegiando a oferta de energia para mercados de grande concentração de usuários, o que permite maximizar a lucratividade dos investimentos. Fontes renováveis como a hidroelétrica servem, basicamente, à política de abastecimento dos grandes centros urbanos. Vemos, portanto, que a renovabilidade não habilita automaticamente uma fonte energética para o atendimento de todos os setores da população. Possui, sem dúvida, toda uma série de atributos altamente desejáveis, mas que não são suficientes. Além de ser renovável, precisa ser democrática e, dado que toda fonte de energia é administrada no contexto de uma determinada política energética, será esta a que determina, em última instância, como se distribuem seus benefícios.

Merece menção especial o uso da lenha para cozinhar. De acordo com levantamento recente, em 2016, 26,5% da lenha produzida no Brasil são empregados com fins residenciais, ou seja, em torno de $2x10^7$ toneladas. A lenha é proveniente tanto da silvicultura, sendo o Paraná o maior produtor, quanto do extrativismo, sendo a Bahia a maior produtora (GIODA, 2019). No mundo todo, 3 bilhões de habitantes usam lenha para cocção, causando graves consequências para sua saúde e, devido ao seu uso indiscriminado, redução das reservas desse combustível, que já são escassas em muitas partes do mundo (NIJHU, 2017).

As fontes de energia solar e eólica, que ingressam no cenário energético, são intrinsecamente adequadas para atender regiões de baixa densidade demográfica, distantes de centros urbanos. A rigor, assim nasceram para atender usuários geograficamente dispersos.

1.4 A QUALIDADE DO RECURSO SOLAR NO BRASIL

Não é segredo para ninguém, e isso pode ser devidamente quantificado, que o recurso solar na região Nordeste do Brasil é de boa qualidade. A intensidade, uniformidade espacial e a moderada variabilidade sazonal com que a radiação solar banha boa parte do território nordestino fazem desta uma das regiões privilegiadas do mundo em relação ao potencial de aplicação da tecnologia solar.

Para sermos mais precisos, citemos algumas informações. A média anual da radiação global diária no Brasil é igual a 182 MJ/m^2.dia. Na América do Sul só existem registros similares na Guajira Colombiana e no Altiplano comum a Argentina, Bolívia, Chile e Peru. Duas regiões no Brasil apresentam valores inferiores a 16 MJ/m^2.dia, localizadas, uma no Sudeste (região oriental do Estado de Minas Gerais que se estende até o litoral Atlântico, onde se percebem os efeitos locais das serranias) e outra região no Sul do Brasil, cobrindo aproximadamente a metade dos Estados de Paraná, Santa Catarina e Rio Grande do Sul (GROSSI GALLEGOS; ATIENZA; GARCIA, 1987).

Os máximos valores médios mensais (maiores que 24 MJ/m^2.dia) são registrados no extremo meridional do país, numa parte do Estado do Rio Grande do Sul, durante os meses de dezembro e janeiro. Na mesma região se registram as mínimas médias mensais (menores que 10 MJ/m^2) durante os meses de junho e julho, atingindo valores menores que 8 MJ/m^2.dia no litoral sul do Rio Grande do Sul (TIBA et al., 1999).

Numa apreciável parte da região Nordeste se registram valores médios anuais compreendidos entre 18 e 20 MJ/m^2 e máximos médios mensais de 22 MJ/m^2.dia, no período de outubro a fevereiro, e valores mínimos de 14 MJ/m^2.dia, durante os meses de junho e julho.

Uma comparação do recurso solar da região Nordeste com o existente em outras regiões do mundo, de elevado potencial, pode ser instrutiva para uma apreciação mais crítica desse recurso. Os valores anuais, máximos e mínimos, das localidades de Dongola, no Sudão, Dagget, na Califórnia, e Albuquerque, no Novo México, junto com locais selecionados do Brasil, são mostrados na Tabela 1.14 (TIBA et al., 1999).

Nas localidades de maior nível de radiação solar do Nordeste, os valores médios anuais (19,7 MJ/m^2) são inferiores em 17% à média da localidade de Dongola, Sudão, nas proximidades do Deserto do Saara e 9% inferior à média de Albuquerque, Novo México, local este que se encontra entre os de maior nível de radiação dos Estados Unidos e do mundo.

TABELA 1.14 Comparação dos níveis de radiação solar diária, média mensal, para diversas localidades do Brasil e as localidades de Dongola, no Sudão, e Albuquerque e Dagget, nos Estados Unidos.

Localidade	Latitude	$H_{h\,anual}$ (MJ/m^2)	$H_{h\,máx}$ (MJ/m^2)	$H_{h\,mín}$ (MJ/m^2)	$H_{h\,máx}/H_{h\,mín}$
Dongola – Sudão	19°10' N	23,8	27,7 (Maio)	19,1 (Dez)	1,4
Albuquerque – EUA	35° N	21,7	30,9 (Jun)	11,8 (Dez)	2,6
Dagget – EUA	34°52' N	20,9	31,3 (Jun)	7,8 (Dez)	4,0
Belém – PA, Brasil	1°27' S	17,5	19,9 (Ago)	14,2 (Fev)	1,4
Floriano – PI, Brasil	6°46' S	19,7	22,5 (Set)	17,0 (Fev)	1,3
Petrolina – PE, Brasil	9°23' S	19,7	22,7 (Out)	16,2 (Jun)	1,4
B.J. da Lapa – BA, Brasil	13°15' S	19,7	21,1 (Out)	15,9 (Jun)	1,3
Cuiabá – MT, Brasil	15°33' S	18,0	20,2 (Out)	14,7 (Jun)	1,4
B. Horizonte – MG, Brasil	19°56' S	16,4	18,6 (Out)	13,8 (Jun)	1,3
Curitiba – PR, Brasil	25°26' S	14,2	19,4 (Jan)	9,7 (Jun)	2,0
Porto Alegre – RS, Brasil	30°1' S	15,0	22,1 (Dez)	8,3 (Jun)	2,7

Fonte: Tiba et al. (1999).

Em compensação, e em boa parte devido às menores latitudes, os locais mais ensolarados do Nordeste apresentam uma variação sazonal bem mais moderada. Por exemplo, a relação entre os meses de maior e menor nível de radiação dos locais do Nordeste varia entre 1,3 e 1,4, valor similar ao de Dongola e bem inferior às relações existentes em Dagget e Albuquerque, iguais a 2,6 e 4,0. Considerando que os meses de mínima radiação são, em muitos casos, os que determinam as dimensões dos sistemas solares, encontramos para Floriano, Petrolina e Bom Jesus da Lapa valores bem mais elevados (17,0, 16,2 e 15,9 MJ/m^2, respectivamente) que os de Albuquerque e Dagget (11,8 e 7,8 MJ/m^2, respectivamente).

Além de elevados valores médios de radiação solar anual, é importante que, ao mesmo tempo, apresentem uma moderada variabilidade sazonal, atributos que o recurso solar da região Nordeste efetivamente apresenta.

1.5 COMENTÁRIOS FINAIS

- A oferta interna de energia por habitante no Brasil é bem inferior à que corresponde a diversos países europeus e também latino-americanos, como pode ser constatado na Tabela 1.1. O consumo médio por habitante é relativamente pequeno (25% do correspondente à França e Inglaterra, por exemplo), ao que se deve acrescentar que a distribuição de energia entre os diversos setores da população reproduz a mesma estrutura e problemas que a distribuição de renda.
- Ao mesmo tempo, o consumo de energia por unidade de PIB é superior ao valor que assume o mesmo coeficiente para esses países (Tabela 1.1). Dois são os setores que contribuem com um elevado consumo específico, o setor de transportes e a indústria metalúrgica, sendo bem mais moderados em todos os outros.
- O consumo específico de energia na indústria, em todas as suas formas, assim como o de eletricidade, mostra a existência de um importante espaço para a introdução de melhoras significativas na eficiência energética (Tabela 1.4) ou o equivalente para poder expandir a demanda de energia sem necessidade de realizar grandes investimentos.
- Não se observam decisões políticas importantes para atenuar a contribuição que o consumo de energia faz em termos de contaminação ambiental, especialmente no setor de transportes, basicamente rodoviário, reconhe-

cidamente de baixa eficiência para o transporte de cargas não perecíveis e para o transporte urbano.

- As evidências quanto ao aumento da temperatura global da superfície terrestre mostram que a questão central, hoje, já não é mais saber se está ou não havendo aquecimento global, mas qual é a velocidade de crescimento da temperatura, seu significado prático e que ações devem ser empreendidas em forma imediata.

  A internalização de custos não constitui, ainda, uma prática aceita pelas empresas de energia. Problemas como inundação de áreas habitadas e deslocamento de cidades devido à construção de barragens são resolvidos caso a caso e de acordo com as maiores ou menores exigências da sociedade. A produção de dióxido de carbono resultante da queima de combustíveis não renováveis é um tema que já faz parte da agenda das empresas de energia.

- As energias renováveis participam, em elevada proporção, na composição energética do país. Este é um aspecto altamente favorável da experiência nacional em termos do manejo de uma variedade de formas de energia. Porém, como em todo modelo energético atual, essas são utilizadas para atender grandes mercados consumidores, diferente do que acontece com as novas formas renováveis, sobretudo a energia solar, que são, particularmente, adequadas para o abastecimento de mercados constituídos por consumidores espacialmente dispersos.
- A qualidade do recurso solar que cobre as regiões mais ensolaradas do Brasil é comparável, e em alguns aspectos até superior, ao recurso existente nas regiões mais favorecidas do mundo.

REFERÊNCIAS

AGÊNCIA NACIONAL DE ENERGIA ELÉTRICA (ANEEL). **Micro e Minigeração Distribuída, Sistema de Compensação de Energia Elétrica.** 2 ed. Brasília: Cadernos Temáticos ANEEL, 2016.

______. **Nota Técnica n° 0056-SRD**, Brasília, 2017. Disponível em: <https://www.aneel.gov.br/documents/656827/15234696/Nota+T%C3%A9cnica_0056_PROJE%C3%87%C3%95ES+GD+2017/38cad9ae-71f6-8788-0429-d097409a0ba9> Acesso em: 21 set. 2020.

______. **Nota Técnica n° 0043-SRD**, Brasília, 2010. Disponível em: <http://www2.aneel.gov.br/aplicacoes/consulta_publica/documentos/Nota%20T%c3%a9cnica_0043_GD_SRD.pdf> Acesso em: 21 set. 2020.

______. **Programa de Incentivo às Fontes Alternativas.** mar. 2017. Disponível em: <https://www.aneel.gov.br/proinfa>. Acesso em: 21 set. 2020.

______. **Resolução Normativa nº 482, de 17 de abril de 2012.** Brasília, 2012. Disponível em: <https://www2.aneel.gov.br/arquivos/PDF/Resolu%C3%A7%C3%A3o%20Normativa%20482,%20de%202012%20-%20bip-junho-2012.pdf>. Acesso em: 21 set. 2020.

ALISSON, E. **Proálcool:** uma das maiores realizações do Brasil baseadas em ciência e tecnologia. dez. 2016. Disponível em: <http://agencia.fapesp. br/proalcool-uma-das-maiores-realizacoes-do-brasil-baseadas-em-ciencia-e-tecnologia/24432/>. Acesso em: 21 set. 2020.

ASSOCIAÇÃO BRASILEIRA DE ENERGIA EÓLICA (ABEEÓLICA). **Desafios para a expansão da Geração Eólica:** Visão do empreendedor. out. 2017. Disponível em: <https://www.aneel.gov.br/documents/10184/15266087/painel+3+ap+6+ABEE%C3%B3lica+-+-Semin%C3%A1rio+Desafios+Expans%C3%A3o+-+ANEEL.pdf/5bfdc815-a98d-2731-3c-35-dd3838bbb453>. Acesso em: 21 set. 2020.

PORTAL SOLAR, Dados do Mercado de Energia no Brasil. **Infográfico ABSOLAR.** Junho 2020. Disponível em: <https://www.portalsolar.com.br/mercado-de-energia-solar-no-brasil.html#:~:text>. Acesso em: 21 set. 2020.

BAUMANN, A. E.; HILL, R. A methodological framework for calculating the external costs of energy technologies TENTH EUROPEAN PHOTOVOLTAICS SOLAR ENERGY CONFERENCE, 1991, Lisbon. **Proceedings of the 10th european community photovoltaics solar energy conference**. Dordrecht: Kluwer Acad. Publ. p. 834-837, 1991.

BARBOSA CORTEZ. Org. **Proálcool 40 anos.** Universidades e Empresas: 40 Anos de Ciência e Tecnologia para o Etanol Brasileiro. 1. ed. São Paulo: Blucher, 2016.

BRASIL. Decreto de 27 de dezembro de 1994. Cria o Programa de Desenvolvimento Energético dos Estados e Municípios (PRODEEM). **Coleção de Leis do Brasil,** Brasília, DF, v. 12, p. 5601, 1994.

______. Decreto nº 10.087, de 05 de novembro de 2019. Declara a revogação, para os fins do disposto no art. 16 da Lei Complementar nº 95, de 26 de fevereiro de 1998, de decretos normativos. **DOU**, Brasília, DF, Seção 1, p. 6, 2019.

______. Decreto nº 4.873, de 11 de novembro de 2003. Institui o Programa Nacional de Universalização do Acesso e Uso da Energia Elétrica – "LUZ PARA TODOS" e dá outras providências. **DOU**, Brasília, DF, Seção 1, p. 130, 12 nov. 2003.

______. Decreto nº 7.520, de 08 de julho de 2011. Institui o Programa Nacional de Universalização do Acesso e Uso da Energia Elétrica – "LUZ PARA TODOS", para o período de 2011 a 2014, e dá outras providências. **DOU**, Brasília, DF, p. 8, 11 jul. 2011.

______. Empresa de Pesquisa Energética. **Balanço Energético Nacional 2018**. 2018. Disponível em: <https://www.epe.gov.br/pt/publicacoes-dados-abertos/publicacoes/balanco-energetico-nacional-2018>. Acesso em: 21 set. 2020.

______. Lei nº 10.438, de 26 de abril de 2002. Dispõe sobre a expansão da oferta de energia elétrica emergencial, recomposição tarifária extraordinária, cria o programa de incentivo às fontes alternativas de energia elétrica (Proinfa), a conta de desenvolvimento energético (CDE), dispõe sobre a universalização do serviço público de energia elétrica, dá nova redação às leis nº 9.427, de 26 de dezembro de 1996, nº 9.648, de 27 de maio de 1998, nº 3.890-a, de 25 de abril de 1961, nº 5.655, de 20 de maio de 1971, nº 5.899, de 5 de julho de 1973, nº 9.991, de 24 de julho de 2000, e dá outras providências. **DOU**, Brasília, DF, Seção 1, Edição Extra, p. 2, 29 abr. 2002.

______. Lei nº 10.848, de 15 de março de 2004. Dispõe sobre a comercialização de energia elétrica, altera as Leis nºs 5.655, de 20 de maio de 1971, 8.631, de 4 de março de 1993, 9.074, de 7 de julho de 1995, 9.427, de 26 de dezembro de 1996, 9.478, de 6 de agosto de 1997, 9.648, de 27 de maio de 1998, 9.991, de 24 de julho de 2000, 10.438, de 26 de abril de 2002, e dá outras providências. **DOU**, Brasília, DF, Seção 1, p. 2, 29 mar. 2004.

______. Ministério de Meio Ambiente. **Conferência das Partes**. 2019a. Disponível em: <https://www.mma.gov.br/clima/convencao-das-nacoes-unidas/conferencia-das-partes.html>. Acesso em: 21 set. 2020.

______. Ministério do Meio Ambiente. **iNDC:** Contribuição Nacionalmente Determinada. set. 2016. Disponível em: <https://www.mma.gov.br/informma/item/10570-indc-contribui%C3%A7%C3%A3o-nacionalmente-determinada>. Acesso em: 21 set. 2020.

______. Ministério de Minas e Energia. Luz para Todos: **Um Marco Histórico: 10 milhões de brasileiros saíram da escuridão**. 2009. Disponível em: <https://www.mme.gov.br/luzparatodos/downloads/Livro_LPT_portugues.pdf.>. Acesso em: 21 set. 2020.

______. Ministério de Minas e Energia. Secretaria de Planejamento e Desenvolvimento Energético. **Plano Decenal de Expansão de Energia 2024-Sumario**. 2015. Disponível em: <https://www.epe.gov.br/sites-pt/publicacoes-dados-abertos/publicacoes/PublicacoesArquivos/publicacao-45/topico-79/Sum%C3%A1rio%20Executivo%20do%20PDE%202024.pdf>. Acesso em: 21 set. 2020.

______. Ministério de Minas e Energia. Secretaria de Planejamento e Desenvolvimento Energético. **Proinfa e políticas públicas**. jan. 2009. Disponível em: <https://ppp. worldbank.org/public-private-partnership/sites/ppp. worldbank.org/files/documents/PROINFA-ANEXO-1-InstitucionalMME_0.pdf>. Acesso em: 21 set. 2020.

______. Ministério de Minas e Energia. Portaria nº 36, de 26 de novembro de 2008. Cria o Grupo de Trabalho de Geração Distribuída com Sistemas Fotovoltaicos – GT-GDSF. **DOU**, Brasília, DF, Seção 2, p. 56, 28 de julho de 2008.

______. Ministério da Saúde. **Mortes devido à poluição aumentam 14% em dez anos no Brasil**. Jun. 2019b. Disponível em: <http://www.saude.gov.br/noticias/agencia-saude/45500-mortes-devido-a-poluicao-aumentam-14-em-dez-anos-no-brasil>. Acesso em: 21 set. 2020.

BRUNDTLAND, G. H. **Our Common Future: The World Commission on Environment and Development.**Oxford: Oxford University Press, 1987.

CÂMARA DE COMERCIALIZAÇÃO DE ENERGIA ELÉTRICA (CCEE). 2015. **Tipos de Leiloes**. Disponível em:< https://www.ccee.org.br/portal/faces/pages_publico/o-que-

-fazemos/como_ccee_atua/tipos_leiloes_n_logado?_afrLoop=987529228201799&_adf.ctrl-state=tyixy3vfm_1#!%40%40%3F_afrLoop%3D987529228201799%26_adf.ctrl-state%3Dtyixy3vfm_5 >. Acesso em: 21 set. 2020.

CEPEL, Centro de Pesquisa de Energia Elétrica. **PRODEEM, Energia para Comunidades Isoladas.** Disponível em: <http://www.cresesb.cepel.br/publicacoes/download/periodicos/informe_prodeem.pdf>. Acesso em: 21 set. 2020.

CONFERÊNCIA DAS PARTES (COP21), 21, 2015, Paris. **Sustainable development goals**. dez. 2015. Disponível em: <https://www.un.org/sustainabledevelopment/blog/category/climate-change/cop21/>. Acesso em: 21 set. 2020.

COOK, J. **The CO2/Temperature correlation over the 20th Century**. jun. 2009. Disponível em: <https://skepticalscience.com/The-CO2-Temperature-correlation-over-the-20th-Century.html>. Acesso em: 13 jul. 2020.

CORTEZ, L. A. B. (Coord.) **Universidades e Empresas:** 40 Anos de Ciência e Tecnologia para o Etanol Brasileiro. 1. ed. São Paulo: Blucher, 2016.

DECLARAÇÃO do Rio de Janeiro. **Estud. av.** São Paulo,v.6,n. 15,maio/ago.1992. Disponível em: <http://dx.doi.org/10.1590/S0103-40141992000200013>. Acesso em: 21 set. 2020.

DINIZ, T. B. Expansão da indústria de geração eólica no Brasil: uma análise à luz da nova economia das instituições. **Planejamento e políticas públicas – ppp,** Brasília, n. 50, jan./jun. 2018. Disponível em: <http://repositorio.ipea.gov.br/bitstream/11058/8510/1/ppp_n50_expans%C3%A3o.pdf>. Acesso em: 21 set. 2020.

EDENHOFER, O. R. et al. **Technical summary**. In: EDENHOFER, O. R., et al. (Eds.). IPCC Climate Change 2014: Mitigation of climate change. Contribution of Working Group III to the Fifth Assessment Report of the Intergovernmental Panel on Climate Change. Cambridge: Cambridge University Press, 2014. Disponível em: <https://www.ipcc.ch/site/assets/uploads/2018/02/ipcc_wg3_ar5_technical-summary.pdf>. Acesso em: 21 set. 2020.

ELETROBRAS. **Programa Luz para todos**: Histórico. 2017. Disponível em: <https://eletrobras.com/pt/Paginas/Luz-para-Todos.aspx#diretorias>. Acesso em: 21 set. 2020.

ESTEVES, C. M. P. **Evolução da criação dos Parques Nacionais no Brasil**. 2006. 36 f. Monografia (Graduação em Engenharia Florestal) – Universidade Federal Rural do Rio de Janeiro – UFRRJ, Seropédica, 2006.

FRAIDENRAICH, N.; TIBA, C.; BARBOSA, E. M. e VILELA, O. C. **Energia Solar Fotovoltaica**. In: TOLMASQUIN, M. T. (Org.) Fontes renováveis, Rio de Janeiro: Editora Interciência, 2003. cap. 6, pp. 281-335.

FRAUNHOFER INSTITUTE FOR SOLAR ENERGY SYSTEMS (FRAUNHOFER ISE) **Photovoltaics Report.** Freiburg: Fraunhofer ISE, 2020. Disponível em: <https://www.ise.fraunhofer.de/content/dam/ise/de/documents/publications/studies/Photovoltaics-Report.pdf>. Acesso em: 21 set. 2020.

GALDINO, M. A.; LIMA, J. H. G. PRODEEM – The Brazilian Program for Rural Electrification Using Photovoltaics. In: RIO 02 – WORLD CLIMATE & ENERGY EVENT,

2002, Rio de Janeiro. **Proceeding of the Rio 02 Conference.** Rio de Janeiro. p. 77-84, janeiro 6 – 11, 2002.

GALVÃO FILHO, J. B. Poluição do ar. In: MARGULIS, S. (Ed.), **Meio ambiente**: aspectos técnicos e econômicos. 1. ed. Rio de Janeiro: IPEA, 1996.

GIODA, A. Características e procedência da lenha usada na cocção no Brasil. **Estud. av.**, São Paulo, v. 33, n. 95, jan./abr. 2019. Disponível em: <http://orcid.org/0000-0002-5315-5650>. Acesso em: 21 set. 2020.

GROSSI GALLEGOS, H.; ATIENZA, H. G.; GARCIA, M. Cartas de radiación solar global para a region meridional de América del Sur. In: CONGRESO INTERAMERICANO DE METEOROLOGIA, 2., Buenos Aires. **Anales...**, Buenos Aires: Centro Argentino de Meteorólogos, p. 16.3.1-16.3.10.1987.

GRUPO DE TRABALHO DE GERAÇÃO DISTRIBUÍDA COM SISTEMAS FOTOVOLTAICOS (GT-GDSF). **Estudo e Propostas de Utilização de Geração Fotovoltaica Conectada à Rede, em Particular Edificações Urbanas:** relatório técnico. Brasília, 2009.

HANSEN J. et al. Assessing "dangerous climate change": required reduction of carbon emissions to protect young people, future generations and nature. **PLoS ONE,** v. 8, n.12, dez. 2013. Disponível em: <https://doi.org/10.1371/journal.pone.0081648>. Acesso em: 21 set. 2020.

HANSEN, J. COP21 Press Conference Dec 2, 2015. Paris: COP21, 2015. 10 min. Disponível em: <https://www.youtube.com/watch?v=1s5m8YEBXks>. Acesso em: 21 set. 2020.

HOUGHTON, J. **Global warming: the complete briefing**. 5th ed. Cambridge: Cambridge University Press, 2015.

HUBBARD, H. H. The real cost of energy. **Scientific American**. New York, v. 264, n. 4, pp. 18-23, abr. 1991.

INTERGOVERNMENTAL PANEL ON CLIMATE CHANGE (IPCC). **Foreword.** In: MASSON-DELMOTTE, V., et al. (Eds.). IPCC Special Report on Global Warming of 1.5°C. 2018. Disponível em: <https://www.ipcc.ch/site/assets/uploads/sites/2/2019/05/SR15_Foreword.pdf>. Acesso em: 21 set. 2020.

INTERNATIONAL ENERGY ASSOCIATION (IEA). **Energy atlas.** 2017. Disponível em: <http://energyatlas.iea.org/#!/tellmap/-1118783123/1>. Acesso em: 21 set. 2020.

______. **Energy atlas.** 2018. Disponível em: <http://energyatlas.iea.org/#!/tellmap/-1118783123/1>. Acesso em: 21 set. 2020.

MOREIRA, P. C. **Programa de Incentivo às Fontes Alternativas de Energia – PROINFA**: Um Exemplo de Parceria Público-Privada. 2007. 176 f. Dissertação (Mestrado em Direito Empresarial e Tributação) – Universidade Cândido Mendes, Rio de Janeiro, 2007.

NATIONAL OCEANIC AND ATMOSPHERIC ADMINISTRATION (NOAA). National Centers for Environmental Information. **Assessing the global climate in november**. dez. 2019b. Disponível em: <https://www.ncei.noaa.gov/news/global-climate-201911>. Acesso em: 21 set. 2020.

______. Earth System Research Laboratory. **Trends in atmospheric carbon dioxide**. 2019a. Disponível em: <https://www.esrl.noaa.gov/gmd/ccgg/trends/>. Acesso em: 21 set. 2020.

______. Earth System Research Laboratory. **What is the global greenhouse gas reference network?** 2020. Disponível em: <https://www.esrl.noaa.gov/gmd/ccgg/about.html>. Acesso em: 21 set. 2020.

NIJHUIS, M. Three Billion People Cook Over Open Fires: With Deadly Consequences. **National Geographic**, ago. 2017. Disponível em: <https://www.nationalgeographic.com/photography/proof/2017/07/guatemala-cook-stoves/>. Acesso em: 21 set. 2020.

NOGUEIRA, G.; LOPES, V. **Brazilian Environmental Policies and Issues**. 2015-2016. Dissertação (Environmental Policies – Erasmus+ Mundus Joint Master Degree) – Instituto Técnico Lisboa, Lisboa, 2016.

ORGANIZAÇÃO DAS NAÇÕES UNIDAS (ONU). Brasil. **A ONU e o Meio Ambiente.** 2015. Disponível em: <https://nacoesunidas.org/acao/meio-ambiente/>. Acesso em: 21 set. 2020.

PORTAL SOLAR. **Usina solar no Brasil.** jul. [2020]. Disponível em: <https://www.portal-solar.com.br/usina-solar.html> Acesso em: 21 set. 2020.

PETIT, J. R. et al., Climate and atmospheric history of the past 420,000 years from the Vostok ice core, Antarctica. **Nature**, 399, pages 429–436, 1999.

QUINTÃO, A. T. B. Evolução do conceito de Parques Nacionais e sua relação com o processo de desenvolvimento. **Brasil Florestal**, Brasília, n. 54, p. 13-28, abr-jun. 1983.

RABL A.; RABL V.A. External Costs of Nuclear: Greater or Less than the Alternatives? **Energy Policy**. Hastings: vol. 57, p. 575–584, jun. 2013.

RABL, A.; SPADARO, J. V. External costs of Energy. How much is clean energy worth. ***J. Sol. Energy Eng.*** Gainesville, n. 138, v. 4, ago. 2016.

REVELLE, R.; SUESS, H. E. Carbon dioxide exchange between atmosphere and ocean and the question of an increase of atmospheric CO2 during the past decades. **Tellus,** London, v. 9, n. 1, p. 18-27, set. 1957.

SÃO PAULO (Estado). Secretaria de Infraestrutura e Meio Ambiente. **São Paulo avança no controle da poluição do ar**. dez. 2017. Disponível em: <https://www.infraestruturameioambiente.sp. gov.br/2017/12/sao-paulo-avanca-no-controle-da-poluicao-do-ar/>. Acesso em: 21 set. 2020.

SCHNEIDER, S. H. The changing climate. **Scientific American**, New York, v. 261, n. 03, p. 70-79, set. 1989.

SCRIPPS INSTITUTION OF OCEANOGRAPHY. **The keeling curve**: 1700-present. maio. 2016. Disponível em: <https://scripps.ucsd.edu/programs/keelingcurve/>. Acesso em: 21 set. 2020.

SERVIÇO NACIONAL DE SAÚDE (SNS). **OMS:** Poluição Atmosférica. maio. 2018. Disponível em: <https://www.sns.gov.pt/noticias/2018/05/02/oms-poluicao-atmosferica/>. Acesso em: 21 set. 2020.

STERN, N. **Climate Change, Ethics and the Economics of the Global Deal**. Dez. 2007b. Disponível em: <https://www.staffnet.manchester.ac.uk/news/archive/list/display/?id=3303&-year=2007&month=12>. Acesso em: 21 set. 2020.

______. **The economics of climate change: The Stern review**. 1st ed. Cambridge: Cambridge University Press, 2007a.

TIBA, C.; GROSSI GALLEGOS, H.; FRAIDENRAICH, N.; LYRA, F. J. M. On the development of spatial/temporal solar radiation maps: a Brazilian case study. **Renewable Energy**, Amsterdã, v. 18, p. 393-408, nov. 1999.

UNITED NATIONS (UN). **Declaration of United Nations conference on the human environment** In: ______. Report of the United Nations conference on the human environment. jun.1972. Disponível em: <https://www.un.org/ga/search/view_doc.asp?symbol=A/CONF.48/14/REV.1>. Acesso em: 21 set. 2020.

______. Climate Change. **Kyoto protocol:** Targets for the first commitment period. 1997. Disponível em: <https://unfccc.int/process-and-meetings/the-kyoto-protocol/what-is-the--kyoto-protocol/kyoto-protocol-targets-for-the-first-commitment-period>. Acesso em: 21 set. 2020.

______. **United Nations Conference on Sustainable Development, Rio+20**. jun. 2012. Disponível em: <https://sustainabledevelopment.un.org/rio20>. Acesso em: 21 set. 2020.

UNITED NATIONS CONFERENCE ON ENVIRONMENT AND DEVELOPMENT (UNCED). Rio de Janeiro. **Agenda 21**. Jun. 1992. Disponível em: <https://sustainabledevelopment.un.org/outcomedocuments/agenda21>. Acesso em: 21 set. 2020.

UNITED NATIONS FRAMEWORK CONVENTION ON CLIMATE CHANGE (UNFCCC). Rio de Janeiro e Nova York. **What is the...** jun. 1992. Disponível em: <https://unfccc.int/process-and-meetings/the-convention/what-is-the-united-nations-framework--convention-on-climate-change>. Acesso em: 21 set. 2020.

VITAL, M. H. F. Aquecimento global: acordos internacionais, emissões de CO_2 e o surgimento dos mercados de carbono no mundo. **BNDES**, Rio de Janeiro, v. 24, n. 48, p. 167-244, set. 2018.

WORLD HEALTH ORGANIZATION (WHO). **9 out of 10 people worldwide breathe the polluted air**. maio. 2018b. Disponível em: <https://www.who.int/news-room/detail/02-05-2018-9-out-of-10-people-worldwide-breathe-polluted-air-but-more-countries-are-taking-action>. Acesso em: 21 set. 2020.

______. **Ambient (outdoor) air pollution**, maio. 2018a. Disponível em: <https://www.who.int/news-room/fact-sheets/detail/ambient-(outdoor)-air-quality-and-health>. Acesso em: 21 set. 2020.

WORLDWATCH INSTITUTE. **Biofuels for transport:** global potential and implications for energy and agriculture. 1. ed. London: Earthscan, 2007.

CAPÍTULO 2

ANTECEDENTES DO DESENVOLVIMENTO DA TECNOLOGIA SOLAR NO BRASIL

Naum Fraidenraich | Arno Krenzinger

2.1 INTRODUÇÃO

Na exposição sobre os antecedentes da energia solar no Brasil, tentamos seguir, dentro do possível, uma ordem cronológica. Essa forma de exposição tem o inconveniente de que acontecimentos diversos se misturam ao longo do relato e muitas vezes não guardam unidade conceitual. Encontraremos, assim, a descrição de atividades industriais, numa determinada área da tecnologia solar, seguida pelo relato sobre as atividades da Associação Brasileira de Energia Solar. Felizmente, sob o ponto de vista dessa descrição, os acontecimentos não são tão numerosos e densos, ou a disponibilidade de informações tão grande, que impeçam adquirir uma clara compreensão do que aconteceu durante mais de meio século de atividades na Energia Solar no Brasil.

2.2 EVOLUÇÃO DOS CENTROS E LABORATÓRIOS DE PESQUISA

O Brasil não é um país com tradição de pesquisa em empresas privadas. Além do preconceito de que a pesquisa científica não traz o retorno financeiro dos investimentos necessários, sempre existiu certo receio de colaboração entre empresas e institutos de pesquisa oficiais. Isto perdura até hoje, apesar de já haver mais interação entre organismos públicos e privados. Como consequência, a pesquisa científica e tecnológica em quase todas as áreas do conhecimento ficou restrita a universidades e centros de pesquisa, e no que se refere à Energia Solar, isso não foi diferente. Se por um lado essa limitação signifique restrições à abrangência do desenvolvimento tecnológico, do ponto de vista do levantamento dos trabalhos realizados, a tarefa é mais fácil, tendo em vista que quase todos os centros de pesquisa são vinculados a Programas de Pós-Graduação, que têm em seus trabalhos de conclusão (Mestrado e Doutorado) um registro bem robusto da produção científica no Brasil.

2.2.1 Os primeiros passos

As primeiras tentativas de implantação de um Centro de Pesquisas no campo da energia solar foram realizadas pelo CEMA – Centro de Mecânica Aplicada, do Ministério do Trabalho, Indústria e Comércio, por iniciativa do Dr. Teodoro Oniga, em 1952. Na mesma época, por ocasião da realização do X Congresso Brasileiro de Química, foi lançada a ideia de promover a utilização da energia solar no Brasil (FERREIRA, 1993; BEZERRA, 1997). Um dos conferencistas, o Dr. Jaime Santa Rosa, abordou esse tema durante a apresentação de sua tese: "Possibilidades da energia solar no Nordeste brasileiro".

Em 1955, um grupo de professores da Escola Politécnica de Campina Grande, chefiados pelo engenheiro Antônio Guilherme da Silveira, tomava a iniciativa de criar um Laboratório de Energia Solar, ideia que não chegou a prosperar nessa oportunidade.

Em novembro de 1958, o Centro de Estudos de Mecânica Aplicada (CEMA), com patrocínio do Conselho Nacional de Desenvolvimento Científico e Tecnológico – CNPq, organizou, no Rio de Janeiro, o I Simpósio Brasileiro de Energia Solar. Era o começo das atividades de pesquisa no Brasil.

Utilizando superfícies seletivas, um grupo de pesquisadores do Instituto Nacional de Tecnologia – INT desenvolveu, em 1958, uma pequena caldeira solar. Um projeto de refrigerador solar de absorção, com ciclo intermitente, foi elaborado pelo mesmo grupo e apresentado em 1961, no Congresso Internacional de Novas Fontes de Energia, realizado em Roma, sob o patrocínio da UNESCO.

Em 1959, pesquisadores do Departamento de Materiais do Centro Técnico da Aeronáutica (CTA) iniciaram a instalação de um forno solar para altas temperaturas de 1,5 kW de potência. Esse forno foi montado a partir de um refletor parabólico extraído de um equipamento de defesa antiaérea. Nos anos seguintes, pesquisas de fusão de metais foram realizadas com esse forno solar e, também, aperfeiçoamentos como servomecanismos para orientação (MEISEL, 1966). Entre os pesquisadores estava o Eng. Arno Müller, iniciando seu mestrado, realizado no ITA (Instituto Tecnológico da Aeronáutica) entre 1966 e 1969. Essa experiência com energia solar foi marcante para ele, conforme se verá mais adiante, pois posteriormente (1976) criou um grupo de pesquisas em Energia Solar na UFRGS.

No fim da década de 60, uma equipe de professores do ITA – Instituto Tecnológico da Aeronáutica iniciou pesquisas em destiladores solares e pequenos concentradores para cocção. O mesmo grupo de pesquisadores, com apoio do Fundo de Desenvolvimento Técnico-Científico (FUNTEC) do Banco Nacional de Desenvolvimento Econômico (BNDE), recebeu, em 1973, recursos para realizar pesquisas na área de secagem de alimentos e motores solares.

Em 1967, chegou ao ITA o Dr. Pio Caetano Lobo, professor indiano com formação no Reino Unido, que prestou importante colaboração ao desenvolvimento da Energia Solar no Brasil. O Prof. Pio Lobo foi orientador de Mestrado de Isaias de Carvalho Macedo, concluído em 1969, que também assumiu papel de destaque na área. Em 1970 o Prof. Arno Müller foi para a Argentina, onde realizou seu doutorado entre 1970 e 1974, na *Universidad Nacional de Rosario* e onde conheceu o Prof. Oscar Daniel Corbella, físico teórico que iniciava pesquisas em Energia Solar com experimentos bem práticos.

Em 1971, uma equipe de professores do Centro de Tecnologia da Universidade Federal da Paraíba – UFPB elaborou um plano de pesquisa de três anos de duração, no tema da Energia Solar, plano que conta com a aprovação do Banco Nacional de Desenvolvimento Econômico (BNDE). Criava-se também, no mesmo ano, a partir de uma proposta dos professores do Departamento de Águas e Energia da Escola de Engenharia da UFPB, Cleantho da Câmara Torres e Antônio Maria Amazonas MacDowell, com o Prof. Júlio Goldfarb, da Faculdade de Filosofia da UFPB (KLÜPPEL; CAVALCANTI, 2012), o Laboratório de Energia Solar (LES), que viria a ser instalado no Campus I da UFPB e que, em forma efetiva, começou suas atividades em 1973.

Oficialmente, a portaria de criação do LES-UFPB foi assinada em 28 de fevereiro de 1973 e, já em setembro de 1973, o LES-UFPB sediou o II Simpósio Brasileiro de Energia Solar, com quase 200 participantes de diversos Estados do Brasil. Estava despertando o interesse na energia solar pela crise dos preços do petróleo.

As atividades do laboratório começaram com trabalhos na área da Solarimetria. Foram selecionadas microrregiões do Estado da Paraíba onde seriam instaladas 16 estações solarimétricas, constituídas, cada uma delas, por um heliógrafo Campbell Stokes, para medir horas de insolação, dois piranógrafos bimetálicos tipo Robitzch Fuess, um deles provido de uma banda de sombra para medir a componente difusa da radiação solar e outro destinado a medir radiação global. Uma estação solarimétrica completa foi instalada no prédio do Laboratório de Energia Solar, contando com os equipamentos já citados, além de um piranômetro espectral de precisão, marca Eppley, com e sem banda de sombra, para calibração dos instrumentos da rede solarimétrica, um piro-heliômetro Angstrom, de alta precisão, e um heliógrafo de fabricação inglesa, Casella, coletores solares planos e destilação solar até fornos solares e ciclos de conversão heliotermomecânica. O laboratório, dedicado basicamente à conversão de energia solar em energia térmica, abordou, além de solarimetria, trabalhos de pesquisa e desenvolvimento em coletores solares planos, destilação solar, fornos solares e ciclos de conversão heliotermomecânica.

Em 1974, o Prof. Arno Müller retornou de seu doutoramento na Argentina e passou a lecionar na Escola de Engenharia da Universidade Federal do Rio Grande do Sul, quando assumiu como o primeiro coordenador do Programa de Pós-Graduação em Engenharia Metalúrgica, atualmente PPGE3M (Minas, Metalúrgica e Materiais). Durante os dois anos seguintes foram desenvolvidas atividades de pesquisa sobre aproveitamento da energia solar, até a formalização do Grupo de Energia Solar da UFRGS, em 1976, hoje conhecido como Laboratório de Energia Solar (LABSOL-UFRGS).

No período de 1976 a 1986, o LABSOL esteve vinculado exclusivamente ao PPGE3M, desde então também vinculado ao Programa de Pós-Graduação em Engenharia Mecânica (PROMEC), realizou trabalhos, de desenvolvimento de coletores cilindro-parabólicos para geração de vapor, estudos sobre diversos aspectos do recurso solar e pesquisas na área da arquitetura solar.

O grupo do ITA acabou se dispersando no final de 1974, e no ano seguinte o prof. Pio Caetano Lobo transferiu-se para o LES-UFPB, enquanto o prof. Isaías Macedo foi para Campinas (SP) e atuou em pesquisas na área de energia da UNICAMP (Universidade Estadual de Campinas).

2.2.2 Os anos da crise do petróleo

O II Simpósio Brasileiro de Energia Solar se realizou em pleno período da crise mundial de energia, setembro de 1973, situação que estimulou muitos pesquisadores a procurar no campo da energia solar alternativas para essa crise. Como será mostrado mais na frente, a economia e, em particular, a política energética brasileira só começam a reagir à situação de crise no fim da década de 70. Porém, o clima favorável à procura de alternativas energéticas, dada a repercussão do problema em nível mundial, está presente ao longo de todos esses anos.

Trabalhos em superfícies seletivas, desenvolvimento de concentradores de radiação solar, aperfeiçoamento de coletores planos e materiais para fabricação de células solares foram iniciados nessa época por pesquisadores da Universidade Estadual de Campinas – UNICAMP. Pesquisas sobre secagem de grãos em silos foram desenvolvidas na mesma época, em forma conjunta, pela UNICAMP e pela Universidade Federal de Viçosa (Minas Gerais).

Em 1974, pesquisadores do Laboratório de Microeletrônica, Departamento de Engenharia Elétrica, da Universidade de São Paulo, iniciaram trabalhos de pesquisa sobre células solares de silício. Foram desenvolvidas técnicas

de fabricação visando à redução de custos das células solares de silício monocristalino, ora melhorando a eficiência de conversão, ora utilizando materiais e processos mais baratos na fabricação da grade coletora frontal e do contato metálico posterior.

Em 1975, um grupo de pesquisa sobre o hidrogênio (o Grupo de Energia, Laboratório de Hidrogênio, LH2) foi fundado por Marcus Zwanziger e João Alberto Meyer na Universidade Estadual de Campinas – UNICAMP, depois que o primeiro se transferiu da Universidade Federal do Rio Grande do Sul para aquela instituição, em 1975 (Zwanziger seria, mais tarde, diretor do IFGW, de 1983 a 1987). Esse laboratório foi o responsável pela produção do primeiro carro a hidrogênio no Brasil (IFGW, 2020), e os pesquisadores desse grupo publicaram vários trabalhos sobre desenvolvimento de energias renováveis, incluindo energia solar.

Na virada entre 1976 e 1977, veio ao Brasil o Prof. Oscar Daniel Corbella, como professor visitante, a convite do Prof. Arno Müller, para dirigir o Grupo de Energia Solar da UFRGS. O grupo atuava em pesquisa com professores e alunos de mestrado da Engenharia Metalúrgica. Um pequeno laboratório foi montado com bancadas de experimentos na cobertura do edifício da Escola de Engenharia. Houve a participação de professores do Instituto de Física da UFRGS na composição inicial do grupo de pesquisadores, entre eles Alfredo Aveline e Walter Laier.

Em 1978, com a realização do II Congresso Latino-Americano de Energia Solar em João Pessoa, uma significativa representação do grupo da UFRGS deslocou-se à Paraíba para participar daquele congresso. O Laboratório de Energia Solar da UFRGS realizava pesquisas em Caracterização de Materiais (KEPPELER, 1978), Superfícies Seletivas (KRENZINGER, 1978), Instrumentação Solarimétrica (BASSO, 1980) e Produção de Gelo com Energia Solar (MELLO, 1980), entre outras áreas.

O Grupo de Pesquisas em Fontes Alternativas de Energia foi fundado em 1980 pelo Prof. **Naum Fraidenraich**, proveniente da Argentina, junto ao Departamento de Engenharia Nuclear da Universidade Federal do Pernambuco. Os trabalhos iniciais do Grupo foram dedicados ao desenvolvimento de concentradores parabólicos compostos, destinados tanto a conversores fotovoltaicos, visando à redução do custo por kWh (SCALAMBRINI COSTA, 1983), como à conversão de energia solar em energia térmica às temperaturas de uso em processos industriais (FRAIDENRAICH et al., 1986). Foram desenvolvidos trabalhos de mestrado dedicados a concentradores elásticos compostos

(FRAGA, 1989), sistemas de abastecimento de água com geradores fotovoltaicos (VILELA, 1996), centrais fotovoltaicas interligadas na rede (LYRA, 1991), secagem solar industrial (BOUCKAERT, 1992) e destilação de água (MELO, 1997; COSTA, 1998). Na década de 1990, o Grupo FAE instalou e operacionalizou um sistema fotovoltaico com rastreamento em dois eixos e cavidades tipo V (VILELA et al., 2003). A implantação, durante os últimos anos, de um grande número de sistemas fotovoltaicos no Nordeste e no Brasil tem estimulado atividades relativas à análise da sustentabilidade do processo de difusão da tecnologia fotovoltaica (BARBOSA, 1997; FRAIDENRAICH, 1997).

Em 1979, começaram as pesquisas sobre conversão de luz solar em energia elétrica no Instituto de Física da UNICAMP, com Ivan Chambouleyron, que chegou do Instituto Politécnico Avançado do México e fundou o Laboratório de Pesquisas Fotovoltaicas (LPF). Em 1982, começaram a ser produzidas no IFGW as primeiras células solares da América Latina, segundo (IFGW, 2020). O grupo de pesquisas dedicou esforços ao estudo dos fenômenos físicos associados ao processo de conversão de energia solar em energia elétrica, da mesma forma que atividades de interesse tecnológico, como processos de produção de células solares de baixo custo.

No Instituto de Pesquisas Espaciais – INPE, em São José dos Campos, o Laboratório de Sensores iniciou suas atividades testando e qualificando células solares. Seu principal interesse era o desenvolvimento de células de uso espacial, particularmente para o Primeiro Satélite Brasileiro.

O Laboratório de Microeletrônica e Células Solares, ligado ao Departamento de Ciência dos Materiais, do Instituto Militar de Engenharia – IME, no Rio de Janeiro, realizou pesquisas em células finas de sulfeto de cádmio/sulfeto de cobre, a partir de 1981. Outros materiais, como o selênio, também foram pesquisados, tendo obtido células com eficiência de conversão de 7%.

Na Universidade Federal de Rio de Janeiro, o Laboratório de Materiais e Interfaces da COPPE, ligado ao Departamento de Metalurgia e Ciência dos Materiais, iniciou suas atividades em 1970. Em período mais recente, 1982, foram iniciadas pesquisas em células solares, particularmente em materiais amorfos e óxidos condutivos transparentes. O Departamento de Engenharia Química da UFRJ em conjunto com a COPPE, realizou trabalhos sobre concentradores de radiação solar e superfícies seletivas.

No Departamento de Engenharia Mecânica da UFMG, no período de 1981-1983, a Profa. Elizabeth Duarte Pereira desenvolveu estudos de coletores solares cilindro-parabólicos com sistema de rastreamento automático para aplicação em atividades agroindustriais e construção, e ensaio de leito desumidificador rústico acoplado a coletor solar para aquecimento de ar e responsável por sua regeneração.

Na mesma época, pesquisas em coletores planos, coletores concentradores e ciclos térmicos foram realizadas no Departamento de Engenharia Mecânica da Universidade Federal de Uberlândia.

Em 1980, foi iniciada a construção do prédio que abriga o Laboratório de Energia Solar da UFRGS (LABSOL), no Campus do Vale, e parte das pesquisas experimentais que eram realizadas no Campus Centro de Porto Alegre foram transferidas para esse local. O fechamento e conclusão dessa obra apenas ocorreram depois de 1989. As pesquisas do LABSOL nestes anos envolveram: desenvolvimento de coletores cilindro-parabólicos para geração de vapor (SALVADORETTI, 1983; PACHECO, 1983), análises experimentais de coletores planos e instrumentação apropriada (SPERB, 1982), estudos sobre diversos aspectos do recurso solar (LOUREIRO, 1984), pesquisas na área da arquitetura solar (VIELMO, 1981) e construção do primeiro simulador solar brasileiro para ensaios de coletores térmicos (ZILLES, 1988).

Voltando a Campinas, em 1984, foi concluído o mestrado do Prof. Francisco das Chagas Marques (MARQUES,1984), sob a orientação do Prof. Ivan Chambouleyron, do LPF–UNICAMP, já citado, em tema específico de células solares. Posteriormente, em 1989, o Prof. Marques concluiu doutorado (MARQUES, 1989) e passou a integrar o quadro de professores da UNICAMP. No final do ano de 1984, foi criado o Núcleo de Energia (NUCLENER) como um dos núcleos interdisciplinares da Unicamp (NIPE, 2020). Uma de suas atividades mais relevantes foi a elaboração, ao longo de 1985, do Dossiê de Energia na UNICAMP, com um levantamento dos vários grupos da Universidade que estavam trabalhando nessa área, as pesquisas em andamento e uma listagem das produções desses grupos. No ano seguinte, o NUCLENER propôs e participou da criação da Área Interdisciplinar de Planejamento de Sistemas Energéticos, implantada em março de 1987, na Faculdade de Engenharia Mecânica (FEM), inicialmente em nível de Mestrado e, a partir de 1993, em nível de Doutorado. Atualmente, este curso é denominado Curso de Pós-Graduação em Planejamento de Sistemas Energéticos. Em 1992, as atividades do NUCLENER foram redirecionadas para a área de planejamento energético. Foi assim transformado o NUCLENER em Núcleo Interdisciplinar de Planejamento Energético (NIPE).

Houve forte influência acadêmica espanhola a partir de contatos do Prof. Oscar Corbella com o Prof. Eduardo Lorenzo, do Instituto de Energía Solar da Universidad Politécnica de Madrid (IES-UPM), na Espanha. Vários alunos formados no Mestrado da UFRGS foram cursar seu doutorado na Espanha, lembrando que, na época, não havia doutorado na Engenharia da UFRGS. Iniciando com Arno Krenzinger (KRENZINGER, 1987) que retornou assumindo a coordenação do Laboratório de Energia Solar da UFRGS, tendo em vista que o Prof. Oscar Corbella se transferiu para a Faculdade de Arquitetura e Urbanismo da UFRJ com pesquisas em Arquitetura Bioclimática. Na sequência, Roberto Zilles concluiu seu mestrado (ZILLES, 1988) e foi realizar seu doutorado no IES-UPM (ZILLES, 1993), vindo depois para a USP como recém-doutor e assumindo a docência a partir de 1997. Da mesma forma, Mário Henrique Macagnan concluiu seu mestrado (MACAGNAN, 1989) e realizou seu doutorado no IES-UPM (MACAGNAN, 1993), e no retorno passou a liderar um grupo de pesquisas na UNISINOS, com Jacqueline Biancon Copetti (COPETTI, 1993). Nessa mesma colaboração, Izete Zanesco e Adriano Moehlecke concluíram seus mestrados (ZANESCO, 1991; MOEHLECKE, 1991), foram ao IES-UPM e retornaram com seus respectivos doutorados em 1996 (ZANESCO, 1996; MOEHLECKE, 1996) para lecionar na PUCRS. Na mesma época, Ricardo Ruther concluiu seu mestrado na UFRGS em 1991 e doutorado na University of Western Australia – UWA, organizando, no seu retorno, um grupo de pesquisas na Universidade Federal de Santa Catarina – UFSC.

Em 1.º de novembro de 1994, foi fundado o Grupo de Estudos e Desenvolvimento de Energias Alternativas (GEDAE) na Universidade Federal do Pará, atuando principalmente com energias solar e eólica, e a sua combinação em sistemas híbridos de produção de eletricidade. O GEDAE tem sido reconhecido como centro de referência em sistemas híbridos para atendimento de localidades isoladas da rede elétrica convencional e foi o grupo que mais colaborou com outras instituições na implantação desse tipo de sistema em diversas comunidades. Além dos sistemas elétricos híbridos, o GEDAE desenvolveu e implementou diversos sistemas para tratamento e abastecimento de água, bem como sistemas para aplicação em atividades produtivas locais, com participação em diversas redes de pesquisa no Brasil e no exterior (UFPA, 2020).

Em novembro de 1997, foi criado o grupo GREEN na Pontifícia Universidade Católica de Minas Gerais (GREEN PUC MINAS) para promover a inovação e o desenvolvimento da utilização de energias renováveis, com forte atuação junto ao Programa Brasileiro de Etiquetagem (INMETRO), realizando ensaios de equipamentos de aquecimento solar. Em 2001, foi inaugurado no GREEN o Centro para Desenvolvimento e Pesquisa Aplicada em Eficiência Energética e Energias Renováveis (CDPAEE), em parceria com a CEMIG/ANEEL. Desde então, o GREEN conta com o apoio intensivo da CEMIG para desenvolver projetos que incrementam a eficiência energética de processos, equipamentos e consumo (IPUC, 2020).

No intervalo dos anos 1970 a 1990, uma plêiade de pesquisadores pertencentes aos Grupos de Pesquisa mencionados pavimentou o caminho do desenvolvimento da Ciência e Tecnologia Solar no Brasil. Dentre eles, o Professor Cleantho da Câmera Torres (UFPB), pioneiro da energia solar no Brasil, que difundiu, com ímpeto e dinamismo, as possibilidades que a energia solar oferecia à sociedade brasileira. Auditórios lotados de profissionais, estudantes, público em geral era comum acontecer nesses anos. Apesar da ciência e tecnologia solar serem pouco conhecidas na época como atividade de pesquisa regular, não poucos estudantes iniciavam atividades nesse campo. Profissionais das mais diversas áreas interessavam-se pelas realizações da tecnologia solar e as possibilidades de materializar, no Brasil, resultados de pesquisas conhecidos no exterior.

Laboratórios instalados e equipados nesses anos contaram com a participação decisiva de pesquisadores nas mais diferentes áreas, dentre os quais cabe destacar: Rogerio Klüppel e Caetano Pio Lobo (UFPB), Cirus Hackenberg (UFRJ-COPPE), Ramiro Wharhaftig (Universidade Católica do Paraná), Arno Müller Oscar Corbella, Arno Krenzinger (UFRGS), Naum Fraidenraich (UFPE), Adnei Melges de Andrade (USP), Isaias Macedo (UNICAMP), Elizabeth Duarte Pereira (UFMG), entre outros.

Os grupos de pesquisa mencionados são ou eram relativamente pequenos, com equipe permanente não superior a cinco pessoas. A relação acima não é exaustiva. Pesquisadores isolados trabalharam em outras universidades, contribuindo com suas atividades, durante esse período efervescente, ao desenvolvimento da Ciência e Tecnologia Solar no Brasil.

Transcorrido um certo número de anos, ingressando nos anos 1990, parte dos grupos que participaram desse esforço não mais eram ativos ou já tinham reorientado suas pesquisas. Levantamento realizado pelo CEPEL, em 1992, mostrava que o número de grupos dedicados plenamente à pesquisa em energia solar, nessa época, era pequeno, substancialmente menor que no período de auge.

2.3 DECLÍNIO DA ATIVIDADE DE PESQUISA EM ENERGIA SOLAR NA DÉCADA DE 1980

A partir da segunda metade da década de 1980, uma parte dos grupos de pesquisa encerrou sua atuação em energia solar, transferindo-a para outros temas. Em outros casos, reduziram o nível de atividade devido à redução do número de pesquisadores ou à falta de recursos e, finalmente, em outros, abandonando simplesmente as pesquisas, com grande prejuízo para o que tinha sido construído até esse momento no campo da energia solar. Eram poucos os cientistas que, ativos em energia solar no início da década de 1980, encontravam-se ainda em atividade no final do século. Transcrevemos comentário do Prof. Moura Bezerra sobre a atividade científica nesse período:

> Verificou-se, no entanto, que a partir da década de 1980 as pesquisas em energia solar começaram a sofrer uma retração, notadamente no Nordeste do país, e isso concorreu decisivamente para uma redução na produção científica de um modo geral, de tal modo que, a partir de 1985, os trabalhos foram paulatinamente reduzidos (BEZERRA, 1997).

Acrescente-se como dado adicional, por demais significativo, que, em 1987, finalizado o mandato do Prof. Moura Bezerra, presidente regional da Associação Brasileira de Energia Solar (ABENS) no Estado da Paraíba, a instituição entrou em um período recessivo, no contexto já mencionado, de uma decrescente atividade de pesquisa e ausência de recursos por parte das agências de financiamento. A associação só veio a se reerguer no ano 2005, como relatamos mais a frente.

Os motivos que levaram a essa situação são complexos. No entanto, podemos identificar na diminuição de recursos dedicados a pesquisas no campo da energia, de forma geral, e na área da energia solar, em particular, já como sendo um reflexo de uma situação geral desfavorável ou o estabelecimento de outras prioridades, superados os momentos agudos da crise do petróleo.

Na Tabela 2.1 estão mostrados os valores destinados à energia solar e a todas as formas de energia, pela Financiadora de Estudos e Projetos (FINEP), uma das principais agências nacionais de financiamento de pesquisas (LA ROVERE, 1994). A partir do ano 1985, observa-se forte redução no desembolso de recursos, tanto no que se refere à energia solar como a todas as fontes de energia, tendência que se estendeu até 1993 (último ano citado

TABELA 2.1 Recursos desembolsados pelo Departamento de Energia da FINEP na área de energia no período 1982-1993.

Ano	Solar (US$)	Todas as fontes de energia (US$)
1982	1.000.000	9.000.000
1983	900.000	20.400.000
1984	1.600.000	39.300.000
1985	500.000	11.700.000
1986	100.000	16.100.000
1987	–	6.200.000
1988	300.000	5.300.000
1989	Sem recursos	1.000.000
1990	Sem recursos	400.000
1991	Sem recursos	900.000
1992	Sem recursos	1.800.000
1993	Sem recursos	3.900.000
Total no período	4.400.000	116.000.000

Fonte: La Rovere (1994).

na Tabela 2.1), incluindo ausência total de recursos durante seis anos (1987 e 1989-1993) em energia solar.

Fenômeno similar observou-se em outras partes do mundo. Nos países membros da Agência Internacional de Energia, o orçamento de pesquisa e desenvolvimento das energias renováveis, que foi igual a 1,67 bilhão de dólares em 1981, foi reduzido para 0,53 bilhões de dólares em 1990, ou seja, uma diminuição de aproximadamente 68%. Nos Estados Unidos, a redução foi mais drástica ainda, 88% (SCHEER, 1995).

A partir dos anos 1992-1993, verificou-se uma tentativa tímida de reiniciar as atividades científicas e tecnológicas no campo da energia solar através de diversas iniciativas. Porém, o longo período sem recursos dos anos 1985-2000 resultou em perdas irreversíveis de recursos humanos, infraestrutura e patrimônio científico existente no país no início da década de 1980.

Poucos laboratórios e grupos de pesquisa conseguiram sobreviver, o LABSOLAR da UFRGS e o Grupo FAE da UFPE, dentre eles, e que continuam em atividade. Nos anos 90, uma nova geração de pesquisadores completou seus estudos, iniciados no LABSOLAR (UFRGS), a maioria com doutoramento na Universidade Politécnica de Madrid – UPM, mas também na University of Western Australia – UWA. De retorno ao Brasil, implantaram laboratórios em diversas universidades: Unisinos, PUCRGS, USP, UFSC, PUCMG (vide seção 2.2.2 – Os anos da crise do petróleo). Na mesma época concluíram seus estudos na UFPE, ou no exterior, pesquisadores que hoje desempenham papel relevante nessa universidade.

Em particular no Grupo FAE (UFPE), na primeira década do século 21, pesquisadores que realizaram o curso de mestrado e de doutoramento, atuam, no presente, em instituições públicas (CHESF – Recife), Institutos Federais de Educação, Ciência e Tecnologia e, também, na UFPE em vários Departamentos e no Grupo FAE. Os exemplos continuam em outros Estados e instituições. Atividades de pesquisa existem, hoje, nas mais diversas latitudes do Brasil, como comprova a participação de estudantes, pesquisadores, profissionais nos Congressos da ABENS, participação que seguramente haverá de crescer nesta era em que a introdução das energias renováveis na composição da matriz energética constitui uma necessidade imperiosa e uma vibrante realidade.

2.4 A INDÚSTRIA NACIONAL

2.4.1 Tecnologia fotovoltaica: os pioneiros

As primeiras iniciativas empresariais datam do fim da década dos anos 1970, na onda da crise do petróleo. É importante reparar que, apesar da crise do petróleo iniciar em 1973, o mercado energético brasileiro não manifesta uma reação efetiva até o fim da década. Por exemplo, as importações líquidas de petróleo no ano de 1973 eram de 33 milhões de toneladas por ano. Em 1979, três anos depois da segunda crise do petróleo, as importações líquidas atingem um máximo de 50 milhões de toneladas. A partir dessa data as importações de petróleo diminuem em forma considerável, até alcançar 24 milhões de toneladas em 1999. Em 1973, o gasto em divisas com as importações de petróleo era igual a 3 bilhões de dólares e, em 1981, atinge seu ápice, com 11 bilhões de dólares. Os preços do petróleo continuam subindo até 1985-1986. A preocupação relativa ao abastecimento de petróleo e recursos financeiros necessários para sua importação conduzem, no fim da década, a numerosas iniciativas empresariais na área da tecnologia solar.

Em 1979, começaram a ser produzidos módulos fotovoltaicos no Brasil por uma firma da área das telecomunicações, Fone-Mat, a partir de células importadas, fabricadas nos Estados Unidos pela firma Solarex. A empresa Fone-Mat, sediada na cidade de São Paulo, não só fabricou os primeiros módulos fotovoltaicos no Brasil, mas também desenvolveu controladores de carga, contadores de Ampère/hora, solarímetros com sensores fotovoltaicos e outros dispositivos de interesse para usuários e pesquisadores dessa área. Iniciava-se, desse modo, a comercialização de produtos fotovoltaicos no país. O mercado potencial mais importante na época era o de telecomunicações e, efetivamente, as empresas dessa área passaram a ser os compradores quase únicos de produtos da tecnologia fotovoltaica.

Em março de 1980, instalou-se a firma Heliodinâmica:

> [...] com o escopo fundamental de participar efetivamente no desenvolvimento industrial da Energia Solar no Brasil, como alternativa válida de substituição dos recursos energéticos de que o país é carente e que, agora mais definidamente, se encontram ameaçados de esgotamento, e até mesmo de rápido desaparecimento; e, ainda de participar pioneiramente da consolidação da Indústria Microeletrônica Nacional com a produção de lâminas de silício monocristalino e brevemente também de dispositivos eletrônicos (HELIODINÂMICA, 1985, p. 1).

A firma Heliodinâmica começou sua atuação industrial fabricando coletores solares planos para aquecimento de água de uso residencial e industrial. No período 1981-1982, construiu as instalações da empresa no Município de Vargem Grande Paulista e começou a pesquisar as possibilidades de atuação no campo da tecnologia fotovoltaica. De tal forma, em 1981, inicia a fabricação de módulos com células importadas, com uma capacidade anual de produção de 1 MWp por ano (CRESESB, 2015).

Em 1982, começa a produzir tarugos cilíndricos pelo método Czochralski e lâminas de silício monocristalino, de 5 polegadas de diâmetro. Com uma capacidade instalada de um MWp por ano, escala de produção típica de muitas fábricas instaladas no exterior, e um capital avaliado em US$ 10 milhões.

No ano de 1985, a estrutura da firma compreendia duas divisões, térmica e fotovoltaica, apesar de, posteriormente, a fabricação de coletores solares planos para aquecimento de água ter sido desativada. O crescimento da empresa nos anos iniciais pode ser apreciado pelo faturamento e pelas vendas, que cresceram expressivamente, de acordo com o que é mostrado na Tabela 2.2.

Na época em que a firma Heliodinâmica iniciou suas atividades, começou a vigorar, no Brasil, a Lei da Informática, criada com o intuito de preservar o mercado interno para fornecedores nacionais de equipamentos e programas de computador. Pretendia-se, assim, oferecer um prazo para consolidação da indústria de informática nacional de forma que pudesse chegar a competir em pé de igualdade com empresas estrangeiras quando a Lei de Informática deixasse de estar vigente. A utilização comum do silício monocristalino por parte da indústria de microeletrônica e de células solares permitiu que os equipamentos fotovoltaicos fossem protegidos pela lei. Como resultado, a empresa Heliodinâmica contou com reserva de mercado por um período de aproximadamente 10 anos, lapso que aparentemente não foi suficiente para garantir a essa firma a estabilidade financeira necessária para seu posterior crescimento e produção de componentes e sistemas a preços compatíveis com os existentes no mercado internacional.

Em outubro de 1992 começaram a ser retiradas as barreiras alfandegárias à importação de equipamentos de informática. As firmas Siemens Solar e Solarex passaram a disputar o mercado interno de equipamentos fotovoltaicos, inicialmente na área das telecomunicações. Posteriormente, o início de programas de envergadura nacional que utilizaram sistemas fotovoltaicos, como o PRODEEM, por exemplo, abriu, para essas empresas, assim como para outras empresas internacionais, um mercado atrativo, situação que permanece até nossos dias.

TABELA 2.2 Vendas e faturamento da empresa Heliodinâmica no período 1981–1986.

* Ano	1981	1982	1983	1984	1985	1986
Vendas	100	368	156	1.624	891	1.665
Faturamento	100	459	312	1.176	3.259	3.471

Fonte: Heliodinâmica, 1985.

* O ano de 1981 é tomado como referência.

2.4.2 Tecnologia solar térmica

No fim da década de 1970 e início de 1980, foram registradas diversas iniciativas empresariais no âmbito da produção de coletores solares térmicos (já foi comentada a iniciativa da firma Heliodinâmica, na seção anterior). Desde sua aparição no mercado brasileiro, este setor de empresas cresceu em forma autônoma, ou seja, sem nenhum tipo de apoio ou incentivo oficial. O programa conhecido com o nome de Pró-Solar, elaborado em 1987, teoricamente poderia ter instituído algum incentivo para o setor, já que estava destinado a estimular atividades no campo dessa tecnologia. Porém, nunca foi colocado em prática e, com a mudança de governo, rapidamente esquecido, tal como se explica em outra seção deste capítulo.

Em um primeiro momento, o número de empresas dedicadas ao aquecimento solar de água era grande, tendo se reduzido posteriormente, na medida em que as melhores empresas foram ocupando a maior parcela do mercado.

Na década de 90, o setor solar térmico, nessa altura consolidado, começou a impulsionar algumas iniciativas. Criou-se, em 1992, o Grupo Setorial das Indústrias de Aquecimento Solar da ABRAVA – Associação Brasileira de Refrigeração, Ar-Condicionado, Ventilação e Aquecimento, e outras iniciativas, como o programa de etiquetagem dos coletores, com indicação quantitativa do seu desempenho; vários projetos piloto em colaboração com empresas concessionárias de energia elétrica e prefeituras, a realização do I e II ENASOL – Encontro Nacional de Aquecimento Solar, em 1996 e 1998, respectivamente, são impulsionadas, mostrando o dinamismo de um setor que se encontrava numa fase de pleno crescimento. No Capítulo 4 deste livro, trata-se este tema em detalhe.

2.5 ASSOCIAÇÃO BRASILEIRA DE ENERGIA SOLAR

Em 1952, por ocasião da realização do X Congresso Brasileiro de Química, foi lançada a ideia de promover a utilização da energia solar no Brasil (FERREIRA, 1993). Um dos conferencistas, o Dr. Jaime Santa Rosa, abordou esse tema durante a apresentação de sua tese "Possibilidades da energia solar no Nordeste brasileiro".

Em novembro de 1958, o Centro de Estudos de Mecânica Aplicada (CEMA), com patrocínio do Conselho Nacional de Desenvolvimento

Científico e Tecnológico – CNPq, organizou, no Rio de Janeiro, o I Simpósio Brasileiro de Energia Solar. Era o começo das atividades de pesquisa no Brasil.

Durante o I Encontro Nacional de Astronomia, realizado na cidade de Souza, na Paraíba, em 1970, as perspectivas de aproveitamento da energia solar voltaram a ser consideradas tema a receber plena aprovação dos participantes do encontro.

Com o patrocínio da UFPB e a colaboração do Conselho Nacional de Desenvolvimento Científico e Tecnológico (CNPq), foi realizado, em setembro de 1973, no Campus I da Universidade, o II Simpósio Brasileiro de Energia Solar. Participaram 178 professores de diversas universidades do Brasil e do exterior, incluindo pesquisadores da UFPB (KLÜPPEL; CAVALCANTI, 2012).

No prefácio das Atas da Reunião pode-se ler:

> [...] Dado o tempo que nos separa do I Simpósio, realizado pelo Centro de Estudos de Mecânica Aplicada – CEMA em novembro de 1958, este evento significa para a ciência e tecnologia brasileira a retomada de uma posição que tinha sido quase abandonada. Este Simpósio materializa uma aspiração compartilhada pelo Laboratório de Energia Solar da Escola de Engenharia da Universidade Federal da Paraíba e do Departamento de Energia do Instituto Tecnológico da Aeronáutica – ITA. O Encontro vem congregar pesquisadores de todo o Brasil, com a finalidade de reunir os esforços que foram dispersos nesse lapso de 15 anos, bem como planejar as futuras linhas de pesquisa. O somatório dos esforços no sentido do aproveitamento de nossa maior fonte de energia colocará à disposição da humanidade a opção de um mundo com as vantagens da tecnologia e sem o pesado ônus da poluição, que é oriunda dos atuais meios de produção energética (citado por BEZERRA, 1997).

Recomendou-se, ao mesmo tempo, a criação de uma associação, para o que foi eleita uma comissão que seria encarregada de elaborar o estatuto e organizar a respectiva assembleia da Instituição.

Está presente na declaração a vontade de organizar e intensificar os esforços que de forma muito dispersa foram realizados nos 15 anos que precederam a reunião. Verificou-se posteriormente que, junto com essa preocupação, um dos maiores problemas com o qual os grupos de pesquisa e laboratórios se defrontaram foi a falta de continuidade nas suas atividades, seja por falta de apoio das agências de financiamento, pelas dificuldades existentes no processo de transferência de tecnologia ao mercado ou porque outras áreas de pesquisa se mostraram, em determinados momentos, mais atraentes.

Em 3 de junho de 1974, foi criada a Asociación Argentina de Energía Solar – ASADES, hoje denominada Asociación Argentina de Energías Renovables y Ambiente, a partir de um grupo de pesquisadores da área da física solar do Observatório de Física Cósmica, sediado na cidade de San Miguel, província de Buenos Aires. Na declaração, manifestam sua convicção de que "el estudio y la aplicación de la energía solar constituyen un objetivo indispensable para el progreso económico y social del país" e buscando "la necesidad de crear una entidad a nivel nacional que agrupe a todas aquellas vinculadas al campo de la enseñanza, investigación y aplicación de la energía solar" (ASADES, 2020). Em 1975, Buenos Aires sediou o 1.° Congresso Latino-Americano de Energia Solar, que incluiu trabalhos de pesquisadores brasileiros.

Por esses anos, muito se debatia sobre as novas alternativas energéticas. Um importante evento ocorreu na Assembleia Legislativa do Rio Grande do Sul, sob o título: "1.º Ciclo de Debates sobre a questão energética: problemas e alternativas", reunindo várias autoridades e pesquisadores. Nesse encontro, já se registrava a atuação do Laboratório de Energia Solar da UFRGS pelo trabalho do Prof. Oscar Daniel Corbella "Pesquisas em Energia Solar do Rio Grande do Sul" (ALRS, 1977).

No início de 1978, foi realizado com grande sucesso um evento que marcou a evolução na pesquisa brasileira em Energia Solar, o 2.º Congresso Latino-Americano de Energia Solar. Este congresso foi realizado em João Pessoa, na Paraíba, com participação de representantes da pesquisa de todo o Brasil e de diversos países da América Latina. Seus Anais foram posteriormente publicados em 3 volumes e até hoje são citados em várias publicações.

A Associação Brasileira de Energia Solar (ABENS) foi criada durante o congresso mencionado, em 17 de fevereiro de 1978, com o objetivo de promover a divulgação, o incentivo e os estudos da Energia Solar no país. A sede nacional da ABENS estava localizada na cidade de João Pessoa – PB, com endereço no Laboratório de Energia Solar (LES) da Universidade Federal da Paraíba (UFPB), tendo como presidente o Professor Cleantho da Câmara Torres (BEZERRA, 1997). A Diretoria eleita estava constituída por:

Presidente: Prof. Cleantho da Câmara Torres
Vice-Presidente: Prof. Arnaldo Moura Bezerra
Secretário: Prof. Josemar Silveira
Tesoureiro: Prof. Paulo Martins de Abreu

A sede da ABENS permaneceu na cidade de João Pessoa – PB até o ano de 1982, mas nesse caminho foram sendo criadas Delegacias Regionais. As sedes regionais se justificavam, pois na época a internet era restrita e a rede internacional (www) foi criada apenas 10 anos depois. Em 1982, além da sede nacional, havia mais sete delegacias Regionais, conforme o quadro da Tabela 2.3.

TABELA 2.3 Sede e Delegacias Regionais da ABENS em 1982.

Sede	Diretoria
Nacional em João Pessoa	Presidente: Cleantho da Câmara Torres Vice-Presidente: Arnaldo Moura Bezerra Secretário: Leonardo Ungulino Júnior Tesoureiro: Paulo Martins de Abreu
Delegacia Regional do Rio Grande do Sul (UFRGS)	Presidente: Oscar Daniel Corbella
Delegacia Regional de São Paulo – São Paulo, SP	Presidente Regional: Randolpho Marques Lobato
Delegacia Regional de Minas Gerais (UFV) – Viçosa	Presidente Regional: Mauri Fortes
Delegacia Regional da Bahia (CEPED) – Camaçari	Presidente Regional: Francisco Ávila
Delegacia Regional do Paraná (PUCPR) – Curitiba	Presidente Regional: Ramiro Wahrhaftig
Delegacia Regional do Rio de Janeiro (USU) – RJ	Presidente Regional: Edson Pinho da Silva Pinto
Delegacia Regional do Ceará (NUTEC) – Fortaleza	Presidente Regional: Julio Wilson Ribeiro

Fonte: Elaborado pelo autor (Arno Krenzinger).

2.5.1 Reuniões de trabalho da ABENS

A ABENS promoveu várias Reuniões Anuais de Trabalho. A primeira delas foi realizada no Centro de Tecnologia da UFPB e a segunda Reunião de Trabalho teve lugar no Auditório do Centro de Tecnologia, em junho de 1980. A terceira Reunião Anual de Trabalho, com a presidência nacional da ABENS a cargo do Prof. Cleantho da Câmara Torres, foi realizado em Curitiba – PR, na Pontifícia Universidade Católica do Paraná (PUCPR), em julho de 1982, sendo uma promoção da PUCPR, do Laboratório de Hidráulica, Saneamento e Meio Ambiente (LHISAMA) e da Regional Paraná da ABENS, cuja presidência regional estava sendo ocupada pelo Prof. Ramiro Wahrhaftig, que depois assumiu a presidência nacional.

A sede da ABENS permaneceu na cidade de João Pessoa até 1982 e foi posteriormente transferida para Curitiba, sob a presidência do Prof. Ramiro Wharhaftig, da Universidade Católica de Paraná. Em 1985, com o término do mandato do Prof. Wahrhaftig, a Associação passou a ser presidida pelo professor Cirus Hackenberg, do Instituto Alberto Luiz Coimbra de Pós-Graduação e Pesquisa de Engenharia (COPPE), na Universidade Federal do Rio de Janeiro (COPPE).

Com a transferência da Sede Nacional para o Paraná e posteriormente Rio de Janeiro, a ABENS em João Pessoa passou a contar com uma delegacia regional, cujo primeiro mandato como presidente foi exercido pelo Prof. Cleantho da Câmara Torres e um segundo mandato pelo Prof. Arnaldo Moura Bezerra. Outras sedes regionais também foram mantidas.

2.5.2 Boletins da ABENS

Logo no início das atividades da ABENS, foi criada uma publicação para divulgar as pesquisas. Era uma revista técnico-científica intitulada *Boletim da ABENS*. O primeiro *Boletim da ABENS*, publicado em agosto de 1979, trazia como matéria principal a Primeira Reunião de Trabalho da ABENS. Ao todo, foram publicados 14 números do *Boletim da ABENS*. Os 13 primeiros números quando a sede nacional da ABENS era em João Pessoa – PB. O último número foi publicado quando a Regional Paraíba da ABENS era presidida pelo Prof. Arnaldo Moura Bezerra, ocasião em que a presidência nacional se encontrava no Rio de Janeiro – RJ. O periódico foi registrado com ISSN 0100-6894 e durante um período recebeu financiamento do CNPq.

Em 1987, a sede da ABENS foi transferida para a Universidade Federal do Rio Grande do Sul (UFRGS), em Porto Alegre, sob a presidência nacional do Prof. Oscar Daniel Corbella, então liderando o Laboratório de Energia Solar da UFRGS. Com a transferência do Prof. Corbella para a UFRJ, o vice-presidente, Prof. Arno Krenzinger, assumiu a presidência até 1989, quando foi eleito como presidente nacional da ABENS o Prof. Ernani Sartori, do Laboratório de Energia Solar da UFPB (LES), retornando assim a sede da ABENS a João Pessoa – PB. Em 2001 a sede da ABENS foi transferida para a cidade de São Paulo – SP, tendo ficado sob os cuidados do jornalista e advogado Randolpho Marques Lobato e do Prof. Arnaldo Moura Bezerra até 2005.

2.5.3 Processo de revitalização da Associação Brasileira de Energia Solar

No começo do século XXI, a comunidade científica que atuava na área da energia solar era importante e ativa em termos de organização de eventos sobre os temas mais relevantes da área. Em julho de 2004, foi realizado em Porto Alegre o I Simpósio Nacional de Energia Solar Fotovoltaica (I SNESF), reunindo professores, estudantes, pesquisadores, empresários, funcionários de governo e também membros da comunidade interessados na área de energia solar fotovoltaica. A finalidade era mapear o potencial intelectual, as necessidades das empresas e órgãos usuários e debater o rumo a ser dado para essa tecnologia no Brasil (MOEHLECKE; ZANESCO, 2004). Nesse evento, os centros de pesquisa, as universidades e empresas usuárias e/ou financiadoras de programas de pesquisa e desenvolvimento apresentaram as atividades realizadas e foi possível identificar as linhas de atuação existentes no Brasil na época. Também foi promovido um debate visando à definição das diretrizes e linhas de pesquisa para o desenvolvimento da energia solar fotovoltaica no Brasil. Dentre os resultados alcançados no I SNESF, pode-se citar a criação da Seção Brasileira da International Solar Energy Society (ISES do Brasil) e a necessidade de continuidade do Simpósio.

A partir de setembro de 2004, houve movimentos que levaram à reativação da ABENS. Durante o XII Congresso Ibérico e VII Congresso Ibero-Americano de Energia Solar, realizados em Vigo, Espanha, um grupo de pesquisadores brasileiros manifestou, em um documento intitulado CARTA

DE VIGO (17/09/2004), a necessidade e a disposição para reorganizar a Associação Brasileira de Energia Solar – ABENS.

Menos de um ano depois, durante o II Simpósio Nacional de Energia Solar Fotovoltaica – II SNESF, organizado pelo CRESESB e CEPEL, realizado no Rio de Janeiro, foi efetivada uma reunião (16/05/2005) para discutir as medidas necessárias para a reorganização da ABENS (RELATO ABENS II SNESF). Durante a reunião, o Prof. Paulo Carvalho propôs a cidade de Fortaleza para realizar o primeiro congresso da ABENS – 1.º Congresso Brasileiro de Energia Solar. Atas da reunião realizada na sede do CEPEL se encontram no Anexo I.

Três eventos importantes conduziram à normalização das atividades da ABENS: O X Seminário Ibero-Americano de Energia Solar, realizado no Departamento de Energia Nuclear pelo Grupo FAE-UFPE, a Assembleia Geral de Constituição da ABENS, também no departamento de Energia Nuclear, e o 1.º Congresso Brasileiro de Energia Solar, realizado em Fortaleza.

Com o objetivo específico de formalizar a reativação da ABENS, aspiração da comunidade de pesquisadores da área de Energia Solar na época, manifesta expressamente em diversas oportunidades, foi organizado o X Seminário Ibero-Americano de Energia Solar, em Recife, no mês de novembro de 2005. Coordenado pelo Prof. Chigeru Tiba, foram especialmente convidados para participar do seminário o Presidente da ABENS, Dr. Randolpho Lobato (São Paulo – SP) e o Vice-Presidente, Prof. Arnaldo Moura Bezerra (João Pessoa – PB). Na situação de paralisia em que a ABENS se encontrava, era indispensável contar com a anuência do Presidente e Vice-Presidente da ABENS para escolher uma comissão que daria início a um processo de normalização da associação. Finalizado o Seminário, foi realizada uma reunião em que se discutiram os objetivos pelos quais a Comissão Provisória a ser eleita deveria trabalhar no período imediatamente seguinte. Os resultados da reunião estão expostos na Ata, aprovada e assinada por todos os presentes. Nesta pode-se ler:

Ata de reunião da revitalização da Associação Brasileira de Energia Solar (ABENS)

> Aos 21 dias do mês de novembro de 2005 foi realizada no Auditório de Energia Nuclear da Universidade Federal de Pernambuco, às 18 horas, no âmbito do X Seminário Ibero-Americano de Energia Solar, uma reunião aberta ao público participante do evento, os quais assinam a presente ata, visando a revitalização da Associação Brasileira de Energia Solar (ABENS).

> A abertura da reunião foi feita pelo Prof. Antônio Pralon Ferreira Leite, da Universidade Federal de Paraíba, Campus I, João Pessoa, que fez um relato cronológico das atividades realizadas, desde outubro de 2004, a partir do 6º Congresso Ibero-americano de Energia Solar, realizado em Vigo, Espanha, até a presente data, com o objetivo de revitalizar a Associação Brasileira de Energia Solar (ABENS). Foram resgatadas as razões pelas quais ABENS está sendo revitalizada, conforme abordado na exposição feita pela manhã, no âmbito do mesmo evento, pelo Prof. Arnaldo Moura Bezerra, atual Vice-Presidente da ABENS e do Dr. Randolfo Lobato no processo de revitalização da ABENS. Em seguida foi apresentada uma proposta para se estabelecer uma Diretoria da ABENS, composta pelas seguintes pessoas, com os respectivos cargos:
>
> | | |
> |---|---|
> | Naum Fraidenraich | Presidente |
> | Antônio Pralon Ferreira Leite | Vice-Presidente |
> | João Tavares Pinho | Primeiro Secretário |
> | Olga de Castro Vilela | Segunda Secretária |
> | Elielza Moura de Souza Barbosa | Primeira Tesoureira |
> | Paulo Cesar Marques de Carvalho | Segundo Tesoureiro |
>
> Esta Diretoria tem como missão o recadastramento de sócios da ABENS junto aos órgãos públicos competentes, a atualização dos estatutos da ABENS, a convocação de eleições para uma próxima Diretoria Nacional durante o ano de 2006 e finalmente a organização do 1º Congresso Brasileiro de Energia Solar (CBENS) a ser realizado em Fortaleza, Ceará, durante o mês de abril de 2007[...].

A elaboração do estatuto da Associação foi um dos objetivos alcançados antes da realização do Congresso. De acordo com as decisões tomadas na Reunião de 21 de novembro de 2005 em Recife–PE (X Seminário Ibero-americano de Energia Solar), no dia 25 de janeiro de 2007, foi realizada uma Assembleia Geral de Constituição da ABENS para aprovação do novo estatuto, eleição e pose da primeira diretoria e do Conselho Fiscal. Transcrevemos parte do texto da ata da Assembleia:

> Ao vigésimo quinto dia do mês de janeiro do ano de dois mil e sete, no Auditório do Departamento de Energia Nuclear, da Universidade Federal de Pernambuco – UFPE, localizado à Av. Prof. Luiz Freire, nº 1000, Cidade Universitária, CEP: 50740-540, na cidade de Recife, estado de Pernambuco, às 14:30 h, foi dado início à Assembleia Geral de Constitui-

ção, aprovação do Estatuto e eleição dos cargos eletivos da ASSOCIAÇÃO BRASILEIRA DE ENERGIA SOLAR – CIÊNCIA E TECNOLOGIA (ABENS). Os presentes elegeram para presidir os trabalhos o Prof. Naum Fraidenraich e a Profª Olga de Castro Vilela, para secretariá-los. Agradecendo sua indicação, o Presidente dos trabalhos fez uma breve exposição dos antecedentes da criação da ABENS, relembrando que o Brasil já contou com uma Associação de Energia Solar. Criada em 17 de fevereiro de 1978, com o objetivo de promover a divulgação, o incentivo e os estudos da Energia Solar no país, teve como primeira sede o Laboratório de Energia Solar da Universidade Federal da Paraíba, na cidade de João Pessoa, e como Presidente o Prof. Cleantho da Câmara Torres. Entretanto, devido ao desestimulo das atividades na área das energias renováveis e, em particular da energia solar, a Associação cessou suas atividades em meados dos anos 80, contando, a partir dessa data, com uma representação do Prof. Arnaldo Moura Bezerra e do Dr. Randolpho Lobato, que mantiveram acesa a chama da instituição ao longo de todos estes anos. [...] (Texto da ata da Assembleia e novo Estatuto, 2007).

Na Assembleia foi apresentado o novo estatuto, tarefa encomendada à Diretoria eleita no X seminário (Recife) em novembro de 2005, e seus membros confirmados em seus cargos:

> [...]Logo após, o Presidente dos trabalhos solicitou a apresentação das chapas para concorrer ao pleito. Na ocasião houve a habilitação de uma única chapa, que após a leitura dos nomes de seus componentes, foi considerada em condições legais para tanto. Submetida à votação, foi aprovada por unanimidade. Ao final foram eleitos: Naum Fraidenraich, Antonio Pralon Ferreira Leite, João Tavares Pinho, Olga de Castro Vilela, Elielza Moura de Souza Barbosa e Paulo César Marques de Carvalho, Presidente, Vice-Presidente, Primeiro Secretário, Segundo Secretário, Primeiro Tesoureiro e Segundo Tesoureiro, respectivamente. [...] (Anexo II).

Conforme decisão adotada no X Seminário (novembro – 2005), o 1.º CBENS foi realizado entre 8 e 11 de abril de 2007, em Fortaleza (I CBENS), sob a coordenação do Prof. Paulo Cesar Marques de Carvalho e a presidência do Prof. Naum Fraidenraich (FRAIDENRAICH; VILELA, 2007, ano 12, n.º 12, p. 10). O congresso tinha por objetivo reunir a comunidade envolvida nas diversas formas de utilização da energia solar no Brasil. Essa atuação podia ser em vários níveis: estudantes, pesquisadores, empresários, representantes governamentais, membros de ONGs, entre outros, tendo por finalidade promover, através de apresentações e debates, o intercâmbio de informações e experiências de natureza técnico-científica e comercial entre os participantes.

Na época da realização do 1.º Congresso Brasileiro de Energia Solar – CBENS, os objetivos traçados no X Seminário Ibero-Americano tinham sido implementados. Foi elaborado um novo estatuto da Associação, pela Secretaria da Comissão Provisória da ABENS, efetivado o recadastramento de Sócios, convocado o 1.º Congresso da ABENS (I CBENS) e confirmada, de acordo com os novos estatutos, a 1.ª Diretoria. Previamente à realização do Congresso, durante o ano de 2006, foi convocada a eleição de nova Diretoria, que, de acordo com o programado, foi eleita durante a realização do Congresso, no dia 10 de abril de 2007, e integrada por (FRAIDENRAICH; VILELA, 2007, p. 24):

Presidente:	Arno Krenzinger (UFRGS)
Vice-Presidente:	Ricardo Ruther (UFSC)
Primeiro Secretário:	Airton Cabral Andrade (PUCRS)
Segunda Secretária:	Olga de Castro Vilela (UFPE)
Primeiro Tesoureiro:	Mario Henrique Macagnan (UNISINOS)
Segundo Tesoureiro:	Roberto Zilles (USP)

Decidiu-se que o CBENS seria realizado a cada dois anos, apesar de que o segundo tenha sido programado para 1,5 ano depois, para que coincidisse com o Congresso Latino-Americano de Energia Solar. A realização exitosa do primeiro Congresso da ABENS e a eleição da nova diretoria concluiu o processo de normalização da Associação.

2.6 CONGRESSOS DA ABENS E INICIATIVAS NA ÁREA DA ENERGIA SOLAR

Em fevereiro de 2007, foi criado o Instituto para o Desenvolvimento de Energias Alternativas na América Latina (IDEAL), em Florianópolis (SC), pelo presidente da instituição, Mauro Passos, e demais sócios fundadores. Trata-se de uma organização privada, sem fins lucrativos, com sede em Florianópolis (SC), com um protocolo acadêmico-científico de cooperação com a Universidade Federal de Santa Catarina (UFSC) e empresas do setor energético que, desde então, atua na promoção de energias renováveis e de políticas de integração energética na América Latina. O IDEAL não tem a mesma característica de associação científica ou de empresários, mas sua importante atuação no apoio ao desenvolvimento da energia solar até os dias de hoje faz com que deva ser registrado neste histórico.

O II CBENS foi realizado em Florianópolis, de 18 a 21 de novembro de 2008. Como coordenador, atuou o Prof. Ricardo Rüther em mandato em que o presidente da ABENS era o Prof. Arno Krenzinger. O II CBENS foi concomitante com a III ISES-CLA (Conferência Latino-Americana da International Solar Energy Society), que ampliou o escopo para pesquisadores da América Latina e recebeu cerca de 400 participantes, incluindo vários palestrantes de destaque internacional.

Nos dias 10 e 11 de fevereiro de 2010, foi realizado o Seminário sobre Sistemas Fotovoltaicos para Conexão à Rede e Minirredes Isoladas, reunindo membros do INCT-EREEA, CYTED, ABENS, ISES do Brasil, ELETRONORTE-ELETROBRAS, com 117 participantes. Entre outras ações, foi detectada a carência de uma associação mais voltada para as empresas do setor, que se concretizou três anos depois, com a ABSOLAR.

De 21 a 24 de setembro de 2010, o III CBENS foi realizado em Belém, sob a coordenação do Prof. João Tavares Pinho, que também era presidente da ABENS. O Congresso contou com a participação de importante número de exibidores de equipamentos e componentes de sistemas solares para aquecimento e conversão fotovoltaica de energia.

Já o IV CBENS foi realizado em São Paulo, de 18 a 21 de setembro de 2012, desta vez concomitante com a V Conferência Latino-Americana da International Solar Energy Society, no Memorial da América Latina. O Congresso foi coordenado pelo Prof. Roberto Zilles, sendo o presidente da ABENS ainda o Prof. João Tavares Pinho. O Congresso teve cerca de 400 inscritos, com apresentação de 147 trabalhos e várias palestras plenárias internacionais.

Em 2013, foi fundada a Associação Brasileira de Energia Solar Fotovoltaica (ABSOLAR), sociedade de direito privado, sem fins lucrativos, com objetivo de representar e defender os interesses de empresas associadas, de toda a cadeia produtiva do setor fotovoltaico com operações no Brasil, ocupando uma atuação não abrangida pela ABENS, que sempre teve uma abordagem mais voltada para o meio acadêmico.

De 31 de março a 3 de abril de 2014, foi realizado o V CBENS, na cidade de Recife, sob a coordenação do Prof. Naum Fraidenraich e vice-coordenação do Prof. Chigueru Tiba. O evento foi realizado nas instalações da Companhia Hidroelétrica do São Francisco (CHESF) e contou como palestrante convidado o Prof. Eduardo Zarza, do Centro de Investigaciones Energéticas y Materiales (CIEMAT), da España, que falou sobre avanços na tecnologia solar térmica de concentração.

Em 28 de setembro de 2015, foi fundada, em São Paulo, a ABDG – Associação Brasileira de Geração Distribuída, pessoa jurídica de direito privado, sem fins lucrativos, que reúne provedores de soluções, EPCs, integradores, distribuidores, fabricantes, empresas de diferentes tamanhos e segmentos, além de profissionais e acadêmicos do setor, que têm em comum a atuação direta ou indireta na geração distribuída oriunda de fontes renováveis. Apesar de a ABGD não ser uma associação exclusivamente de energia solar, está aqui citada por envolver principalmente sistemas de conversão fotovoltaica na geração distribuída de eletricidade.

De 4 a 7 de abril de 2016, foi realizado o VI CBENS, na cidade de Belo Horizonte, sob a coordenação da Profa. Elizabeth Marques Duarte Pereira, com o Prof. Roberto Zilles na presidência da ABENS, onde foram apresentados cerca de 300 artigos e diversas palestras plenárias e mesas-redondas.

Já o VII CBENS foi realizado em Gramado (RS), de 17 a 20 de abril de 2018, sob a coordenação do Prof. Arno Krenzinger e presidência da ABENS do Prof. João Tavares Pinho

Finalmente, o VIII CBENS foi realizado em Fortaleza, de 26 a 30 de outubro de 2020, sob a coordenação da Profa. Carla Freitas de Andrade. O VIII CBENS estava programado para ocorrer de 1.º a 5 de junho de 2020, mas foi necessário adiar para outubro devido às incertezas provocadas pela pandemia da Covid-19. A edição foi realizada de forma híbrida, misto de congresso presencial com remoto. O IX CBENS foi programado para ocorrer em Florianópolis em 2022. O evento tem, em todas as edições, reunido grande número de pesquisadores, profissionais, fabricantes e vendedores de equipamentos de tecnologia solar e principalmente estudantes de diferentes níveis.

Apesar de não ser a única função da ABENS, o Congresso Brasileiro de Energia Solar tornou-se um meio de reunir os pesquisadores em debates para a prosperidade da área, além do convencional intercâmbio de informações científicas. O CBENS acabou tornando-se o evento técnico-científico mais importante do Brasil na área de tecnologias de conversão de energia solar, que inclui outras fontes renováveis de energia. O congresso oferece oportunidade para unidades acadêmicas e empresas apresentarem trabalhos inovadores desenvolvidos.

A Tabela 2.4 mostra a realização bianual do CBENS, apresentando, além das datas, a presidência da ABENS e a coordenação do CBENS em cada edição. Além do CBENS, a ABENS apoiou um grande número de eventos da área de Energia Solar no Brasil, como forma de divulgação, apoio institucional e participação de seus representantes em palestras.

A partir de 2010, a ABENS publica, em duas edições por ano, a *Revista Brasileira de Energia Solar (RBENS)*, lançada para divulgar artigos científicos com os recentes desenvolvimentos tecnológicos. Dirigida pelo Prof. Arno Krenzinger (UFRGS) até 2020 e pelo Prof. Samuel Luna de Abreu (IFSC) a partir de então, a RBENS tem sistematicamente publicado artigos seleciona-

TABELA 2.4 Edições do Congresso Brasileiro de Energia Solar.

Cidade do evento	Edição	Presidente da ABENS	Coordenador do CBENS	Período de realização
Fortaleza – CE	I CBENS	Naum Fraidenraich	Paulo Cesar Marques de Carvalho	8 a 11 de abril de 2007
Florianópolis – SC	II CBENS	Arno Krenzinger	Ricardo Rüther	18 a 21 de novembro de 2008
Belém – PA	III CBENS	João Tavares Pinho	Luís Carlos Macedo Blasques	21 a 24 de setembro de 2010
São Paulo – SP	IV CBENS	Samuel Luna de Abreu	Roberto Zilles	18 a 21 de setembro de 2012
Recife – PE	V CBENS	Roberto Zilles	Naum Fraidenraich	31 de março a 3 de abril de 2014
Belo Horizonte – MG	VI CBENS	Roberto Zilles	Elizabeth Marques Duarte Pereira	4 a 7 de abril de 2016
Gramado – RS	VII CBENS	João Tavares Pinho	Arno Krenzinger	17 a 20 de abril de 2018
Fortaleza – CE	VIII CBENS	Ricardo Rüther	Carla Freitas de Andrade	26 a 30 de outubro de 2020

Fonte: Elaborado pelo autor (Arno Krenzinger).

dos pelo comitê científico dos congressos como os mais inovadores, além de artigos recebidos diretamente dos autores. A revista foi registrada com o ISSN 2178-9606 para a edição impressa e o ISSN 2526-2831 para a edição eletrônica (com o mesmo conteúdo) e pode ser acessada pelo *site* do RBENS*. Até o ano 2020, foram publicados 10 volumes da revista, com dois números por ano em cada volume.

2.7 GRUPO DE TRABALHO EM ENERGIA FOTOVOLTAICA – GTEF

No início dos anos 1990, o Centro de Pesquisas em Energia Elétrica – CEPEL tomou a iniciativa de reativar a área de energia solar no país. Para essa época, estava mais ou menos claro que a energia solar fotovoltaica tinha enorme potencial; os preços dos módulos, embora estabilizados, encontravam-se no seu nível mais baixo, o mercado internacional tinha um comportamento muito dinâmico e existia a vontade, em diversos organismos internacionais, de impulsionar mais energicamente essa tecnologia. Depois de um levantamento dos grupos de pesquisa que existiam no país, realizado pela equipe do Eng. Maurício Moszkowicz, do CEPEL, e publicados os resultados, decidiu-se criar, em setembro de 1992, o Grupo de Trabalho em Energia Fotovoltaica – GTEF.

O Grupo de Trabalho nasceu da necessidade de fomentar, discutir e difundir questões ligadas à Tecnologia Solar Fotovoltaica, envolvendo pessoas e instituições de perfis e interesses variados. O GTEF funcionou através de reuniões periódicas, em média duas reuniões anuais, havendo organizado um total de dez eventos, até outubro de 1998. Participaram de suas atividades empresas concessionárias e produtoras de energia elétrica, universidades, institutos de pesquisa e firmas dedicadas a essa tecnologia.

Com a intenção de albergar, também, as atividades que se realizavam no país na área da energia solar térmica, em abril de 1995, depois de consultas com diversos organismos interessados, o Grupo de Trabalho em Energia Solar Fotovoltaica modificou sua denominação para Grupo de Trabalho em Energia Solar – GTES.

Pode-se afirmar que coube ao GTEF/GTES o mérito de reunir parte importante das instituições e dos profissionais interessados na energia solar e

---

* *Site* da RBENS. Disponível em: <https://rbens.emnuvens.com.br/rbens>.

promover, no período de 1993 a 1998, numerosas reuniões de caráter técnico e discussões de política científica.

Em 1999, o GTES, com o CEPEL e CRESESB lançaram a primeira edição do *Manual de Engenharia para Sistemas Fotovoltaicos*, importante publicação técnica de apoio aos interessados em estudar e instalar sistemas dessa natureza, inicialmente em forma de fotocópias e depois, em 2004, editada como livro dentro do programa PRODEEM, o qual foi distribuído a preço subsidiado e depois disponibilizado gratuitamente em PDF pela internet*. Essa publicação contou com a participação de vários autores e revisores técnicos de todo o Brasil. Em 2014, uma nova edição do *Manual de Engenharia para Sistemas Fotovoltaicos* foi lançada, totalmente revisada e ampliada, compreendendo oito capítulos e cinco apêndices, totalizando mais de 500 páginas, com novas imagens, fotos e ilustrações. Dessa vez o manual foi disponibilizado apenas na forma eletrônica**.

2.8 EVOLUÇÃO DOS PROGRAMAS GOVERNAMENTAIS E PLANEJAMENTO ENERGÉTICO

De outubro de 1973 a março de 1974, os países-membros da OPEP aumentaram os preços do petróleo em mais de 400%. Houve uma crise que despertou no mundo inteiro a necessidade de buscar fontes renováveis de energia. A energia solar era vista como um recurso importante com relação ao futuro das diversas fontes de energia. Iniciativa de professores da UFPB, o Laboratório de Energia Solar da UFPB, criado em 1973, recebeu financiamento da SUDENE (Superintendência de Desenvolvimento do Nordeste) para instalação de uma rede solarimétrica no Estado da Paraíba.

Em 1973, também, o grupo do ITA, citado na secção 2.2.1, recebeu financiamento do FUNTEC (Fundo de Desenvolvimento Técnico-Científico) do BNDE (Banco Nacional de Desenvolvimento Econômico) para secagem de alimentos e desenvolvimento de motores solares (FERREIRA, 1993).

---

* *Manual de Engenharia para Sistemas Fotovoltaicos*. 1.ed. Disponível em: <http://www.cresesb.cepel.br/publicacoes/download/Manual_de_Engenharia_FV_2004.pdf>.

** *Manual de Engenharia para Sistemas Fotovoltaicos*. 2.ed. Disponível em: <http://www.cresesb.cepel.br/publicacoes/download/Manual_de_Engenharia_FV_2014.pdf>.

Em 1974, a Financiadora de Estudos e Projetos (FINEP) enviou técnicos em missão internacional para observar os principais investimentos em desenvolvimento de energias alternativas no mundo, formando, depois, um programa de financiamento de pesquisas no Brasil.

Entre as principais realizações do CNPq (Conselho Nacional de Desenvolvimento Científico e Tecnológico, do Ministério de Ciência e Tecnologia), consta que, em 1976, o Programa do Trópico Semiárido entrou em funcionamento e sua estrutura institucional foi organizada. O Programa deu suporte a inúmeros projetos nas áreas de Ecologia, Energia Solar, Tecnologia, Recursos Minerais, Saúde, Habitação e Urbanismo, Recursos Hídricos, Recursos Humanos, Agronomia, Geologia, Engenharia de Materiais e Medicina Tropical.

Em 1979, foi criado o Conselho Nacional de Energia (CNE), presidido por Aureliano Chaves, Ministro de Minas e Energia, e composto por oito ministros, pelos presidentes do Conselho Nacional de Petróleo, da Petrobras e da Eletrobrás, além de "três cidadãos de reputação ilibada e notório saber no campo da energia" (BENSUSSAN, 2011). Em 1997, foi criado o Conselho Nacional de Política Energética (CNPE), baseado no anterior CNE.

Em 1980, o CNPq deu início aos trabalhos de elaboração das Ações Programadas setoriais, destacando o que se desenvolveu no setor de energia, com a criação da Subcomissão de Energia do CCT. Já em 1983, o CNPq relatou a Ação Programada em Energia e a organização do Programa de Implementação do Modelo Energético Brasileiro – PIMEB, do Ministério das Minas e Energia. A iniciativa incluía também o apoio ao treinamento de alguns membros de equipes estaduais no curso de Economia e Tecnologia da Energia, organizado pela Coordenação dos Programas de Pós-Graduação de Engenharia – Coppe/UFRJ.

Em 1985, foi criado o Programa Nacional de Conservação de Energia Elétrica (PROCEL), caracterizado inicialmente pela publicação e distribuição de manuais destinados ao uso racional de energia. Somente a partir de 1990, o PROCEL iniciou projetos de demonstração e cursos técnicos (ELETROBRÁS, 2011). As realizações desse programa foram importantes, contribuindo com significativa redução do consumo de energia nas atividades industriais.

Em setembro de 1992 foi criado, junto ao CEPEL/ELETROBRÁS, o Grupo de Trabalho de Energia Solar Fotovoltaica (GTEF), reunindo Concessionárias, Centros de Pesquisa, Universidades e Fabricantes. Posteriormente, o Grupo passou a ser chamado de Grupo de Trabalho de Energia Solar (GTES), abrangendo também a conversão térmica. Entre 1992 e 2000, houve 13 reuniões do GTES, coordenado pelo CEPEL, resultando em manuais (2 edições do *Manual de Engenharia para Sistemas Fotovoltaicos*), trabalhos de solarimetria, coleta e difusão de informações e planos de desenvolvimento.

De 27 a 29 de abril de 1994, os Ministérios da Ciência e Tecnologia e de Minas e Energia promoveram, em Belo Horizonte, o Encontro para Definição de Diretrizes para o Desenvolvimento de Energias Solar e Eólica no Brasil, para servir de base à Política Nacional para essas áreas estratégicas*. As diretrizes e metas foram apreciadas e aprovadas por maioria, em reunião plenária com 120 participantes de 79 entidades. De acordo com a declaração, a realização do evento foi motivada por:

> [...] a necessidade de uma Política Nacional para Utilização das Energias Solar e Eólica de forma a promover o desenvolvimento destas tecnologias, estimulando as indústrias, os centros de desenvolvimento tecnológico e atraindo importantes investimentos de capital nacional e estrangeiro;
>
> [...] a possibilidade de aplicação da tecnologia solar e eólica no desenvolvimento social de comunidades isoladas e de diversas regiões carentes de energia, e no desenvolvimento industrial, com a consequente geração de empregos e melhoria da qualidade de vida da população (CRESESB, 1994).

Uma das recomendações foi o estabelecimento de um Foro Permanente para implementar as diretrizes. Identificou também a necessidade de um Centro de Referência para as Energias Solar e Eólica no Brasil, o CRESESB, como efetivamente depois aconteceu. O documento de oito páginas foi chamado de Declaração de Belo Horizonte (CRESESB, 1994).

A criação do CRESESB, Centro de Referência para Energias Solar e Eólica Sérgio de Salvo Brito, com a missão de "Promover o desenvolvimento das energias solar e eólica através da difusão de conhecimentos, da ampliação do diálogo entre as entidades envolvidas e do estímulo à implementação de estudos e projetos", foi efetivada através de convênio entre o CEPEL (Centro de Pesquisas de Energia Elétrica da ELETROBRÁS) e o Ministério de Minas e Energia, Convênio COF/SAG/MME 12-94 (CRESESB, 2002).

O Decreto DNN 2.793, de 27 de dezembro de 1994, criou o Programa de Desenvolvimento Energético dos Estados e Municípios – PRODEEM, com os objetivos de viabilizar a instalação de microssistemas energéticos de produção e uso locais, promover o aproveitamento das fontes de energia descentralizadas no suprimento de energéticos aos pequenos produtores, aos

* Vide referência bibliográfica: CRESESB, 1994.

núcleos de colonização e às populações isoladas; complementar a oferta de energia dos sistemas convencionais com a utilização de fontes de energia renováveis descentralizadas e promover a capacitação de recursos humanos e o desenvolvimento da tecnologia e da indústria nacionais, imprescindíveis à implantação e à continuidade operacional dos sistemas a serem implantados.

Em junho de 1995, foi realizado o II Encontro para o Desenvolvimento de Energia Solar, Eólica e de Biomassa no Brasil. Como resultado, foi publicada a Declaração de Brasília (CRESESB, 1995), contendo diretrizes e plano de ação para o desenvolvimento das energias renováveis solar, eólica e biomassa no Brasil, documento com 38 páginas. O encontro foi realizado no Ministério de Ciência e Tecnologia e coordenado pelo Prof. Caspar Erich Stemmer. O plano de ação continha 14 metas, das quais se destacavam incentivo à Geração Complementar de eletricidade pela utilização de fontes de energias renováveis, um Programa Solar para consumidores residenciais, isenção temporária de impostos, priorização do uso de energia renovável em obras públicas e edificações, e definidas metas para o Programa de Desenvolvimento Energético de Estados e Municípios – PRODEEM. Como metas gerais de implementação de equipamentos de Energia Solar foram fixadas para 2005 (10 anos depois), 50 MW de potência instalada em geração fotovoltaica e 3 milhões de metros quadrados de captação termossolar.

2.8.1 Iniciativas governamentais nas últimas décadas

Pela Portaria n.º 36, de 26 de novembro de 2008, foi criado um Grupo de Trabalho de Geração Distribuída com Sistemas Fotovoltaicos – GT-GDSF, que produziu um relatório em 2009 (BRASIL, MME, 2009).

Entre 2009 e 2011, o Programa Minha Casa Minha Vida contemplou a possibilidade de utilização de aquecedores solares nas casas populares, incluindo os equipamentos de conversão solar no financiamento das residências.

Em 2011, o Plano Nacional de Eficiência Energética (BRASIL, MME, 2011) apresentou Programas de Eficiência Energética em Aquecimento Solar de água, traçando um diagnóstico e lançando as bases para um programa de aceleração do uso do aquecimento solar no Brasil.

A Resolução Normativa ANEEL n.º 482/2012, de 17 de abril de 2012, estabeleceu as condições gerais para o acesso de microgeração e minigeração distribuída aos sistemas de distribuição de energia elétrica e o sistema de compensação de energia elétrica.

Em 2015, foi criado pela Portaria MME n.º 538/2015, um novo Grupo de Trabalho – GT, com intuito de estudar o tema de forma a alcançar os objetivos de promover a ampliação da Geração Distribuída – GD e incentivar a implantação de GD em edificações públicas e edificações comerciais, industriais e residenciais. Como resultado, foi apresentado um Programa de Desenvolvimento de Geração Distribuída de Energia Elétrica – PROGD (BRASIL, MME, 2015).

2.9 ATIVIDADES NO NÍVEL MINISTERIAL

2.9.1 Fórum Permanente de Energias Renováveis

Estimulado pelo sucesso dos programas de colaboração com Estados Unidos e Alemanha, que resultaram na instalação de, aproximadamente, 1.200 sistemas, o governo brasileiro tomou, durante o ano 1994, a iniciativa de criar uma Comissão encabeçada pelo Ministério de Ciência e Tecnologia, encarregada de estabelecer as diretrizes do Programa Brasileiro de Disseminação das Energias Renováveis.

Nos anos subsequentes, o Fórum Permanente de Energias Renováveis organizou encontros nacionais que tiveram o mérito de reunir representantes de instituições, empresas, centros de pesquisa e universidades, fomentar o debate, atualizar as propostas e expor para um amplo público os avanços que se operam no âmbito dessas energias. Uma de suas últimas atividades, o IV Encontro do Fórum Permanente de Energias Renováveis realizou-se na cidade de Recife, em outubro de 1998.

Entre as diretrizes tecnológicas da Declaração de Belo Horizonte se encontra a criação de um Centro de Referência, cuja finalidade seria implementar um sistema de informações relativo a trabalhos de desenvolvimento tecnológico, modelos de cooperação e desempenho de sistemas instalados no Brasil e no exterior (CRESESB, 1994).

Outra proposta que surgiu nessa Declaração foi a criação de um Comitê Assessor no Conselho Nacional de Desenvolvimento Científico e Tecnológico (CNPq) na área de Energias Renováveis. Até então, as solicitações de financiamento de pesquisas no âmbito do CNPq acabavam sendo dirigidas ao Comitê Assessor de Engenharia Mecânica, mesmo tratando-se de produção de eletricidade ou outra subárea do conhecimento não identificada como Engenharia Mecânica. Poucos anos depois, foi organizado o CA-EN, combinando três áreas: Energia Nuclear, Energia Renovável e Planejamento Energético, comitê atualmente locado na Coordenação do Programa de Pesquisa em Energia – COENE.

2.9.2 Atividades do Centro de Referência para Energia Solar e Eólica Sérgio de Salvo Brito (CRESESB)

Sediado no Centro de Pesquisas de Energia Elétrica – CEPEL (empresa do sistema Eletrobrás), o Centro de Referência para Energia Solar e Eólica Sérgio de Salvo Brito (CRESESB) tem, desde 1995, disponibilizado informações através de uma Home Page.

Diversas facilidades, tais como uma biblioteca, relação de instituições que atuam nas áreas solar e eólica, projetos de eletrificação rural, bombeamento fotovoltaico, sistemas eólicos, relação de equipamentos e fabricantes e informações sobre o potencial energético solar e eólico do Brasil estão disponíveis na página do CRESESB.

As formas de atuação do Centro são as seguintes (PEREIRA et al., 1995):

- Reunir e compartilhar conhecimentos e experiências através de redes de informação e publicações, assim como prover apoio para atividades de educação e treinamento de recursos humanos.
- Identificar e dar suporte a grupos de excelência e centros de desenvolvimento regional.
- Criar Centros de Exposição das tecnologias e uma biblioteca especializada em energias solar e eólica que facilite atividades de caráter educativo e de pesquisa.
- Apoiar a implementação de soluções tecnológicas efetivas com a finalidade de melhorar sua competitividade comercial e desenvolver modelos e ferramentas analíticas de projeto.
- Estabelecer padrões uniformes de avaliação de sistemas e equipamentos, custos, benefícios e oportunidades. Elaborar inventários e promover o zoneamento do recurso solar.
- Estabelecer acordos de cooperação com organismos nacionais e internacionais com a finalidade de intercambiar experiências e conhecimentos, assim como identificar oportunidades para desenvolver e aplicar tecnologias relacionadas.

- Interagir com agências de padronização e certificação e grupos especializados na elaboração de recomendações técnicas.

O apoio às atividades de diversos grupos de pesquisa, as informações veiculadas na Home Page e a publicação de um Boletim periódico têm contribuído para fazer do CRESESB uma presença relevante no ambiente das energias renováveis.

Além disso, o CRESESB tem promovido a publicação de manuais de engenharia, coletâneas de artigos científicos de energia solar e eólica, atlas de potencial eólico e solar e outros livros, bem como informes periódicos sobre suas atividades.

Sobre a homenagem do CRESESB ao Eng. Sérgio de Salvo Brito, podemos ler na página de apresentação da instituição:

> A atribuição do nome do Eng. Sérgio de Salvo Brito ao Centro de Referência das Energias Solar e Eólica, instalado no CEPEL, homenageia, com muita justiça, o brilhante profissional, o colega prestativo e o cidadão íntegro, cuja morte prematura ainda hoje é lamentada por todos os que tiveram a oportunidade de com ele conviver social ou profissionalmente. Para o Centro, a escolha deste patrono não poderia ser mais adequada.
> Engenheiro, com pós-graduação em energia nuclear, Sérgio Brito abraçou com tal entusiasmo a causa das energias renováveis que logo se tornou um dos brasileiros mais conhecidos e respeitados internacionalmente neste campo (vide anexo III).

2.9.3 Programa para o Desenvolvimento Energético nos Estados e Municípios – PRODEEM

Uma importante iniciativa de caráter governamental foi o estabelecimento do Programa para o Desenvolvimento Energético nos Estados e Municípios – PRODEEM, concebido pelo Departamento Nacional de Desenvolvimento Energético (DNDE) do Ministério de Minas e Energia e instituído por decreto Presidencial de 22 de dezembro de 1994.

O PRODEEM define claramente seus objetivos, que transcrevemos:

> O programa é uma iniciativa que visa a levar energia elétrica às comunidades rurais desassistidas, utilizando recursos naturais, renováveis e não poluentes, disponíveis nas próprias localidades. Dentre as diversas vantagens

desta iniciativa, devem ser destacados o desenvolvimento social e econômico de áreas rurais, com impactos diretos no nível de emprego e renda, com a consequente redução dos ciclos migratórios em direção aos grandes centros urbanos (CRESESB, 1998).

O programa tem utilizado, basicamente, sistemas fotovoltaicos e, em número bem mais limitado, sistemas eólicos. A compra de equipamentos foi operacionalizada pelo CEPEL através de licitações internacionais. O programa foi dividido em fases e a primeira delas implementada em 1995. Foram instalados 383 sistemas para bombeamento de água, iluminação pública, eletrificação de centros comunitários, escolas, centros de saúde e igrejas, beneficiando cerca de 50.000 pessoas em 117 comunidades rurais e 18 Estados do Brasil, com um custo de R$ 1,5 milhão. O processo de instalação foi coordenado pelo CEPEL e envolveu os coordenadores estatais do programa, as empresas concessionárias de energia elétrica e empresas privadas. No capítulo V as realizações deste Programa e sua relação com outros programas governamentais são tratadas em detalhe.

2.9.4 Geração Distribuída

Em 2008, o Ministério de Minas e Energia criou um Grupo de Trabalho de Geração Distribuída com Sistemas Fotovoltaicos (GT-GDSF) que produziu um documento publicado em 2009 intitulado "Estudo e Propostas de Utilização de Geração Fotovoltaica Conectada à Rede, em Particular em Edificações Urbanas". Como resultado, foram propostas ações que serviram como semente para a disseminação de Sistemas Fotovoltaicos Conectados à Rede, inicialmente com projetos-piloto e participação das concessionárias de energia elétrica.

Em função dos avanços nessa área, foi editada a Resolução Normativa ANEEL n.º 482, de 17 de abril de 2012 (depois revisada pela Resolução Normativa da ANEEL n.º 687, de 24 de novembro de 2015), que estabeleceu as condições gerais para o acesso de microgeração e minigeração distribuída aos sistemas de distribuição de energia elétrica, o sistema de compensação de energia elétrica.

Com as normativas existentes e a redução dos preços dos equipamentos fotovoltaicos, a geração distribuída, que iniciou timidamente, cresceu de forma exponencial e já ultrapassou, em 2019, a marca do 1 GW instalado no Brasil.

2.9.5 Fundos Setoriais

No ano 2000, foram criados os Fundos Setoriais, que constituem, hoje, o principal instrumento do Governo Federal para alavancar o sistema de Ciência, Tecnologia e Inovação do Brasil. São 14 setores específicos, sendo um deles o setor de energia, o CT-ENERG, criado pela Lei 9.991/2000 e regulamentado pela Lei 3.867/2001. Os recursos são oriundos de um percentual do faturamento das empresas de cada setor e são parcialmente transferidos ao Fundo Nacional de Desenvolvimento de Ciência e Tecnologia (FNDCT).

No caso do CT-ENERG, o fundo é constituído por 1% da receita líquida das empresas de eletricidade, sendo que um mínimo de 30% deve ser aplicado nas regiões Norte, Nordeste e Centro-Oeste. Até 2005, 50% dos recursos deveria ser aplicado em Pesquisa e Desenvolvimento (P&D) e o restante no Uso Racional de Energia, em Programas de Economia de Eletricidade (EE). Após 2006, esse percentual foi modificado para 75% em P&D e 25% em EE. Dos recursos de P&D, 50% deveriam ser aplicados diretamente pelas empresas de eletricidade, sob a supervisão da Agência Nacional de Energia Elétrica (ANEEL) e outros 50% repassados para o FNDCT.

Transcorridos mais de 60 anos da iniciativa do Dr. Teodoro Oniga, a contribuição das Universidades do Brasil, dos pesquisadores, das instituições nacionais, ministérios, agências e a ABENS trabalharam e conseguiram avançar nas pesquisas e nas aplicações da energia solar. No presente, os mercados térmico e fotovoltaico constituem uma realidade importante da inserção dessa tecnologia na vida da população brasileira. A tecnologia solar conta, hoje, com uma comunidade científica que oferece um fundamento seguro para continuar com o desenvolvimento das mais diversas aplicações dessa tecnologia no Brasil.

ANEXO I

RELATO: REUNIÃO DE REVITALIZAÇÃO DA ABENS

II SEMINÁRIO NACIONAL DE ENERGIA SOLAR FOTOVOLTAICA
19 de maio de 2005, CEPEL, Rio de Janeiro – RJ

Como parte das ações para a revitalização da ABENS, foi realizada, durante o II SNESF, ocorrido no CEPEL – Rio de Janeiro, 19 a 22 de maio de 2005 – uma reunião geral entre os interessados e participantes. Para dirigir os trabalhos foi composta uma mesa formada pelos seguintes componentes: Profª Olga Vilela (UFPE) na coordenação da reunião, Prof. Antônio Pralon (UFPb) coordenador da comissão Pró–ABENS Vigo, Eng. Antônia Sônia (CEMIG-MG), Prof. Arno Kenzinger (UFRS), Prof. Naum Fraidenraich (UFPE), Prof. João Pinho (UFPA), Prof. Paulo Carvalho (UFCE) e a Profª Elizabeth Marques Duarte Pereira (PUC–MG) que, devido à mudança de horário da reunião, infelizmente não pôde permanecer no evento. A Profª Olga abriu os trabalhos colocando o objetivo da reunião, agradecendo aos organizadores do II SNESF o espaço cedido e apresentando os membros da mesa. Os trabalhos foram iniciados com um informe do Prof. Pralon sobre o recente conhecimento da existência de uma diretoria da ABENS composta pelo Sr. Randolpho Lobato (Presidente da ABBEPOLAR – S. Paulo) e pelo Prof. Arnaldo Bezerra (Prof. da UFPb), a realização de um contato com os mesmos e o apoio recebido no sentido da necessidade da reativação da Associação Brasileira de Energia Solar. Em seguida passou a relatar o Movimento de Revitalização da ABENS, apelidado "Pró-ABENS Vigo", surgido durante o XII Congresso Ibérico e VII Congresso Iberamericano de Energia Solar ocorridos na cidade de Vigo–Espanha, em setembro de 2004. Nesse evento, a grande representatividade da delegação brasileira no VII CIES, que apresentou a terceira maior quantidade de trabalhos, em relação ao total de 9 países ibero-americanos presentes, além de Estados Unidos e Alemanha, só sendo superado por Espanha e Portugal, provocou uma tentativa de lançamento da candidatura do Brasil para sediar o próximo congresso (VIII CIES-2006); o que infelizmente não foi possível. Apesar de a proposta contar com o apoio de outras associações presentes, especialmente da APES – Associação Portuguesa de Energia Solar, o seu presidente, Prof. Farinha Mendes, questionou sobre a não existência de uma associação nacional dos pesquisadores da área de energia solar no Brasil a exemplo de Portugal e de outros países presentes como o México, Argentina, Chile e Espanha. Diante desse enforque surgiu o movimento Pró--ABENS, reforçado posteriormente pela manifestação de vários pesquisadores da área de energia solar. Num segundo momento, os demais componentes da mesa expressaram seus apoios às ações de revitalização da ABENS. O Prof. Arno Krenzinger fez um histórico da ABENS, abordando o período em que a direção da associação esteve sediada no Rio Grande do Sul; o Prof Naum Fraidenraich ressaltou a importância da ABENS como entidade organizadora de eventos científicos, criando um espaço para publicações e discussão de trabalhos; o Prof. Pinho salientou as tentativas de revitalização da ABENS em diversas ocasiões, principalmente durante o Fórum Permanente de Energias Renováveis (Recife, 1998) e posteriormente na Reunião de Belém do Pará. Esclareceu, também a importância do relacionamento e a autonomia entre a ABENS e a ISES do Brasil; a Prof.a Sônia ratificou a importância da associação, inclusive no meio das companhias de eletricidade; o Prof. Paulo Carvalho reforçou a necessidade da associação promover eventos científicos e lançou a proposta de realização de um Congresso em Energias Renováveis na cidade de Fortaleza no segundo semestre de 2007, onde a ABENS deveria se fazer presente perfeitamente organizada e ativada. Ocorreram diversas intervenções de apoio à proposta com sugestões para a revitalização da ABENS, tais como: a importância de uma interação entre as diversas entidades (ABENS, ISES, ABEER e ABRAVA) representativas da comunidade solar no Brasil; necessidade da continuação da Comissão Vigo, a qual deveria interagir com os membros da atual diretoria, tomar conhecimento e divulgar o estatuto atual, organizar e realizar cadastramentos de novos sócios e recuperar a história da ABENS, entre outras. As propostas foram aceitas pelos presentes (cerca de 100 participantes), ficando a Comissão de Vigo ampliada com a incorporação dos membros da mesa não presentes em Vigo e aberta aos demais interessados numa ABENS ativa e atuante.

ANEXO II

ATA DE CONSTITUIÇÃO DA ASSOCIAÇÃO BRASILEIRA DE ENERGIA SOLAR – CIÊNCIA E TECNOLOGIA, APROVAÇÃO DO ESTATUTO, ELEIÇÃO E POSSE DA PRIMEIRA DIRETORIA E DO CONSELHO FISCAL 25 de janeiro de 2007

Ao vigésimo quinto dia do mês de janeiro do ano de dois mil e sete, no Auditório do Departamento de Energia Nuclear, da Universidade Federal de Pernambuco – UFPE, localizado à Av. Prof. Luiz Freire, nº 1000, Cidade Universitária, CEP: 50740-540, na cidade de Recife, estado de Pernambuco, às 14:30 h, foi dado início à **Assembleia Geral de Constituição, aprovação do Estatuto e eleição dos cargos eletivos da ASSOCIAÇÃO BRASILEIRA DE ENERGIA SOLAR – CIÊNCIA E TECNOLOGIA (ABENS)**. Os presentes elegeram para presidir os trabalhos o Prof. Naum Fraidenraich e a Profª Olga de Castro Vilela, para secretariá-los. Agradecendo sua indicação, o Presidente dos trabalhos fez uma breve exposição dos antecedentes da criação da ABENS, relembrando que o Brasil já contou com uma Associação de Energia Solar. Criada em 17 de fevereiro de 1978, com o objetivo de promover a divulgação, o incentivo e os estudos da Energia Solar no país, teve como primeira sede o Laboratório de Energia Solar da Universidade Federal da Paraíba, na cidade de João Pessoa, e como Presidente o Professor Cleantho da Câmara Torres. Entretanto devido ao desestímulo das atividades na área das energias renováveis e, em particular, da energia solar, a Associação cessou suas atividades em meados dos anos 80, contando a partir dessa data com uma representação do Prof. Arnaldo Moura Bezerra e do Dr. Randolpho Lobato, que mantiveram acesa a chama da instituição durante todos estes anos. Como resultado de uma iniciativa tomada na cidade de Vigo, Espanha, em setembro de 2004, pesquisadores brasileiros participantes do VII Congresso Iberoamericano de Energia Solar (CIES) manifestaram a disposição de criar uma nova Associação Brasileira de Energia Solar, com a finalidade de congregar todos os profissionais envolvidos com pesquisa, desenvolvimento, educação, promoção e aplicações diretas e indiretas da energia solar, mantendo os princípios da Associação anterior.

Outras ações foram empreendidas. Em maio de 2005, durante o II Simpósio Nacional de Energia Solar Fotovoltaica – II SNESF, organizado pelo CRESESB e CEPEL, no Rio de Janeiro, foi realizada uma reunião com o intuito de discutir as medidas necessárias para reorganização da ABENS, e em novembro de 2005, durante o X Seminário Iberoamericano de Energia Solar em Recife – PE, com a presença do Dr. Randolpho Lobato e do Prof. Arnaldo Moura Bezerra, um Grupo de Pesquisadores das regiões Norte-Nordeste decidiu, por meio de uma Comissão Provisória, composta dos Profs: Naum Fraidenraich, Antonio Pralon Ferreira Leite, João Tavares Pinho, Olga de Castro Vilela, Elielza Moura de Souza Barbosa e Paulo César Marques de Carvalho, estabelecer as condições necessárias para a criação da nova ABENS. Após a explanação, o Presidente apresentou a pauta, passando à ordem do dia. Inicialmente, efetuou a leitura e explicação detalhada de todo o Estatuto, sendo distribuídas cópias do mesmo para melhor compreensão e acompanhamento por parte dos presentes. A seguir procedeu-se à votação do Estatuto, sendo este aprovado por unanimidade, na forma que se segue:

ESTATUTO DA ASSOCIAÇÃO BRASILEIRA DE ENERGIA SOLAR – CIÊNCIA E TECNOLOGIA

Capítulo I: Da Denominação, Sede e Fins

Art. 1º. A **ASSOCIAÇÃO BRASILEIRA DE ENERGIA SOLAR – CIÊNCIA E TECNOLOGIA**, também designada pela expressão **ABENS**, é uma pessoa jurídica de direito privado, sem fins econômicos, constituída na forma de associação, em 24 de janeiro de 2007, com prazo indeterminado de duração, com sede na Av. Prof. Luiz Freire, nº 1000, Cidade Universitária, CEP: 50740-540, na cidade de Recife, estado de Pernambuco e foro nesta cidade de Recife, regendo-se por este Estatuto e pelos dispositivos legais que lhe forem aplicáveis.

Art. 2º. A **ABENS** tem como finalidade pugnar, em todos os níveis, pela pesquisa, desenvolvimento e aplicação da energia solar no Brasil. Para consecução de sua finalidade, a **ABENS** tem por objetivos sociais permanentes:

I – agrupar pessoas e entidades interessadas no estudo, desenvolvimento e aplicação da energia solar no Brasil;

II – promover, coordenar, apoiar ou participar de estudos, trabalhos, reuniões e outras atividades ligadas a este objetivo;

III – apoiar a manutenção e desenvolvimento dos atuais centros de pesquisa em energia solar e promover a criação de novos centros no país, cooperar na elaboração de programas de pesquisa e desenvolvimento e na obtenção de recursos junto a organismos nacionais e internacionais;

IV – estimular as autoridades federais, estaduais e municipais, entidades públicas, privadas, organizações não governamentais e a sociedade na utilização da energia solar;

V – participar de organizações congêneres internacionais;

VI – exercer quaisquer outras atividades relacionadas com sua finalidade.

Parágrafo único. A **ABENS** não distribui entre os seus associados, diretores, conselheiros, empregados ou doadores, eventuais excedentes operacionais, brutos ou líquidos, dividendos, bonificações, participações ou parcelas do seu patrimônio, auferidos mediante o exercício de suas atividades, e os aplica integralmente na consecução dos seus objetivos sociais.

Art. 3º. Como meios ativos para cumprimento de seus objetivos, a **ABENS** deverá:

I – publicar Boletim Informativo, por meio eletrônico ou gráfico;

Continua o texto do novo Estatuto da ABENS até a página 9, a partir do que as atas da reunião se completam com o seguinte:

Logo após, o Presidente dos trabalhos solicitou a apresentação das chapas para concorrer ao pleito. Na ocasião houve a habilitação de uma única chapa, que após a leitura dos nomes de seus componentes, foi considerada em condições legais para tanto. Submetida à votação, foi aprovada por unanimidade. Ao final foram eleitos: Naum Fraidenraich, Antonio Pralon Ferreira Leite, João Tavares Pinho, Olga de Castro Vilela, Elielza Moura de Souza Barbosa e Paulo César Marques de Carvalho, Presidente, Vice-Presidente, Primeiro Secretário, Segundo Secretário, Primeiro Tesoureiro e Segundo Tesoureiro, respectivamente. O Conselho Fiscal, eleito na mesma ocasião, ficou assim constituído: Pedro Bezerra de Carvalho Neto, Chigueru Tiba e Gilmario dos Anjos Lima, membros titulares, e Francisco José Maciel Lyra, Pedro André Carvalho Rosas e Maurício Alves da Motta Sobrinho, membros suplentes, respectivamente. Na oportunidade, todos os eleitos foram empossados em seus cargos e em nome deles, o Presidente da ABENS, Naum Fraidenraich, fez uso da palavra agradecendo a todos os que participaram dessa Assembleia e aqueles que contribuíram para o processo de criação da Instituição, prometendo o melhor de seus esforços para a consolidação da **ABENS**. Cumpridas assim as formalidades de praxe e atendidas as finalidades da pauta da Assembleia e como nada mais havia a ser tratado, o Presidente dos trabalhos deu por encerrada, às 18:00 h, a presente Assembleia Geral, agradecendo a presença de todos. E para constar, eu, Olga de Castro Vilela, lavrei a presente ata que, depois de lida e aprovada, foi assinada por mim, pelo senhor Presidente e por todos os presentes.

Associados fundadores:

NAUM FRAIDENRAICH
Brasileiro, casado, prof. universitário
Rua Domingos Sávio, 77, apto 801
Piedade, Jaboatão dos Guararapes – PE
Presidente

ANTONIO PRALON FERREIRA LEITE
Brasileiro, divorciado, prof. universitário
Rua Francisco Brandão, 465, apto 504
Manaíra, João Pessoa – PB
Vice-presidente

JOÃO TAVARES PINHO
Brasileiro, casado, prof. universitário
Rua Caetano Rufino, 59
Belém – PA
Primeiro secretário

OLGA DE CASTRO VILELA
Brasileira, solteira, prof.ª universitária
Rua Manoel Correia, 284
Várzea, Recife – PE
Segundo secretário

ELIELZA MOURA DE SOUZA BARBOSA
Brasileira, solteira, prof.ª. Universitária
Rua Prof. Mário Gil Rodrigues, 44, apto 402
Madalena, Recife – PE
Primeiro tesoureiro

PAULO CÉSAR MARQUES DE CARVALHO
Brasileiro, casado, prof. Universitário
Rua Pinto Madeira, 800, apto 702
Fortaleza – CE
Segundo tesoureiro

PEDRO BEZERRA DE CARVALHO NETO
Brasileiro, divorciado, engenheiro
Rua Cons. Portela, 109, apto 402
Espinheiro, Recife – PE
Conselheiro fiscal

FRANCISCO JOSÉ MACIEL LYRA
Brasileiro, casado, engenheiro
Rua Sebastião Malta Arcoverde, 157
Parnamirim, Recife – PE
Conselheiro fiscal suplente

CHIGUERU TIBA
Brasileiro, solteiro, prof. universitário
Rua Poeta João Neves, 382
Janga, Paulista – PE
Conselheiro fiscal

PEDRO ANDRÉ CARVALHO ROSAS
Brasileiro, casado, professor
Rua Maria Tereza Beltrão, 21
Varadouro, Olinda – PE, CEP: 53020-490
Conselheiro fiscal suplente

GILMARIO DOS ANJOS LIMA
Brasileiro, solteiro, professor
Av. Múcio Uchôa Cavalcanti, 470, bl. A, Apto 301
Engenho do Meio, Recife – PE, CEP: 53020-490
Conselheiro fiscal

MAURÍCIO ALVES DA MOTTA SOBRINHO
Brasileiro, casado, eng. químico
Rua Manoel de Arruda Câmara, 120, apto 604
Prado, Recife – PE, CEP: 50.720-140
Conselheiro fiscal suplente

ANEXO III

SÉRGIO DE SALVO BRITO*

Por: *Deraldo Marins Cortez*
Coordenador-Geral de Sistemas Energéticos do DNDE –
Departamento de Tecnologias Nucleares, Defesa e Energia limpas (FINEP)

A atribuição do nome do Eng. Sérgio de Salvo Brito ao Centro de Referência das Energias Solar e Eólica, instalado no CEPEL, homenageia, com muita justiça, o brilhante profissional, o colega prestativo e o cidadão íntegro, cuja morte prematura ainda hoje é lamentada por todos os que tiveram a oportunidade de com ele conviver social ou profissionalmente.

Para o Centro, a escolha deste patrono não poderia ser mais adequada.

Engenheiro, com pós-graduação em energia nuclear, Sérgio Brito abraçou com tal entusiasmo a causa das energias renováveis que logo se tornou um dos brasileiros mais conhecidos e respeitados internacionalmente neste campo.

Como Secretário de Tecnologia do MME, no Governo Sarney, depois como Coordenador Técnico dos trabalhos para o Reexame da Matriz Energética Nacional, e, finalmente, como primeiro Diretor do Departamento Nacional de Desenvolvimento Energético, do Ministério da Infraestrutura (atual MME), Sérgio Brito dedicou muitos esforços para a adequada consideração das energias solar, eólica e da biomassa como um vetor energético importante para o desenvolvimento sócio-econômico-ambiental do País.

Com firmeza ideológica, destemor e, sobretudo, com elegância e perseverança incomuns, Sérgio Brito sempre iniciava sua pregação em favor das energias renováveis reconhecendo a importância da organização dos sistemas convencionais de energia para o desenvolvimento brasileiro, para em seguida reclamar para as fontes renováveis um tratamento à altura do seu grande potencial de participação competitiva na nossa matriz energética.

De volta da última viagem que fez a Europa, onde entre missões visitou a Diretoria de Energia da Comunidade Europeia, Sérgio Brito passou a defender a tese de que as energias solar e eólica já seriam competitivas para

---

* Publicado na página de apresentação do CRESESB. Disponível em: <http://www.cresesb.cepel.br/index.php?section=com_content&cid=o_cresesb>. Acesso em: 20 jul. 2021.

aplicações pontuais no País, especialmente em localidades não atendidas pelos sistemas convencionais, quer por obstáculos geográficos quer por limitações de natureza econômica.

A partir dali suas intervenções sobre o tema passaram a incorporar uma novidade que era a ideia de criação de um núcleo para centralização e difusão das informações sobre as tecnologias renováveis, para organizar a memória dos projetos pilotos desenvolvidos, seus êxitos e as causas dos fracassos eventualmente colhidos.

O prematuro desaparecimento de Sérgio Brito não sepultou o seu sonho e apenas alguns meses após, o CEPEL iniciava o Convênio com o NREL, cujo desenvolvimento sério e bem estruturado abriu novos caminhos, de efetiva viabilidade, para o uso regular das energias renováveis no Brasil.

ANEXO IV

TESES, DISSERTAÇÕES RELATIVAS A TEMAS DE ENERGIA SOLAR DE 1987 A 1999

(conforme registro na CAPES)

1966

MEISEL, Nicolau Carlos Terebes, Servomecanismo para orientação de forno solar, Trabalho de Graduação em Engenharia Eletrônica. Orientado por Wladimir Borgest, e coorientado por Antônio Salles Campos Filho e Arno Muller, Instituto Tecnológico de Aeronáutica, ITA,1966.

1987

KRENZINGER, A. Contribuicion al Diseno de Sistemas Fotovoitaicos con Paneles Bifaciales en Combinacion com Reflectores Difusos de Caracter General. 1º/01/1987 254 f. doutorado em engenharia mecânica Instituição de Ensino: Universidade Federal do Rio Grande do Sul, Porto Alegre.

RIBAS, P. R. F. Preparação e caracterização de células solares de "cu" "in se ind. 2". 1º/02/1987 155 f. Mestrado em Ciências dos Materiais Instituição de Ensino: Instituto Militar de Engenharia, Rio de Janeiro.

ANASTAS, M. A. Modelagem e análise de um sistema de aquecimento para aplicação industrial utilizando coletores solares planos com coberturas transparentes simples e dupla. 1º/08/1987 132 F. Mestrado em Engenharia Mecânica Instituição de Ensino: Universidade Federal de Minas Gerais, Belo Horizonte

ESCOBEDO, J. F. Refrigeração com uso de energia solar. 1º/12/1987 184 f. Doutorado em Física Instituição de Ensino: Universidade de São Paulo/São Carlos, São Carlos.

GOTTBERG, A. C. Célula solar simplificada. 1º/12/1987 120 f. Doutorado em Engenharia Elétrica Instituição de Ensino: Universidade Estadual de Campinas, Campinas.

MELLO, S. M. N. Medidas de eficiência de conversão fotovoltaica por meio de espectros cópia fotoacústica. 1º/12/1987 65 f. Mestrado em Física Instituição de Ensino: Instituto Tecnológico de Aeronáutica, São José dos Campos.

1988

BEYER, P. O. Produção de gelo com coletores solares concentradores solares concentradores parabólicos compostos e refrigeração por absorção. 1º/01/1988 201 f. Mestrado em Engenharia Mecânica Instituição de Ensino: Universidade Federal do Rio Grande do Sul.

ZILLES, R. Comparação experimental de testes de coletores solares planos com simulador e com radiação solar. 1º/01/1988 97 f. Mestrado em Engenharia Mecânica Instituição de Ensino: Universidade Federal do Rio Grande do Sul, Porto Alegre.

NETO, B. P. Estudo teórico-experimental de um sistema de bomba de calor com expansão do refrigerante em um coletor solar. 1º/02/1988 55 F. Mestrado em Engenharia Mecânica Instituição de Ensino: Universidade Federal de Minas Gerais, Belo Horizonte.

PAULO, Z. P. Metodologia para avaliação de um sistema de ar-condicionado solar do tipo evaporativo. 1º/03/1988 100 f. Mestrado em Engenharia Mecânica Instituição de Ensino: Pontifícia Universidade Católica do Rio de Janeiro, Rio de Janeiro.

ASSIS, R. C. V. Coletor Solar Cilíndrico Parabólico: Análise Teórica da Convecção Natural. 1º/04/1988 83 f. Mestrado em Engenharia Mecânica Instituição de Ensino: Universidade Federal do Rio de Janeiro, Rio de Janeiro.

NASCIMENTO, M. A. R. Estudo teórico de convecção natural em coletores concentradores com absorvedor cilíndrico. 1º/05/1988 131 f. Mestrado em Engenharia Mecânica Instituição de Ensino: Universidade Federal de Itajubá, Itajubá.

OLIVEIRA, O.S.C. Análise experimental de sistemas termossifão com energia solar. 1º/12/1988 74 f. Mestrado em Engenharia Mecânica Instituição de Ensino: Pontifícia Universidade Católica do Rio de Janeiro, Rio de Janeiro.

1989

MARQUES, F.C. Propriedades estruturais e eletrônicas de ligas amorfas de germânio. Tese de Doutorado Universidade Estadual de Campinas, UNICAMP, Brasil. Orientador: Ivan Chambouleyron, 1989

MARROQUIN, A. I. Relação Custo Benefício para Coletores Solares Planos e Parâmetros de Opção. 1º/03/1989 94 F. Mestrado Em Engenharia Mecânica Instituição de Ensino: Universidade Federal do Rio Grande do Sul, Porto Alegre.

LEAO, P. C. A. Projeto, construção e análise do desempenho de um concentrador parabólico composto. Simulação e resultados experimentais. 1º/03/1989 69 f. Mestrado em Engenharia Mecânica Instituição de Ensino: Universidade Federal de Minas Gerais, Belo Horizonte.

FRUTUOSO, E. S. Extração, refinação e estudos das propriedades termodinâmicas da cera de cana-de-açúcar. 1º /04/1989 65 f. Mestrado em Química Instituição de Ensino: Universidade Federal de Santa Catarina, Florianópolis.

MACAGNAN, M. H. Estudo de Modelos de Sintetização de Dados de Radiação Solar. 1º /09/1989 104 F. Mestrado em Engenharia Mecânica Instituição de Ensino: Universidade Federal do Rio Grande do Sul, Porto Alegre.

SILVA, S. L. Transferência de calor entre um fluido e um leito de partículas sólidas visando a armazenagem e recuperação de energia solar.' 1º /10/1989 78 f. Mestrado em Engenharia Química Instituição de Ensino: (Inativa) Universidade Federal da Paraíba/Campina Grande, Campina Grande.

FILHO, N. P. Determinação de Fluxos Mínimos de ar para Secagem de Grãos em Baixas Temperaturas para os Estados do Rio Grande do Sul e do Mato Grosso. 1º /12/1989 202 F. Mestrado em Engenharia Mecânica Instituição de Ensino: Universidade Federal do Rio Grande do Sul, Porto Alegre.

FRAGA, A. N. S. Sistema de microirrigação utilizando gerador cec-fotovoltaico (análise técnica e econômica).' 1º/12/1989 119 f. Mestrado em Tecnologias Energéticas Nucleares Instituição de Ensino: Universidade Federal de Pernambuco, Recife.

1990

JUNIOR, V. S. Montagem e testes de desempenho de um refrigerador solar por adsorção física com produção de gelo.' 1º /03/1990 170 f. Mestrado em Engenharia de Alimentos Instituição de Ensino: Universidade Estadual de Campinas, Campinas.

1991

MOEHLECKE, A. Módulos planos com refletores difusos para células fotovoltaicas bifaciais. 1º/06/1991 131 f. Mestrado em Engenharia Mecânica Instituição de Ensino: Universidade Federal do Rio Grande do Sul, Porto Alegre.

ZANESCO, I. Análise e construção de um piranômetro fotovoltaico. 1º/07/1991 120 f. Mestrado em Engenharia Mecânica Instituição de Ensino: Universidade Federal do Rio Grande do Sul, Porto Alegre.

TREIS, F. L. Simulação de sistemas de aquecimento de água por energia solar com circulação natural. 1º/07/1991 98 f. Mestrado em Engenharia Mecânica Instituição de Ensino: Universidade Federal do Rio Grande do Sul, Porto Alegre.

LYRA, F. J. M. Simulação numérica de uma central fotovoltaica interligada com a rede de energia elétrica. 1º /11/1991 99 f. Mestrado em Tecnologias Energéticas Nucleares Instituição de Ensino: Universidade Federal de Pernambuco, Recife.

WAGNER, J. A. Simulação de sistemas fotovoltaicos autônomos. 1º /12/1991 1 f. Mestrado em Engenharia Mecânica Instituição de Ensino: Universidade Federal do rio Grande do Sul, Porto Alegre.

RUTHER, R. Crescimento de monocristais semicondutores de gasb pela técnica do líquido encapsulante no Método Czochralski, Dissertação de Mestrado. Universidade Federal do Rio Grande do Sul, UFRGS, Brasil. Orientador: Arno Muller, 1991.

1992

BOUCKAERT, P. H. P. Utilização de energia solar para secagem na indústria de cerâmica vermelha. 1º /02/1992 80 f. Mestrado em Tecnologias Energéticas Nucleares Instituição de Ensino: Universidade Federal de Pernambuco, Recife.

ROSA, P. H. S. Avaliação do desempenho de um sistema solar de aquecimento de água. 1º/02/1992 93 f. Mestrado em Engenharia Mecânica Instituição de Ensino: Universidade Federal do Rio Grande do Sul, Porto Alegre.

BORGES, E. N. M. Análise exergética de sistemas solares para aquecimento de água. 1º/04/1992 125 f. Mestrado em Engenharia Mecânica Instituição de Ensino: Universidade Federal de Minas Gerais, Belo Horizonte.

1993

SILVA, F. A. A. Desenvolvimento, construção e levantamento de desempenho de um coletor solar alternativo. 1º/02/1993 140 f. Mestrado em Engenharia Mecânica Instituição de Ensino: Universidade Federal do Rio Grande do Norte, Natal.

RZATKI, J. R. Modelo de radiação para aplicação em simulação térmica de edificações. 1º/03/1993 199 f. Mestrado em Engenharia Mecânica Instituição de Ensino: Universidade Federal de Santa Catarina, Florianópolis.

MUNIZ, B. J. V. A energia solar nos países tropicais e sua utilização no setor residencial. 1º /03/1993 143 f. Mestrado em Arquitetura Instituição de Ensino: Universidade Federal do Rio De Janeiro, Rio de Janeiro

SILVA, J. A. Desenvolvimento e análise térmica de um coletor de baixo custo. 1º/08/1993 100 f. Mestrado em Engenharia Mecânica Instituição de Ensino: Universidade Federal de Minas Gerais, Belo Horizonte.

AMORIM, A. L. Determinação experimental da difusividade térmica da sílica-gel/água. 1º/12/1993 105 f. Mestrado em Engenharia Mecânica Instituição de Ensino: Universidade Federal da Paraíba/João Pessoa, João Pessoa.

FERREIRA, M. J. G. Inserção da energia solar fotovoltaica no Brasil. 1º/12/1993 155 f. Mestrado em Interunidades em Energia Instituição de Ensino: Universidade de São Paulo, São Paulo.

COPETTI, J. B. Doutorado em Engenharia.
Universidad Politécnica de Madrid, UPM, Espanha.
Título: modelado de acumuladores de plomo-ácido para aplicaciones fotovoltaicas, Ano de obtenção: 1993.
Orientador: Eduardo Lorenzo Pigueiras.

ZILLES, R. Doutorado em Engenharia de Telecomunicações.
Universidad Politécnica de Madrid, UPM, Espanha.
Título: Modelado de Generadores Fotovoltaicos: Efectos de la Dispersión de Parámetros, Ano de obtenção: 1993.
Orientador: Eduardo Lorenzo.

MACAGNAN, M. H. Doutorado em Engenharia.
Universidad Politécnica de Madrid, UPM, Espanha.
Título: Caracterización de la Radiación Solar para Aplicaciones Fotovoltaicas en el Caso de Madrid, Ano de obtenção: 1993.
Orientador: Eduardo Lorenzo Pigueiras.

1994

FRAIDENRAICH N. Estudo teorico-experimental de um sistema fotovoltaico acoplados a concentradores tipo V. 04/11/1994 239 f. Doutorado em Engenharia. Instituicao de ensino: Escola de Engenharia da Universidade Federal do Rio Grande do Sul.

SALINAS, C. D. A. Condicionamento de ar por adsorção solida regenerado por energia solar. 1º/08/1994 133 f. Mestrado em Engenharia Mecânica Instituição de Ensino: Universidade Federal da Paraíba/João Pessoa, João Pessoa.

CHACON, S. S. Análise da sustentabilidade do projeto de implantação de sistemas de bombeamento de água movidos a energia solar no Estado do Ceará.1º/12/1994 9999 f. Mestrado em Economia Rural Instituição de Ensino: Universidade Federal do Ceará, Fortaleza.

MATTA, C. R. B. Determinação analítica do ganho adicional de radiação solar direta em uma superfície horizontal plana, pelo uso de refletores solares. 1º/12/1994 65 f. Mestrado em Agronomia (Meteorologia Agrícola) Instituição de Ensino: Universidade Federal de Viçosa, Viçosa.

1995

SOUZA, M. J. H. Irradiância solar direta: desenvolvimento e avaliação de modelos, e sua distribuição espacial e temporal para o estado de minas gerais. 1º/11/1995 128 f. Mestrado em Agronomia (Meteorologia Agrícola) Instituição de Ensino: Universidade Federal de Viçosa, Viçosa.

RUTHER, R. Degradation and other phenomena in hydrogenated amorphos silicon thin films and solar cells, Tese de Doutorado, The University of Western Australia, UWA, Austrália. Orientador: John Livingstone. 1995

1996

HURTADO, J. D. B. Sistema misto a energia solar: comprovação do princípio de funcionamento para aquecimento de água e ventilação ou aquecimento de ambientes. 1º/01/1996 228 f. Mestrado em Engenharia Mecânica Instituição de Ensino: Universidade Federal do Rio Grande do Norte, Natal.

MOURA, J. F. C. Caracterização de Baterias Automotivas para Uso Solar Fotovoltaico. 1º/02/1996 122 f. Mestrado em Engenharia Mecânica Instituição de Ensino: Universidade Federal do Rio Grande do Sul, Porto Alegre.

SILVA, N. F. Avaliação energética e alternativas de abastecimento de energia elétrica para o setor residencial rural não eletrificado do Rio Grande do Norte. 1º /08/1996 140 f. Mestrado em Engenharia Elétrica Instituição de Ensino: Universidade Federal do Rio Grande do Norte, Natal.

VILELA, O. C. Análise e simulação de sistemas de abastecimento de água com tecnologia fotovoltaica. 1º/09/1996 124 f. Mestrado em Tecnologias Energéticas Nucleares Instituição de Ensino: Universidade Federal de Pernambuco, Recife.

GARCIA, E. C. Condução, convecção e radiação acopladas em coletores e radiadores solares. 1º/10/1996 153 f. Doutorado em Engenharia Aeronáutica e Mecânica Instituição de Ensino: Instituto Tecnológico de Aeronáutica, São José dos Campos.

MOEHLECKE, ADRIANO. Doutorado em Engenharia.
Universidade Politécnica de Madri, UPM, Espanha.
Título: Conceitos avançados de tecnologia para células solares com emissores p dopados com boro. Ano de obtenção: 1996. Orientador: Antonio Luque López.

MARAFIGA, E. B. Desenvolvimento de sistemas fotovoltaicos utilizando metodologias de inteligência artificial. 1º/09/1996 313 f. Mestrado em Engenharia Elétrica Instituição de Ensino: Universidade Federal de Santa Maria, Santa Maria.

SIQUEIRA, A. M. O. Análise térmica de aquecedores solares operando em circulação natural e em circulação forçada. 1º/11/1996 113 f. Mestrado em Engenharia Mecânica Instituição de Ensino: Universidade Federal de Minas Gerais, Belo Horizonte.

JUNIOR, C. F. S. Otimização e desempenho térmico de um coletor solar alternativo com tubos absorvedores de cobre. 1º /11/1995 130 f. Mestrado em Engenharia Mecânica Instituição de Ensino: Universidade Federal do Rio Grande do Norte, Natal.

BARROS, S. F. Influência de Tubos Capilares no Desempenho de Destilador Solar Convencional' 1º/12/1996 93 f. Mestrado em Engenharia Mecânica (João Pessoa) Instituição de Ensino: Universidade Federal da Paraíba/João Pessoa, João Pessoa.

SOARES, G. S. Validação da secagem natural da produção de raspas de mandioca (*manihota esculenta crantz*) no secador solar de superfície de concreto a céu aberto, para o Estado da Paraíba. 1º/04/1996 176 f. Mestrado em Engenharia de Produção Instituição de Ensino: Universidade Federal da Paraíba/ João Pessoa, João Pessoa.

1997

MOREJON, C. F. M. Simulação de sistemas termossolares acoplados a ciclos de refrigeração por absorção. 1º /01/1997 181 f. Mestrado em Engenharia Química Instituição de Ensino: Universidade Federal do Rio de Janeiro, Rio de Janeiro.

PEREIRA, A. B. Modelo de estimativa do potencial de energia solar à superfície. 1º/03/1997 97 f. Doutorado em Agronomia (Energia na Agricultura) Instituição de Ensino: Universidade Est. Paulista Júlio de Mesquita Filho, São Paulo.

ROSSINI, E. G. Caracterização do espectro solar com um mínimo de filtros. 1º/04/1997 123 f. Mestrado em Engenharia Mecânica Instituição de Ensino: Universidade Federal do Rio Grande do Sul, Porto Alegre

HECKTHEUER, L. A. Sistemas alternativos para a eletrificação de pequenas propriedades rurais do município de canguçu utilizando o potencial energético local. 1º/04/1997 141 f. Mestrado em Engenharia Mecânica Instituição de Ensino: Universidade Federal do Rio Grande do Sul, Porto Alegre.

OLIVERIA, S. H. F. Dimensionamento de sistemas fotovoltaicos autônomos: ênfase na eletrificação de residências de bazixo consumo. 1º /04/1997 240 f. Mestrado em Interunidades em Energia Instituição de Ensino: Universidade de São Paulo, São Paulo.

BERNARDES, M. A. S. Análise térmica de uma chaminé solar. 1º /05/1997 117 f. Mestrado em Engenharia Mecânica Instituição de Ensino: Universidade Federal de Minas Gerais, Belo Horizonte.

SILVA, M. G. E. Determinação teórico-experimental do tempo de resposta de uma placa plana submetida a um degrau de radiação na superfície superior. 1º /06/1997 167 f. Mestrado em Engenharia Mecânica Instituição de Ensino: Universidade Federal da Paraíba, João Pessoa

TAPIA, G. I. M. Otimização termoeconômica de ciclo de refrigeração por compressão com ejetor auxiliado por energia solar' 1º /06/1997 127 f. Mestrado em Engenharia Mecânica Instituição de Ensino: Universidade Federal de Santa Catarina, Florianópolis.

LOURENÇO, J. M. Estudo de um coletor solar alternativo, usando tubos absorvedores de alumínio. 1º/07/1997 158 f. Mestrado em Engenharia Mecânica Instituição de Ensino: Universidade Federal do Rio Grande do Norte, Natal.

GOMEZ, W. E. J. Construção e avaliação de um coletor solar e estufa de polietileno de baixo custo para a secagem de madeira de pequenas dimensões. 1º/08/1997 65 f. Mestrado em Agronomia (Energia na Agricultura) Instituição de Ensino: Universidade Est. Paulista Júlio de Mesquita Filho, São Paulo.

NASCIMENTO, J. C. Receptividade e disposição a pagar pela energia sola fotovoltaica no estado do Ceará' 1º /09/1997 113 f. Mestrado em Economia Rural Instituição de Ensino: Universidade Federal do Ceará, Fortaleza.

SANTOS, C. B. Análise de sistemas fotovoltaicos para geração de energia1º /09/1997 138 f. Mestrado em Engenharia Elétrica Instituição de Ensino: Universidade Federal de Santa Catarina, Florianópolis.

SANTOS, J. M. Comparação de custos dos sistemas de bombeamento de água com fonte: elétrica, diesel e solar fotovoltaica, visando à pequena irrigação. 1º/10/1997 92 f. Mestrado em Ciências Agrárias Instituição de Ensino: Universidade Federal da Bahia, Salvador.

FILHO, A. P. M. Contribuição ao desenvolvimento de um sistema de bombeamento de água utilizando motores de c.a. alimentados por painéis fotovoltaicos. 1º/11/1995 120 f. Mestrado em Engenharia Elétrica Instituição de Ensino: Universidade Federal de Minas Gerais, Belo Horizonte.

ALMEIDA, W. G. Avaliação de um modelo físico estimador de irradiância solar baseado em satélites geoestacionários. 1º/12/1997 185 f. Mestrado em Engenharia Mecânica Instituição de Ensino: Universidade Federal de Santa Catarina, Florianópolis.

MELO, A. G. F. Estudo experimental de um destilador de água do tipo atmosférico regenerativo' 1º /12/1997 50 f. Mestrado em Tecnologias Energéticas Nucleares Instituição de Ensino: Universidade Federal de Pernambuco, Recife.

FEDRIZZI, M. C. Fornecimento de água com sistemas de bombeamento fotovoltaico. 1º/12/1997 161 f. Mestrado em Interunidades em Energia Instituição de Ensino: Universidade de São Paulo, São Paulo.

1998

ASSIS, S. V. Radiação solar em estufas de polietileno nas orientações norte-sul e leste-oeste. 1º/02/1998 101 f. Doutorado em Agronomia (Energia na Agricultura) Instituição de Ensino: Universidade Est. Paulista Júlio de Mesquita Filho, São Paulo.

CARVALHO, F. P. Refrigeração solar aplicada à conservação do leite em pequenas propriedades rurais do semiárido. 1º/02/1998 81 f. Mestrado em Engenharia Mecânica Instituição de Ensino: Universidade Federal da Paraíba, João Pessoa.

CASTANHEIRA, P. O. Análise Térmica de um Circuito Termocapilar para Aquecimento de Fluido por Energia Solar. 1º/03/1998 90 f. Mestrado em Engenharia Mecânica Instituição de Ensino: Universidade Federal de Minas Gerais, Belo Horizonte.

GONZALEZ, R. M. P. Estudo do efeito da absorção da radiação solar pela atmosfera em aplicações fotovoltaicas. 1º/03/1998 123 f. Mestrado em Física Instituição de Ensino: Universidade Estadual de Campinas, Campinas.

FRANCESCHETTI, N. N. Sistema de acionamento e controle para veículo elétrico movido à energia solar. 1º /05/1998 114 f. Mestrado em Engenharia Mecânica Instituição de Ensino: Universidade de São Paulo, São Paulo.

COSTA, G. K. Estudo termodinâmico de um destilador de água atmosférico do tipo regenerativo. 1º /06/1998 70 f. Mestrado em Tecnologias Energéticas

Nucleares Instituição de Ensino: Universidade Federal de Pernambuco, Recife.

GARCIA, C. G. Células solares transparentes baseadas na sensibilização de tio2 por bipiridinas carboxiladas de rutênio(ii) com isoquinolina e 4-fenilpiridina. 1º/07/1998 100 f. Mestrado em Química (Química Inorgânica) Instituição de Ensino: Universidade de São Paulo, São Paulo.

GOMES, D. G. Estudo de optimização em coletores de energia solar de placas planas. 1º /09/1998 127 f. Mestrado em Engenharia Aeronáutica e Mecânica Instituição de Ensino: Instituto Tecnológico de Aeronáutica, São José dos Campos.

1999

BEZERRA, J. M. Análise de um sistema alternativo para aquecimento de água por energia solar. 1º/02/1999 150 f. Mestrado em Engenharia Mecânica Instituição de Ensino: Universidade Federal do Rio Grande do Norte, Natal.

SALVIANO, C. J. C. Eletrificação rural com tecnologia solar fotovoltaica. 1º/02/1999 100 f. Mestrado em Tecnologias Energéticas Nucleares Instituição de Ensino: Universidade Federal de Pernambuco, Recife.

FILHO, A. C. A. Avaliação econômica do fornecimento de energia elétrica a partir de fontes de energia solar e eólica para sistemas isolados. 1º/03/1999 221 f. Mestrado em Engenharia Elétrica Instituição de Ensino: Universidade Federal de Minas Gerais, Belo Horizonte.

ALENCAR, F. Caracterização e análise de viabilidade de uma telha coletora de energia solar para aquecimento de água. 1º/05/1999 114 f. Doutorado em Agronomia (Energia na Agricultura) Instituição de Ensino: Universidade Est. Paulista Júlio De Mesquita Filho, São Paulo.

GARCIA, FELIPE HERNÁNDES. Dimensionamento de sistemas eólicos e fotovoltaicos autônomos e sua integração como sistemas híbridos. 1º/08/1999 149 f. Mestrado em Engenharia Elétrica Instituição de Ensino: Pontifícia Universidade Católica do Rio Grande do Sul, Porto Alegre.

SILVA, A. S. O uso dos recursos energéticos, água e energia solar: implicações econômicas e decisão através de modelos dinâmicos. 1º/10/1999 138 f. Doutorado em Economia Instituição de Ensino: Universidade Federal de Pernambuco, Recife.

MVEH, J. D. B. M. Análise teórica e experimental da eficiência térmica de coletores solares sem cobertura e de baixo custo. 1º/12/1999 127 f. Mestrado em Engenharia Mecânica Instituição de Ensino: Universidade Federal do Rio Grande do Sul, Porto Alegre.

SOUZA, M. J. R. Análise de um coletor armazenador de energia solar de leito de pedra e da secagem de materiais cerâmicos via transformação integral generalizada' 1º/12/1999 103 f. Mestrado em Engenharia Mecânica Instituição de Ensino: Universidade Federal do Pará, Belém.

SANTOS, J. R. P. Sistemas híbridos fotovoltaico/diesel para aplicações militares. 1º/12/1999 166 f. Mestrado em Engenharia Nuclear Instituição de Ensino: Instituto Militar de Engenharia, Rio de Janeiro.

ANEXO V

Informe Especial da Associação Brasileira de Ciências Mecânicas (ABCM) – Nota de Falecimento do Prof. Oscar Daniel Corbella

É com pesar que comunicamos o falecimento, em 21 de setembro, do professor Oscar Corbella. A ABCM lamenta sua perda ao mesmo tempo em que apresenta suas condolências a seus familiares. Abaixo segue o obituário escrito pelo professor Horácio Vielmo, que traz recordações sobre os feitos do professor Corbella em prol da comunidade acadêmica:

Faleceu em 21 de setembro de 2021, aos 85 anos, no Rio de Janeiro, o Prof. Oscar Daniel Corbella. O Prof. Corbella graduou-se em física no Instituto Balseiro, Argentina, em 1963 onde, após duas especializações em outras instituições, também concluiu o seu doutorado, em 1969. Inicialmente foi professor e pesquisador na área de física teórica nas Universidades Nacionais de Cuyo, Córdoba e Rosário, Argentina. Na intenção de atuar de forma mais direta na interação entre energia e meio ambiente, percebeu que o seu local de trabalho deveria ser na engenharia, o que levou-o a mudar-se para o Brasil em 1977, com sua esposa e um casal de filhos, onde fundou o Laboratório de Energia Solar da UFRGS, em Porto Alegre, e fixou-se no Departamento de Engenharia Mecânica. Em 1981 realizou seu pós-doutorado no International Centre for Theoretical Physics, Trieste, Itália. Mais tarde, seu vigor científico e entusiasmo acadêmico levaram-no a liderar os esforços para a criação do Programa de Pós-Graduação em Engenharia Mecânica da Escola de Engenharia da UFRGS, em 1986, tendo sido o seu primeiro Coordenador. Orientou dissertações e teses de muitos professores e pesquisadores que deram continuidade aos seus ideais, em várias universidades brasileiras. Pouco a pouco concentrou-se na área de energia solar na habitação, eficiência energética, habitabilidade e urbanismo. Colocando-se novamente na estrada, em 1988 mudou-se para o Rio de Janeiro, passando a atuar no Programa de Urbanismo da Faculdade de Arquitetura e Urbanismo da UFRJ, onde continuou de forma intensa a formar novos pesquisadores. O Prof. Corbella era assim, uma mente à frente do seu tempo, plural, conforme o pensamento científico universal, e sem fronteiras.

REFERÊNCIAS

AGÊNCIA NACIONAL DE ENERGIA ELÉTRICA (ANEEL). **Resolução Normativa nº 482**, de 17 de abril de 2012. Disponível em: <http://www2.aneel.gov.br/cedoc/ren2012482.pdf>. Acesso em: 22 jul. 2021.

AGÊNCIA NACIONAL DE ENERGIA ELÉTRICA (ANEEL). **Resolução Normativa nº 687**, de 24 de novembro de 2015. Disponível em: <https://www.aneel.gov.br/geracao-distribuida?p_p_id=101&p_p_lifecycle=0&p_p_state=maximized&_101_struts_action=%2Fasset_publisher%2Fview_content&_101_assetEntryId=14461914&_101_type=content&_101_groupId=656827&_101_urlTitle=geracao-distribuida-introduc-1&inheritRedirect=true>. Acesso em: 22 jul. 2021.

ASSEMBLEIA LEGISLATIVA DO RIO GRANDE DO SUL (ALRS). **1º ciclo de debates: a questão energética: problemas e alternativas – Coleção ALRS**. Porto Alegre: Assembleia Legislativa do Rio Grande do Sul, 262 p. ,1977.

ASADES. **Sobre ASADES: Nuestra historia.** 2020. Disponível: <http://asades.org.ar/sobre_asades/>. Acesso em: 22 jul. 2021.

BARBOSA, E. Eletrificação rural fotovoltaica. Obrigatoriedade de acompanhamento sistemático. **Informe CRESESB**, ano 3, nº 4, pp. 6-7, dezembro de 1997. Disponível em: <http://www.cresesb.cepel.br/publicacoes/download/periodicos/informe4.pdf>. Acesso em: 22 jul. 2021.

BASSO, D. **Desenvolvimento, Construção e Calibração de Radiômetros para a Medida da Radiação Solar.** 1980. 103f. Dissertação (Mestrado em Engenharia Mecânica) – Universidade Federal do Rio Grande do Sul, Porto Alegre, 1980.

BENSUSSAN, J. A. **Planejamento Energético do Rio Grande do Sul, 1980-2010:** histórias e memórias – com pitadas de humor, pessimismo e esperança. Textos para Discussão. Fundação de Economia e Estatística (FEE). n. 91, mar. 2011. Disponível em: <http://cdn.fee.tche.br/tds/091.pdf>. Acesso em: 09 set. 2021.

BEZERRA, A. M. **A história da energia solar na Paraíba**. Edição do autor, 1997.

BOUCKAERT, P. H. P. **Utilização de energia solar para secagem na indústria de cerâmica vermelha.** 1992. 136f. Dissertação (Mestrado em Tecnologias Energéticas Nucleares) – Universidade Federal de Pernambuco, Recife, 1992.

BRASIL. Decreto nº 3.867,de 16 de julho de 2001. Regulamenta a Lei nº 9.991, de 24 de julho 2000, que dispõe sobre realização de investimentos em pesquisa e desenvolvimento e em eficiência energética por parte das empresas concessionárias, permissionárias e autorizadas do setor de energia elétrica, e dá outras providências. **Diário Oficial da República Federativa do Brasil**, Brasília, p. 2, 17 jul. 2021.

______. **Lei nº 9.991**, de 24 de julho de 2000. Dispõe sobre realização de investimentos em pesquisa e desenvolvimento e em eficiência energética por parte das empresas concessionárias, permissionárias e autorizadas do setor de energia elétrica, e dá outras providências. Disponível em: < https://www.planalto.gov.br/ccivil_03/leis/l9991.htm>. Acesso em: 22 jul. 2021.

______. Ministério de Minas e Energia. **Estudo e propostas de utilização de geração fotovoltaica conectada à rede, em particular em edificações urbanas.** Relatório do Grupo de Trabalho de Geração Distribuída com Sistemas Fotovoltaicos – GT-GDSF. Brasília, 2009.

______. Ministério de Minas e Energia. **Plano Nacional de Eficiência Energética.** 2011. Disponível em: <http://antigo.mme.gov.br/web/guest/secretarias/planejamento-e-desenvolvimento-energetico/publicacoes/plano-nacional-de-eficiencia-energetica>. Acesso em: 17. Jun. 2021.

COSTA, G. K. **Estudo termodinâmico de um destilador de água do tipo regenerativo.** 1998. 122f. Dissertação (Mestrado em Tecnologias Energéticas Nucleares)-Universidade Federal de Pernambuco, Recife, 1998.

COPETTI, J. B. **Modelado de acumuladores de plomo-ácido para aplicaciones fotovoltaicas.** 1993. Tese (Doutorado em Engenharia)-Universidad Politécnica de Madrid, Madrid, 1993.

CENTRO DE REFERÊNCIAS PARA ENERGIAS SOLAR E EÓLICA SÉRGIO DE S. BRITO (CRESESB). **Declaração de Brasília:** Diretrizes e Plano de Ação para Desenvolvimento das Energias Renováveis Solar, Eólica e de Biomassa no Brasil. Jun. 1995. Disponível em: <http://www.cresesb.cepel.br/download/o_cresesb/declaracao_brasilia_port_1995.pdf> Acesso em: 17. Jun. 2021.

______. **Diretrizes para o desenvolvimento das energias, solar e eólica no Brasil**: Declaração de Belo Horizonte. 1994. Disponível em: <http://www.cresesb.cepel.br/download/o_cresesb/declaracao_bh_port_1994.pdf>. Acesso em: 17. Jun. 2021.

______. **Guia de Instituições e Empresas do CRESESB**. 2015. Disponível em: <http://www.cresesb.cepel.br/index.php?section=guia_cresesb>. Acesso em: 17 Jun. 2021.

______. **Informe PRODEEM.** Abril, 1998. Disponível em: <http://www.cresesb.cepel.br/index.php?section=publicacoes&task=periodico>. Acesso em 22 jun. 2021.

______. **Manual de Engenharia para Sistemas Fotovoltaicos**. 2004. Disponível em: <http://www.cresesb.cepel.br/publicacoes/download/Manual_de_Engenharia_FV_2004.pdf>. Acesso em: 17 Jun. 2021.

______. **Manual de Engenharia para Sistemas Fotovoltaicos**. 2014. Disponível em: <http://www.cresesb.cepel.br/publicacoes/download/Manual_de_Engenharia_FV_2014.pdf>. Acesso em: 17. Jun. 2021.

______. **Relatório 1999 – 2002:** Atividades Realizadas – Convênio MME 12/99. 2002. Disponível em: <http://www.cresesb.cepel.br/download/o_cresesb/atividades-cresesb-1999-2002_MME12-99.PDF>. Acesso em: 17. Jun. 2021.

CENTRAIS ELÉTRICAS BRASILEIRAS SA (ELETROBRAS). PROCEL. **Relatório de resultados do Procel 2011 – ano-base 2010**. Rio de Janeiro, 2011.

FERREIRA, M. J. G. **Inserção da energia solar fotovoltaica no Brasil.** 1993. 168f. Dissertação (Mestrado em Energia)-Universidade de São Paulo, São Paulo, 1993.

FRAGA, A. N. S. **Sistema de microirrigação utilizando gerador CEC-fotovoltaico. Análise técnica e econômica.** 1989. 136f. Dissertação (Mestrado em Tecnologias Energéticas Nucleares)-Universidade Federal de Pernambuco, Recife, 1989.

FRAIDENRAICH, N., TIBA, C.; COSTA, H. S.; BARBOSA, E. M. S. Possibilidades da tecnologia solar na oferta de energia térmica de uso industrial. **Revista Pernambucana de Desenvolvimento**, Recife, v. 12, n.1, p. 227-250, 1986.

FRAIDENRAICH, N. Periodic evaluation of photovoltaic electrification systems' performance in the Northeast of Brazil: Third year. In: 14TH EUROPEAN PHOTOVOLTAIC SOLAR ENERGY CONFERENCE AND EXHIBITION. 14., 1997, Barcelona. **Proceedings of...** Barcelona: 1997. v. 2. p. 2556-2559.

FRAIDENRAICH, N.; VILELA, O. C. I Congresso Brasileiro de Energia Solar reúne especialistas da área. **Informe CRESESB**, Ano 12, No. 12, p. 10. dez. 2007. Disponível em: <http://www.cresesb.cepel.br/publicacoes/download/periodicos/informe12.pdf>. Acesso em: 17. Jun. 2021.

GALDINO, M. A. E.; RIBEIRO, C. M.; WARNER, C. L.; TAYLOR, R. W.; MULLER, R.; SALVIANO, C.; ARAGÃO, P. M. C.; BRITO, J. A. S.; DIAS, M. A. M. PV rural electrification in Northeast of Brazil. In: 13ª CONFERÊNCIA EUROPEIA DE ENERGIA SOLAR FOTOVOLTAICA. 13., 1995, **Anais...**, Nice: 1995. pp. 1123-1126.

HELIODINÂMICA. **Caracterização Empresarial**. Vargem Grande Paulista: Heliodinâmica, 1985.

INSTITUTO DE FÍSICA GLEB WATAGHIN (IFGW). **História do IFGW.** 2020. Disponível em: <https://portal.ifi.unicamp. br/a-instituicao/historia-do-ifgw>. Acesso em: 22 jul. 2021.

INSTITUTO POLITÉCNICO DA PUC MINAS (IPUC). **1997 – Programa Brasileiro de Etiquetagem.** 2020. Disponível em: <https://ipuc.pucminas.br/green/sobre.html#1997>. Acesso em: 17. Jun. 2021.

KEPPELER, R. O. **Caracterização de Materiais de Cobertura para Coletores Solares.** 1978. Dissertação (Mestrado em Engenharia Mecânica)-Universidade Federal do Rio Grande do Sul, Porto Alegre, 1978.

KRENZINGER, A. **Superfícies seletivas para conversão térmica da energia solar-óxidos de cobre sobre cobre.** 1979. Dissertação (Mestrado em Engenharia de Minas, Metalúrgica e de Materiais)-Universidade Federal do Rio Grande do Sul, Porto Alegre, 1979.

KRENZINGER, A. **Contribución al Diseño de Sistemas Fotovoltaicos con Paneles Bifaciales en Combinación con Reflectores Difusos de Caracter General.** 1987. Tese (Doutorado)--Universidad Politécnica de Madrid, Madrid, 1987.

KLÜPPEL, R.; CAVALCANTI, M. A. W. **História do LES e sua inserção na pesquisa de Energia Solar no Brasil:** Palestra de abertura do Centro de Energias Alternativas e Renováveis (CEAR). 2012. Disponível em: <https://pt.slideshare.net/eulercg/les-40-anos-kluppel-palestra-de-abertura>. Acesso em: 09 set. 2021.

LA ROVERE, E. L. **Energia:** Atuação e tendências. Rio de Janeiro: FINEP, 1994.

LOUREIRO, T.R.R. **Radiação Solar Direta em Porto Alegre.** 1984. Dissertação (Mestrado em Engenharia da Energia, Metalurgia e dos Materiais)-Universidade Federal do Rio Grande do Sul, Porto Alegre, 1984.

LYRA, F. J. M. **Modelo de simulação de uma central fotovoltaica integrada à rede de energia elétrica.** 1991. Dissertação (Mestrado em Tecnologias Energéticas Nucleares)-Universidade Federal de Pernambuco, Recife, 1991.

MACAGNAN, M. H. **Estudo de modelos de sintetização de dados de radiação solar.** 1989. Dissertação (Mestrado em Engenharia Mecânica)-Universidade Federal do Rio Grande do Sul, Porto Alegre, 1989.

MACAGNAN, M. H. **Caracterización de la radiación solar para aplicaciones fotovoltaicas en el caso de Madrid.** 1993. Tese (Doutorado)-Universidad Politécnica de Madrid, Madrid, 1993.

CHAGAS, F. **Células Solares Semicondutor-Isolante-Semicondutor SnO2/SiO2/Si(n).** 1984. (Mestrado em Física)-Universidade Estadual de Campinas, Campinas, 1984.

MARQUES, F. C. **Propriedades estruturais e eletrônicas de ligas amorfas de germânio.** 1989. Tese (Doutorado em Física)-Universidade Estadual de Campinas, Campinas, 1989.

MEISEL, N. C. T. **Servomecanismo para orientação de forno solar**. Trabalho de Conclusão de Curso (Bacharelado em Engenharia Eletrônica)-Instituto Tecnológico de Aeronáutica, São José dos Campos,1966.

MELO, A. G. F. **Estudo experimental de um destilador de água do tipo atmosférico regenerativo.** 1997. Dissertação (Mestrado em Tecnologias Energéticas e Nucleares)-Universidade Federal de Pernambuco, Recife, 1997.

MELLO, P. B. **Produção de Gelo a partir da Radiação Solar, empregando o Sistema Agua-Amônia como Absorvente-Refrigerante.** 1980. Dissertação (Mestrado em Engenharia Mecânica)-Universidade Federal do Rio Grande do Sul, Porto Alegre, 1980.

MINISTÉRIO DE MINAS E ENERGIA (MME). Portaria nº 538, de 15 de dezembro de 2015. Criar o Programa de Desenvolvimento da Geração Distribuída de Energia Elétrica – ProGD. **Diário Oficial da República Federativa do Brasil.** Brasília, seção 1, v. 152, n. 240, p. 96, 16 dez. 2015.

MOEHLECKE, A.; ZANESCO, I. Primeiro Simpósio Nacional de Energia Solar Fotovoltaica reúne pesquisadores para debater os rumos desta tecnologia no País. **Informe CRESESB.** Ano 9, No. 9, pag. 10, 2004. Disponível em: <http://www.cresesb.cepel.br/publicacoes/download/periodicos/informe9.pdf>. Acesso em: 17. Jun. 2021.

MOEHLECKE, A. **Módulos Planos com Refletores Difusos para Células Fotovoltaicas Bifaciais.** 1991. Dissertação (Mestrado em Engenharia Mecânica)-Universidade Federal do Rio Grande do Sul, Porto Alegre, 1991.

MOEHLECKE, A. **Conceitos Avançados de Tecnologia para Células Solares com Emissores p Dopados com Boro.** 1996. Tese (Doutorado)-Universidade Politécnica de Madri, Madrid, 1996.

NIPE. **História do NIPE**. 2020. Disponível em: <https://www.nipe.unicamp. br/historia-do-nipe.php>. Acesso em: 17. Jun. 2021.

PACHECO, J. L. **Cálculo do Desempenho Térmico de um Coletor Solar Concentrador Semifixo.** 1983. Dissertação (Mestrado em Engenharia Mecânica)-Universidade Federal do Rio Grande do Sul, Porto Alegre, 1983.

PEREIRA, O. S.; MOSZKOWICZ, M., Hill, R.; STEMMER, C. E. Brazilian Centre for Solar and Wind Energy: a model for PV dissemination. In: 13 CONFERÊNCIA EUROPEIA DE ENERGIA SOLAR FOTOVOLTAICA. 13. Nice. **Anais...** pp 769-771, Nice,1995.

RUTHER, R. **Crescimento de Monocristais Semicondutores de GaSb pela Técnica do Líquido Encapsulante no Método Czochralski.** 1991. Dissertação (Mestrado em Engenharia de Minas, Metalúrgica e de Materiais)-Universidade Federal do Rio Grande do Sul. Porto Alegre, 1991.

RUTHER, R. **Degradation and Other Phenomena in Hydrogenated Amorphous Silicon Thin Films and Solar Cells.** 1995. Tese (Doutorado)-The University of Western Australia. Austrália. 1995.

SALVADORETTI, J. L. **Modelo Matemático para Análise do Desempenho Térmico de Coletores Solares Cilindro-Parabólicos.** 1983. Dissertação (Mestrado em Engenharia Mecânica)-Universidade Federal do Rio Grande do Sul, Porto Alegre, 1983.

SCALAMBRINI COSTA, H. **Desempenho e avaliação de um sistema de conversão fotovoltaico acoplado a concentradores parabólicos compostos.** 1983. Dissertação (Mestrado em Tecnologias Energéticas e Nucleares)-Universidade Federal de Pernambuco, Recife, 1983.

SPERB. E. **Medidor de Vazão por Ultrassom e sua Utilização na Energia Solar.** 1982. Dissertação (Mestrado em Engenharia Mecânica)-Universidade Federal do Rio Grande do Sul, Porto Alegre, 1982.

SCHEER, H. **O manifesto solar:** Energia renovável e a renovação da sociedade. Centro de referência para energia solar e eólica Sérgio Brito (CRESESB) – CEPEL, Rio de Janeiro, 1995.

UNIVERSIDADE FEDERAL DO PARÁ (UFPA). **Grupo de Estudos e Desenvolvimento de Alternativas Energéticas comemora 25 anos.** 2020. Disponível em: <https://portal.ufpa.br/index.php/ultimas-noticias2/11188-grupo-de-estudos-e-desenvolvimento-de-alternativas-energeticas-comemora-25-anos>. Acesso em: 17 Jun. 2021.

VIELMO, H. A. **Modelo Matemático para Simular o Comportamento Térmico do Laboratório de Energia Solar da UFRGS.** 1981. Dissertação (Mestrado em Engenharia de Energia)-Universidade Federal do Rio Grande do Sul, Porto Alegre, 1981.

VILELA, O. C. **Análise e simulação de sistemas de abastecimento de água com tecnologia fotovoltaica.** 1996. Dissertação (Mestrado em Tecnologias Energéticas Nucleares)-Universidade Federal de Pernambuco, Recife, 1996.

VILELA, O. C.; FRAIDENRAICH, N.; TIBA, C. Photovoltaic pumping systems driven by tracking collectors. Experiments and simulation. **Solar Energy**, v. 74, p. 45-52, 2003.

ZANESCO, I. **Análise e Construção de um Piranômetro Fotovoltaico.** 1991. Dissertação (Mestrado em Engenharia Mecânica)-Universidade Federal do Rio Grande do Sul, Porto Alegre, 1991.

ZANESCO, I. **Concentradores Estáticos com Células Bifaciais para Sistemas Fotovoltaicos Autônomos.** 1996. Tese (Doutorado)-Universidade Politécnica de Madri, Madrid, 1996.

ZILLES, R. **Comparação Experimental de Testes de Coletores Solares Planos com Simulador e com Radiação Solar.** 1988. Dissertação (Mestrado em Engenharia Mecânica)-Universidade Federal do Rio Grande do Sul, Porto Alegre, 1988.

ZILLES, R. **Modelado de generadores fotovoltaicos: Efectos de la dispersión de parâmetros.** 1993. Tese (Doutorado)-Universidad Politécnica de Madrid, Madrid, 1993.

Fonte: Vecteezy (2023).

CAPÍTULO 3

RECURSO SOLAR NO BRASIL: UMA PERSPECTIVA HISTÓRICA

Chigueru Tiba

3.1 INTRODUÇÃO

3.1.1 Por que a necessidade do conhecimento do recurso solar

O conhecimento do recurso solar é importante para a reprodução ampliada e a difusão massiva do uso da energia solar para fins energéticos. A precisão do seu conhecimento espacial ou temporal permite agregar confiabilidade (menor risco) e qualidade aos sistemas solares, repercutindo nos custos da energia gerada. O recurso solar é necessário para o projeto de sistemas solares em três aspectos principais:

- Estudo de localização de usinas solares (*siting*).
- Predição da produção anual, mensal ou diária da energia gerada.
- Previsão do desempenho temporal e estratégias operacionais.

Em estudos de localização de usinas solares de grande porte, entre outras, as seguintes variáveis são ponderadas: recurso solar (global ou direta, conforme a tecnologia solar a ser utilizada: fixo ou com concentração), disponibilidade de terrenos de forma não conflituosa (terras agricultaráveis, reservas ou parques nacionais, reservas indígenas são excludentes), proximidade de acessos para transporte de equipamentos de porte ou delicados (espelhos), disponibilidade local de água de boa qualidade e proximidade de linhas de transmissão. De forma individual, o conhecimento do recurso solar é a variável de maior peso nas incertezas associadas a um projeto de sistema energético solar.

A predição da produção de energia anual é crucial para o cálculo do custo à energia gerada, considerando as variabilidades estocásticas interanuais da radiação solar, e repercute diretamente na viabilidade econômica do empreendimento. Os cálculos sazonais são importantes para traçar as estratégias operacionais do sistema energético, como, por exemplo, a clássica da complementaridade da energia eólica e, também, da energia solar com a energia hidráulica da Bacia do Rio São Francisco, em escala de tempo mais curto (horas), para subsidiar estratégias de sistemas de armazenamento.

Após a construção da usina, uma das etapas do comissionamento e aceitação da usina requer testes operacionais (pelo menos de curta duração) para verificar se a usina está dentro das especificações e dos parâmetros do projeto e fazer a inferência da produção anual de energia. Durante a vida da usina, a radiação solar deverá ser monitorada continuamente e o desempenho deverá ser calculado simultaneamente para detectar possíveis quedas de desempenho por envelhecimento de componentes (perda de refletividade nos espelhos refletores, de vácuo nos tubos coletores ou degradação da camada de proteção de células fotovoltaicas) ou necessidade de limpeza (lavagem da superfície de espelho, módulo FV e/ou tubos coletores).

3.1.2 Radiação solar extraterrestre

A radiação solar pode ser modelada com boa precisão considerando o Sol como corpo negro que emite a temperatura de 5.860°K. Embora o Sol emita radiação em todo o espectro (dos raios gama até ondas de rádio), cerca de 97% compreende ao comprimento de onda de 290 a 3.000 nm, ou seja, na região ultravioleta (UVB) e infravermelho próximo (IV_{prox}). O espectro solar (extraterrestre) no topo da atmosfera terrestre é muito bem definido, dada a temperatura do corpo (Lei de Stefan-Boltzmann) e a distância Terra-Sol (ate-

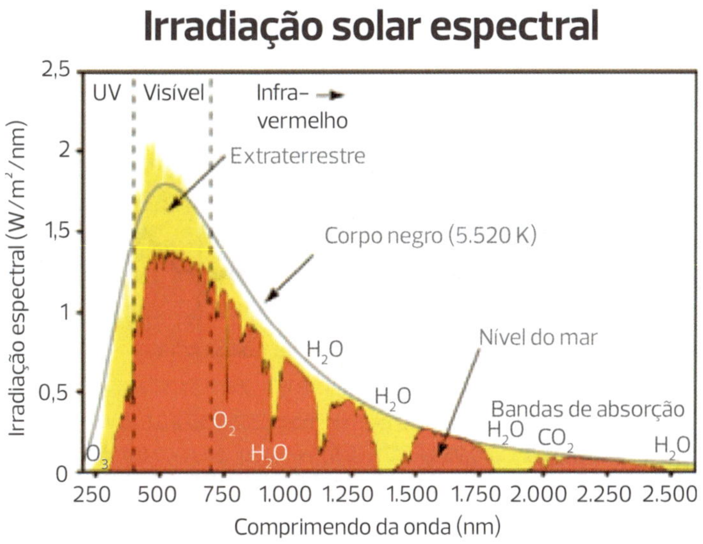

FIGURA. 3.1 Espectro solar extraterrestre e na superfície terrestre para massa de ar 1.0.
Fonte: Wikipédia (2007).

nuação seguindo a lei do inverso do quadrado da distância). Na Figura 3.1 pode ser visto o espectro solar extraterrestre (amarelo), o espectro solar modelado como corpo negro e o espectro solar na superfície terrestre, para uma massa de ar igual a 1 (vermelho). Observe na região do UV e IV_{prox}, a forte absorção do ozônio (O_3) na região do UV e absorções ressonantes nas regiões IV e IV_{prox} devido a vapor de água e dióxido de carbono.

3.1.3 Constante solar

Medidas realizadas com satélites (Figura 3.2) mostram que a irradiação solar extraterrestre é muito estável e tem o valor aproximado de 1.366 W/m^2, a uma distância Sol-Terra igual a 1UA (149.598.106 km). As variações decorrentes de Manchas Solares com periodicidade de 11 anos fazem esse valor oscilar em 0,1%, sendo 1.367 W/m^2 em períodos com muitas manchas e 1.365 W/m^2 em caso contrário. Em termos sazonais, a excentricidade da órbita terrestre provoca uma variação aproximada de 3%, resultando em 1.415 W/m^2 em 3 de janeiro e 1.321 W/m^2 em 4 de julho.

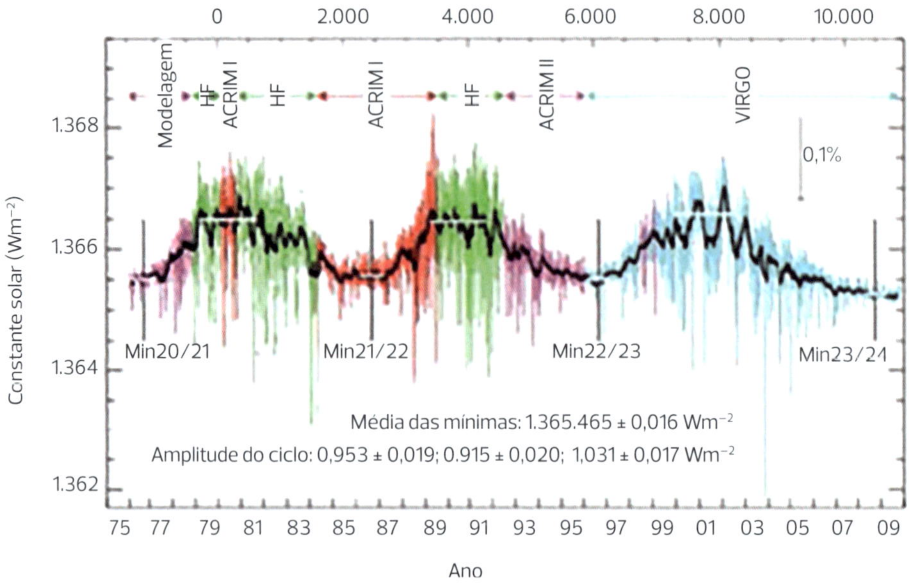

FIGURA 3.2 Variabilidade da Constante solar.
Fonte: Nasa Science (2003).

3.1.4 Atenuação pela atmosfera – Componentes na superfície terrestre

A interação da irradiação solar extraterrestre com a atmosfera provoca reações de absorção e espalhamento dos fótons com os constituintes da atmosfera. Assim, o espectro solar resultante na superfície terrestre dependerá da concentração, configuração espacial e temporal desses constituintes e será de natureza estocástica. Na Figura 3.3 estão mostradas, esquematicamente, as reações de espalhamento e absorção na atmosfera e, como resultado, a desagregação da irradiação solar em componentes direta e difusa, entendendo como difusa a irradiação solar que sofre um ou mais processos de espalhamento.

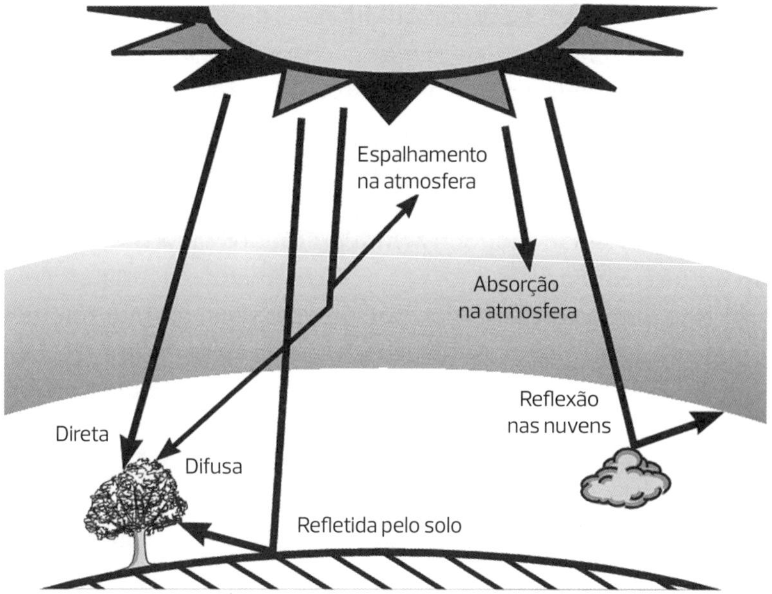

FIGURA 3.3 Componentes direta e difusa da irradiação solar na superfície terrestre.
Fonte: Newport Corporation (2020).

3.2 MENSURAÇÃO DA IRRADIAÇÃO SOLAR NA SUPERFÍCIE TERRESTRE

3.2.1 Sensores e princípios das medições solarimétricas

Os instrumentos solarimétricos medem a potência incidente por unidade de superfície, integrada sobre os diversos comprimentos de onda. A radiação solar cobre toda a região do espectro visível, 0,4 a 0,7 m, uma parte do ultravioleta, próximo de 0,3 a 0,4 m, e o infravermelho no intervalo de 0,7 a 5 m. As medições padrões são a radiação total e a componente difusa no plano horizontal e a radiação direta normal. Habitualmente, são utilizados instrumentos cujo sensor de radiação é uma termopilha, que mede a diferença de temperatura entre duas superfícies, normalmente pintadas de preto e branco e igualmente iluminadas. A vantagem principal da termopilha é a sua resposta uniforme em relação ao comprimento de onda. Por exemplo, o piranômetro Eppley, modelo 8-48, apresenta essa característica no intervalo de 300 a 3.000 nm.

Os sensores baseados na expansão diferencial de um par bimetálico, provocado por uma diferença de temperatura entre duas superfícies de cor preto e branco, foram também utilizados em instrumentos solarimétricos (actinógrafos tipo Robitzch-Fuess). A expansão do sensor movimenta uma pena que registra o valor instantâneo da radiação solar. São instrumentos analógicos que hoje só têm interesse histórico.

Fotocélulas de silício monocristalino ou diodos são utilizadas no presente, e com muita frequência, como sensores para medições piranométricas. Seu custo é de 10 a 20% dos custos dos instrumentos que usam termopilhas. Sua maior limitação é a não uniformidade da resposta espectral e a região relativamente limitada de comprimentos de onda à qual a fotocélula é sensível (400 a 1.100 nm, com máximo em torno dos 900 nm). Como cerca de 99% do espectro solar estende-se entre 270 a 4.700 nm, o intervalo de sensibilidade desses sensores só compreende 66% da radiação.

As fotocélulas e termopilhas realizam medidas essencialmente diferentes. A fotocélula conta o número de fótons com energia maior que a diferença existente entre duas bandas de energia do material, com as quais esses fótons interagem (banda de energia proibida do silício). A energia em excesso dos fótons é simplesmente dissipada em forma de calor. Uma termopilha mede potência e, portanto, o momento de primeira ordem da distribuição espectral. Essa diferença dá origem a características espectrais qualitativamente diferentes, que complicam a análise da inter-relação entre ambos os tipos de sensores.

Se o espectro solar tivesse sempre a mesma distribuição, bastaria uma calibração desses sensores, que não seriam, portanto, afetados pela sua resposta espectral. No entanto, a distribuição espectral modifica-se com a massa de ar e a cobertura de nuvens. Essa mudança é muito importante para a componente direta normal da radiação e extremamente grande para a radiação difusa, ao ponto que, neste caso, a medição pode estar afetada de erros da ordem de 40%.

3.2.2 Instrumentos solarimétricos

A radiação total que atinge um plano horizontal localizado na superfície terrestre é a soma de duas componentes, a saber:

$$I_h = I_{bn} \cos(z) + I_d$$

onde,

I_{bn} é a irradiação solar direta normal,
z o ângulo formado pelos raios com o plano horizontal
e I_d é a irradiação solar difusa que incide sobre o plano horizontal.

Quando o plano coletor está inclinado de um ângulo β com relação ao plano horizontal, parte da radiação refletida no solo adjacente incide na sua superfície. Essa radiação constitui uma terceira componente, denominada albedo. Os instrumentos que são descritos a seguir se destinam à medição ou estimação da radiação total ou de uma das suas componentes ou, o que é mais comum, da sua integral ao longo de um dia. A medição do albedo, quando necessária, é realizada pelos mesmos instrumentos de medição de radiação total, sendo estes, porém, voltados para o solo.

Heliógrafo

Este instrumento tem por objetivo medir a duração da insolação, ou seja, o período de tempo em que a radiação solar direta supera um dado valor de referência. São instrumentos ainda de muita importância na agricultura, além de existir um grande número deles instalados em todo o mundo, já há muito tempo. O heliógrafo opera a partir da focalização da radiação solar sobre uma carta que, como resultado da exposição, é enegrecida. O comprimento dessa região mede o chamado número de horas de brilho do sol. Diversas correlações desenvolvidas permitem o cálculo da radiação total diária a partir das horas de brilho solar. Existe um limiar de radiação solar acima do qual ocorre o enegrecimento por queima da carta de papel do heliógrafo. Esse limiar apresenta uma variabilidade, dependendo da localização geográfica, do clima e do tipo da carta utilizada. Em geral, o valor do limiar está entre 100 e 200 W/m^2. Entretanto, uma recomendação da Organização Meteorológica Mundial (OMM) estabelece que o valor do limiar deve ser de 120 W/m^2 (WMO, 2003).

O instrumento recomendado para medição da insolação (número de horas de brilho do sol) é o heliógrafo do tipo Campbell-Stokes, com as cartas especificadas pelo Serviço Meteorológico Francês, em conformidade com a OMM. Esse equipamento consiste em uma esfera de vidro polida, que se comporta como uma lente convergente, montada de maneira tal que, em seu foco, se coloca a carta de papel para registro diário. Na Figura 3.4

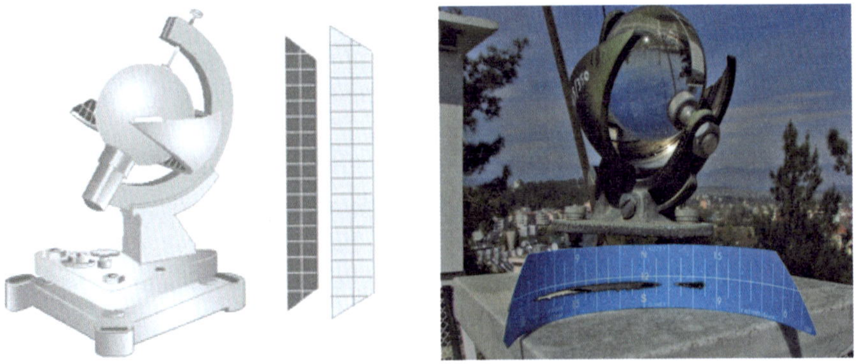

FIGURA 3.4 Heliógrafo Campbell-Stokes e cartas de registros.
Fonte: Tiba (2001).

podem ser observados um heliógrafo Campbell-Stokes e as respectivas cartas de registro.

Actinógrafo

Estes instrumentos, também conhecidos como piranógrafos, foram muito utilizados devido ao seu baixo custo. O actinógrafo é utilizado para medição da radiação solar total ou sua componente difusa, possuindo o sensor e o registrador na mesma unidade. Ele consiste, essencialmente, em um receptor com três tiras bimetálicas, a central de cor preta e as laterais brancas. As tiras brancas estão fixadas e a preta está livre em uma extremidade, e irão se curvar, quando iluminadas, em consequência dos diferentes coeficientes de dilatação dos metais que as compõem. Na tira preta, este encurvamento gera um movimento no extremo livre, que é transmitido mecanicamente a uma pena que registrará sobre uma carta de papel montada sobre um tambor acionado por mecanismo de relojoaria. Um actinógrafo bimetálico tipo Robitzsch-Fuess é mostrado a seguir, na Figura 3.5. Os actinógrafos só devem ser utilizados para medição de totais diários de radiação, sendo, para isso, necessária a planimetria da carta com o registro. As características do instrumento, incluindo a própria planimetria do registro, levam a erros na faixa de 15 a 20%. Mesmo com uma calibração mensal, esses erros não são inferiores aos 5 a 10%, sendo considerado um instrumento de terceira classe. Entretanto, estudos recentes mostram a possibilidade de melhorar consideravelmente a precisão dos resul-

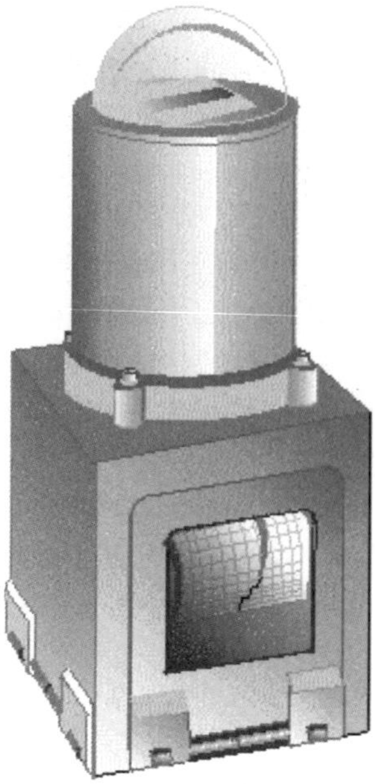

FIGURA 3.5 Actinógrafo bimetálico do tipo Robitzsch-Fuess.
Fonte: Tiba (2001).

tados, reduzindo o erro para cerca de 4% (ESTEVES; ROSA, 1989). Esses instrumentos têm boa linearidade e boa resposta espectral, porém não há boa compensação de temperatura, e o tempo de resposta é lento. Seu custo estimado é da ordem de US$ 500,00, mas é necessária a aquisição de um planímetro para totalização de registro obtido na carta.

Piranômetro fotovoltaico

O custo dos piranômetros de primeira e segunda classe, que serão descritos a seguir, tem promovido o interesse pelo desenvolvimento e utilização de instrumentos com sensores fotovoltaicos de custos mais reduzidos. Trabalhos publicados mostram as possibilidades desses instrumentos, seja para usos isolados ou como integrantes de uma rede solarimétrica (MICHALSKY; HARRISON; LEBARON, 1987; GALLEGOS; ATIENZA; GARCIA, 1987). Esses solarímetros possuem como elemento sensor uma célula fotovoltaica, em geral de silício monocristalino. As fotocélulas têm a propriedade de produzir uma corrente elétrica quando iluminada, sendo esta corrente, na condição de curto-circuito, proporcional à intensidade da radiação incidente.

Tais piranômetros têm recebido diversas críticas, particularmente quanto a sua resposta espectral, ou seja, a seletividade do espectro solar parcial. Esse fenômeno é inerente ao sensor e, em consequência, incorrigível. Outras questões, como a refletividade das células e dependência da resposta com a temperatura, já têm soluções plenamente satisfatórias (ATIENZA, 1993). De qualquer forma, seu baixo custo e facilidade de uso os fazem particularmente úteis como instrumentos secundários. Entretanto, sua utilização é recomendada para integrais diárias de radiação solar total sobre o plano horizontal ou para observar pequenas flutuações da radiação devido a sua grande sensibilidade temporal de resposta quase instantânea, cerca de 10 s.

Tal sensor, mostrado na Figura 3.6, é muito estável, com uma degradação de sensibilidade menor que 2% ao ano. Os custos desses instrumentos estão na faixa de US$ 130-300 (MICHALSKY; HARRISON; LEBARON, 1987; GALLEGOS; ATIENZA; GARCIA, 1987).

Piranômetro termoelétrico

O elemento sensível destes solarímetros é, em essência, uma pilha termoelétrica constituída por pares termoelétricos (termopares) em série. Tais termopares geram uma tensão elétrica proporcional à diferença de temperatura entre suas juntas, as quais se encontram em contato térmico com placas metálicas que se aquecem de forma distinta quando iluminadas. Portanto, a diferença de potencial medida na saída do instrumento pode ser relacionada com o nível de radiação incidente.

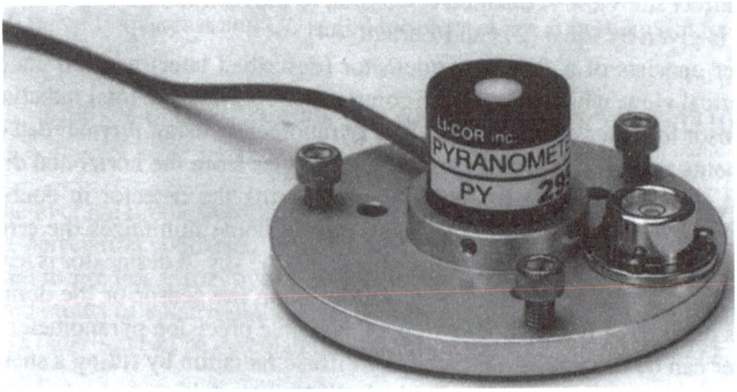

FIGURA 3.6 Sensor piranométrico fotovoltaico.
Fonte: Tiba (2001).

Dentre os piranômetros termoelétricos existem, essencialmente, dois tipos em uso, sendo eles (ATIENZA, 1993): a) Piranômetro com o detector pintado de branco e preto, isto é, o receptor apresenta, alternativamente, superfícies brancas e pretas, dispostas em coroas circulares concêntricas ou com outros formatos, tais como estrela ou quadriculados. Nesses instrumentos, as juntas quentes das termopilhas estão em contato com as superfícies negras, altamente absorventes, e as frias, em contato com as superfícies brancas, de grande refletividade. b) Piranômetros com a superfície receptora totalmente enegrecida em contato térmico com as juntas quentes e as frias, associadas a um bloco de metal de grande condutividade térmica, colocadas no interior do instrumento, resguardadas da radiação solar e tendo, aproximadamente, a temperatura do ar.

Os piranômetros mais difundidos dentro do tipo Black & White são: Eppley 8-48 (Estados Unidos), mostrado na Figura 3.7; o Cimel CE-180 (França); o Star ou Shenk (Áustria) e o M-80M (Rússia). Desses, o Eppley 8-48 e o CE-180 ofereceu compensação em temperatura. Dentre os piranômetros com superfície receptora totalmente preta, os mais usados são o Eppley PSP (Estados Unidos), visto na Figura 3.8, e o Kipp & Zonen CM-5, CM-10, CM21 e CM22 (Holanda). O CM22 é um instrumento de grande precisão e é considerado um padrão secundário; o Eppley PSP e o CM21 são instrumentos de precisão e considerados de primeira classe.

Os piranômetros de primeira classe têm boa precisão, na faixa de 2 a 5%, dependendo do tipo utilizado. Tais instrumentos podem ser usados para medir radiação em escala diária, horária ou até menor, o que vai depender mais da programação do equipamento de aquisição de dados associado (LYRA; FRAIDENRAICH; TIBA, 1993).

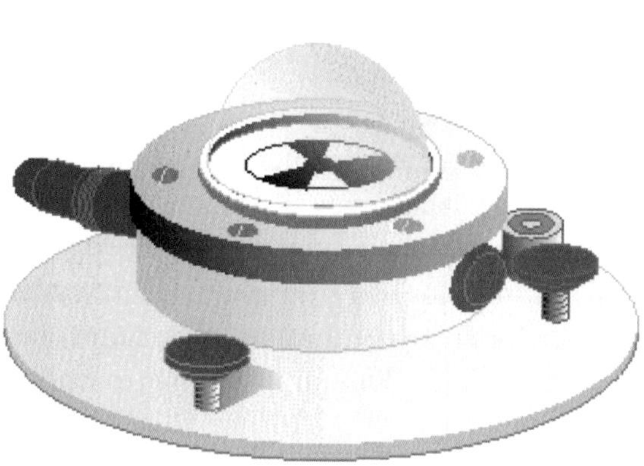

FIGURA 3.7 Piranômetro do tipo Black & White.
Fonte: Tiba (2001).

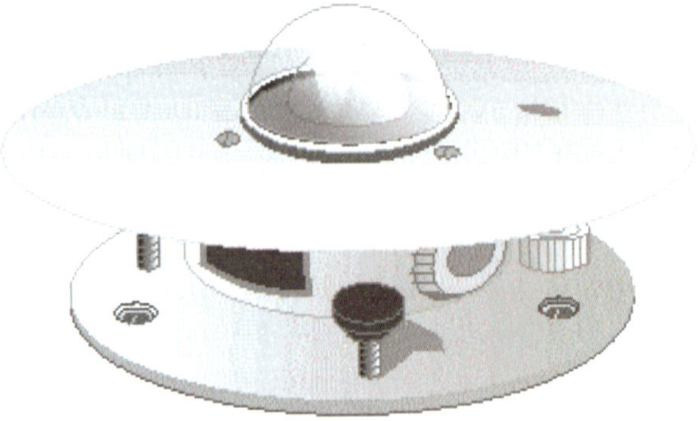

FIGURA 3.8 Piranômetro de precisão de primeira classe.
Fonte: Tiba (2001).

Piro-heliômetro

O piro-heliômetro é o instrumento utilizado para medir a radiação direta. Ele se caracteriza por possuir uma pequena abertura, de forma a se "ver" apenas o disco solar e a região vizinha, denominada circunsolar. O ângulo de aceitação é da ordem de 6º e o instrumento segue o movimento do sol, que é permanentemente focalizado na região do sensor. Em geral, utiliza-se uma montagem equatorial com movimento em torno de um único eixo, que é ajustado periodicamente para acompanhar a mudança do ângulo de declinação do sol. O fato de o piro-heliômetro ter um ângulo de aceitação que permite medir a radiação circunsolar pode levar a certos equívocos com relação à intensidade da radiação direta que incide e é aceita por coletores concentradores, cujo ângulo de aceitação, habitualmente, é menor que o ângulo de aceitação do instrumento. Essa diferença requer e pode ser objeto de correção.

Os piro-heliômetros são instrumentos de precisão e, quando adequadamente utilizados nas medições, apresentam erro na faixa de 0,5%. Na atualidade, os mais difundidos são os de termopilhas.

Os piro-heliômetros de termopares são os equipamentos normalmente utilizados para medições em campo da radiação solar direta normal. Nesse tipo de piro-heliômetros, o princípio operacional é semelhante ao dos piranômetros termoelétricos. Os mais difundidos são o Eppley NIP (Normal Incidence Pyrheliometer) e o Kipp & Zonen Pyrheliometer, fabricados, respectivamente, nos Estados Unidos e na Holanda. Um piro-heliômetro Eppley NIP pode ser visto na Figura 3.9.

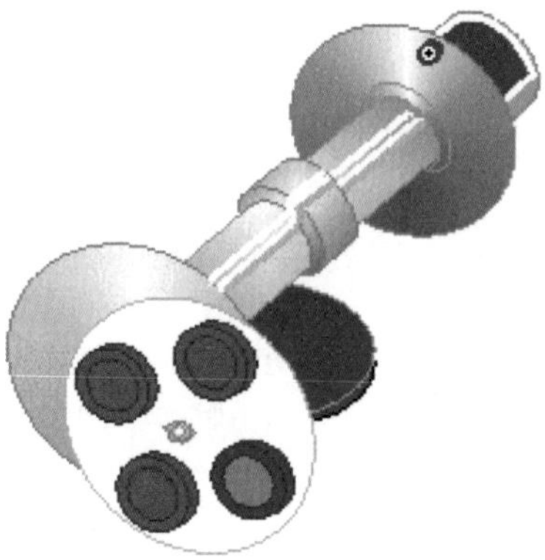

FIGURA 3.9 Piro-heliômetro de incidência normal (NIP) Eppley.
Fonte: Tiba (2001).

Medição da radiação solar difusa

As medições de radiação difusa são realizadas com piranômetros ou mesmo actinógrafos cujos sensores se encontram sombreados por uma banda ou disco, de forma a não incidir radiação solar direta. O mais tradicional é o uso da banda de sombra em forma de aro ou semiaro, colocada em paralelo com a eclíptica. Dessa forma, o sensor estará sombreado durante todo o dia, conforme a Figura 3.10. Se simultaneamente, por meio do uso de outro piranômetro, for medida a irradiação global no plano horizontal, será possível, mediante uma simples subtração, estimar a irradiação solar direta no plano horizontal e, posteriormente, a sua conversão para incidência normal.

A inconveniência desse sistema é a necessidade do ajuste manual quase diário da banda de sombra. Para contornar essa limitação, o mercado dispõe de duas alternativas: a banda de sombra rotatória e outra conhecida como dis-

FIGURA 3.10 Piranômetro com banda de sombra para medição de radiação difusa.
Fonte: Tiba (2001).

co de sombreamento com seguimento solar em dois eixos. A banda de sombra rotatória é constituída de um sensor fotovoltaico colocado em um plano horizontal e uma banda de sombra que gira em um eixo com orientação polar (Figura 3.11). É uma solução relativamente mais barata, porém também mais imprecisa. A solução de precisão é constituída por um seguidor solar em dois eixos, de grande precisão, que guia um disco sombreador. Na base do seguidor existe um suporte para dois piranômetros e um piro-heliômetro. Um dos piranômetros será sombreado continuamente pelo disco de sombreamento e o outro não (Figura 3.12).

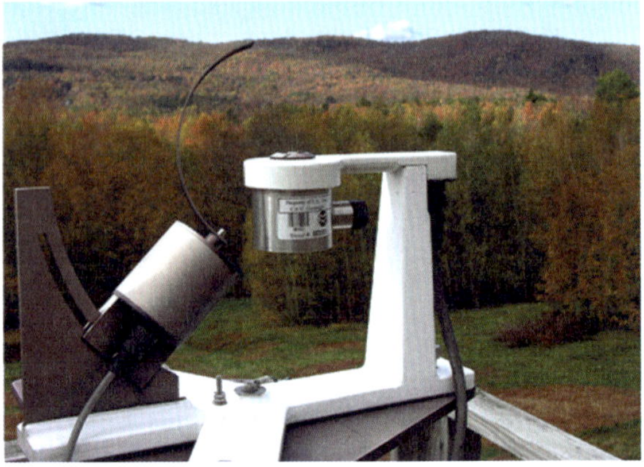

FIGURA 3.11 Piranômetro (fotodiodo) com banda de sombra rotatória.
Fonte: YES (2020).

FIGURA 3.12 Piranômetro com disco seguidor em dois eixos.
Fonte: Kipp and Zonen (2020).

Complementam a estação solarimétrica os sensores para medição da velocidade e direção do vento e temperatura e umidade do ar (Figura 3.13).

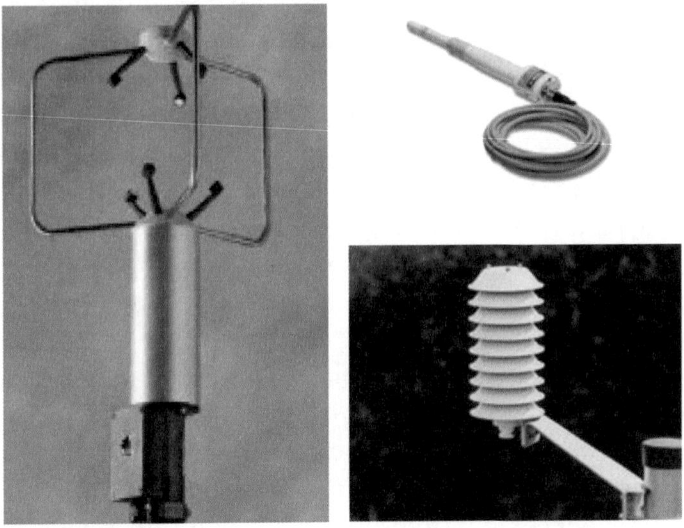

FIGURA 3.13 Sensor ultrassônico para velocidade e direção do vento e o termo-hidrógrafo. Fonte: Campbell Scientific (2020).

3.3 ESTIMAÇÃO DA IRRADIAÇÃO SOLAR NA SUPERFÍCIE TERRESTRE

A escassez de informações precisas sobre a irradiação solar disponível em uma determinada localidade é um dos fatores limitativos no desenvolvimento de áreas como agropecuária, meteorologia, engenharia florestal, recursos hídricos e, particularmente, para a área da conversão da energia solar. No Brasil, Tiba et al. (2001) fizeram um levantamento das informações solarimétricas terrestres existentes, constatando a grande escassez dessas informações (principalmente na escala diária) para a maioria das localidades brasileiras, provavelmente explicada tanto pelos altos custos dos equipamentos utilizados na obtenção desses dados, como também pela grande extensão territorial. A mesma situação ocorre em outras localidades do mundo; mesmo em países dotados de boas redes solarimétricas, a complementação das informações é feita mediante modelagens. Os principais tipos de modelagens são: correlações ou modelagens estatísticas estacionárias ou sequenciais e estimação via imagens de satélites ou mediante o uso de redes neurais artificiais.

A correlação estatística experimental entre a irradiação solar total e outras variáveis medidas rotineiramente em estações meteorológicas convencionais permite estabelecer modelos polinomiais ou com múltiplas variáveis (ANGSTROM, 2001; AKINOGLU; ECEVIT, 1990; YANG; HUANG; TAMAI, 2001). A mais conhecida e utilizada é um modelo linear conhecido como correlação de ANGSTROM. A modelagem estatística sequencial – geração de séries temporais sintéticas da irradiação solar diária que reproduzam as principais características estatísticas das séries históricas, viabilizando a simulação e a avaliação de desempenho dos sistemas solares a longo prazo – é baseada no conceito da cadeia de Markov. Os modelos baseados no conceito da cadeia de Markov podem ser divididos em duas subclasses: os modelos em que os choques aleatórios, parte não controlável do modelo normalmente chamada de ruído branco e que fazem evoluir o sistema de um estado ao seguinte, são introduzidos explicitamente na equação que calcula o estado a cada instante, denominados modelos Autorregressivos de Média Móvel (ARMA), e aqueles em que esses choques são introduzidos implicitamente, via um algoritmo que descreve a evolução de um estado a outro, de acordo com certas probabilidades de transição. Este último método é conhecido como modelo baseado na Matriz de Transição de Markov (MTM) (AGUIAR; COLLARES-PEREIRA; CONDE, 1988). Essas metodologias requerem, como dados de entrada, o valor da irradiação solar média mensal e somente produzem séries temporais univariadas.

O sinal registrado por um radiômetro a bordo do satélite é decorrente do fluxo de radiação solar refletido pela atmosfera terrestre ao espaço. O princípio da conservação de energia aplicado no sistema Terra-atmosfera expressa que a irradiação solar incidente no topo da atmosfera é igual à soma da irradiação refletida (medida pelo satélite), a irradiação absorvida pela atmosfera e pela superfície da Terra. A irradiação solar na superfície da Terra está relacionada com a irradiação absorvida de forma direta e pode ser facilmente calculada dado o albedo (refletividade da superfície terrestre).

Porém, devido à dificuldade de estimar a irradiação solar absorvida pela atmosfera e o albedo, dois métodos foram desenvolvidos para contornar esse problema: o estatístico e o físico. O método estatístico trata-se da medição experimental simultânea do radiômetro do satélite e a irradiação solar total local na superfície terrestre (TARPLEY, 1979). O método físico é baseado na modelagem física dos processos radiativos decorrentes da passagem da luz solar na atmosfera (GAUTIER; DIAK; MASSE, 1980; STUHLMANN; RIELAND; RASCHKE, 1990; JANJAI; PANKAEW; LAKSANABOONSONG, 2009).

As Redes Neurais Artificiais (RNA) têm sido aceitas como uma tecnologia alternativa para a análise de problemas de engenharia de grande complexidade e imprecisamente definidos. A radiação solar pode ser considerada um problema clássico a ser abordado por RNA pelas seguintes considerações: a) robustez, devido a sua capacidade de manejar bem as sequências temporais da irradiação solar com falhas (é frequente a ocorrência de falhas na sequência temporal); b) o sistema climático no qual está inserida a irradiação solar é complexo, imprecisamente definido e tem muitos parâmetros físicos inter-relacionados; c) existe uma quantidade muito grande de informações meteorológicas, em nível espacial e temporal, rotineiramente medidas em estações meteorológicas. Os estudos referentes à aplicação da metodologia das RNAs para geração das séries sintéticas da irradiação solar estão agrupados de acordo com duas abordagens distintas: trabalhos que realizam a interpolação espacial mediante a utilização de dados referentes a várias localidades situadas dentro de uma determinada região; e uma segunda abordagem, onde estão agrupados os trabalhos que realizam a interpolação temporal baseada no conhecimento da correlação existente entre a irradiação solar e outras variáveis meteorológicas medidas simultaneamente (SIQUEIRA; TIBA; FRAIDENRAICH, 2010; MELLIT et al., 2005; TYMVIOS et al., 2005). A grande vantagem dessa metodologia é a sua capacidade de produzir, facilmente, séries temporais multivariadas.

3.4 INFORMAÇÕES SOLARIMÉTRICAS EXISTENTES NO BRASIL

As informações solarimétricas mais antigas do Brasil referem-se a dados sinópticos de horas de brilho de sol de uma extensa rede de medidas meteorológicas do INMET. Historicamente, as medições de horas de brilho solar foram realizadas para fins agrícolas e não energéticos. Existe um banco de dados digital com 291 estações meteorológicas convencionais que cobre o período de 1961 a 2010. Na segunda metade da década de 1970, o INMET instalou 21 estações de medições piranométricas que funcionaram por, aproximadamente, 10 anos (1978-1990). Cabe ressaltar, também, os esforços regionais e locais de inúmeros pesquisadores que fizeram medição de horas de brilho solar e radiação solar com actinógrafos (TIBA et al., 2001). Na segunda metade da década de 1980, a CEMIG estabeleceu uma rede piranométrica de 15 estações e mediu durante, aproximadamente, quatro anos.

Em 2001, Tiba et al. lançaram o *Atlas Solarimétrico do Brasil: Banco de dados terrestres*. Tratou-se da elaboração de um atlas solarimétrico preliminar para o Brasil, a partir do levantamento de dados solarimétricos já existentes, não sendo previsto nenhum tratamento adicional de dados actinográficos ou heliográficos. O atlas é uma síntese dos diversos levantamentos solarimétricos locais realizados anteriormente por diferentes pesquisadores. Esse conjunto de dados exibia uma fragmentação espacial, temporal e problemas de padronização. Nesse atlas, os dados foram analisados, harmonizados e organizados em um banco de dados de informações solarimétricas. Foram elaborados 12 mapas mensais e um anual das horas de brilho solar e irradiação solar global e um banco de dados com mais de 570 locais no Brasil e países limítrofes.

Em 1998, foi lançado o *Atlas de Irradiação Solar do Brasil* com modelagem da irradiação solar mensal total via imagens de satélite (COLLE; PEREIRA, 1998). O referido atlas é uma consolidação da irradiação global, computados com o algoritmo do modelo físico BRAZILSR, com base em dados de satélite geoestacionário. O modelo BRAZILSR foi baseado no modelo físico IGMK (Alemanha), transferido ao Laboratório de Energia Solar do Departamento de Engenharia Mecânica da UFSC (LABSOLAR) no contexto de um acordo de cooperação. O algoritmo mencionado utilizou os dados do satélite GOES. Os dados calculados foram validados com dados coletados pela rede de estações do INMET (1985-1986), do LABSOLAR e ABRAÇOS-INPE (1995-1998). Mais recentemente, em 2007, dentro do contexto do projeto SWERA – Solar and Wind Energy Resource Assessment, o referido atlas foi atualizado e ampliado. O projeto SWERA foi executado no Brasil por meio de cooperação entre diversas instituições do setor energético e institutos de pesquisa nacionais e internacionais (LABSOLAR/UFSC, CEPEL, NREL, CBEE, ELETROBRÁS, NOS, etc.), sob a coordenação da Divisão de Clima e Meio Ambiente do Centro de Previsão do Tempo e Estudos Climáticos, ligado ao Instituto Nacional de Pesquisas Espaciais (DMA/CPTEC/INPE) e financiamento do Programa das Nações Unidas para o Meio Ambiente (PNUMA) e do Fundo Global para o Meio Ambiente (GEF).

Esse esforço coletivo para melhorar a base de dados solarimétricos, cujo renascimento ocorreu na segunda metade da década de 1990, também provocou o ressurgimento de redes de medições de qualidade. A rede de medição Sistema de Organização Nacional de Dados Ambientais (SONDA), coordenada pelo CPTEC, começou a operar em 2003 e consta de 12 estações terrestres espalhadas pelo Brasil: um no Norte, quatro no Nordeste, quatro no Centro-Oeste, um no Sudeste e dois no Sul. As estações medem as seguintes variáveis solarimétricas em escala de minuto: radiação solar global, difusa e direta normal. Atualmente, a rede SONDA continua operacional e produzindo informações de qualidade. O Grupo FAE-DEN-UFPE, em colaboração com UFAL, instalou uma rede de medição da irradiação solar global com nove estações no Estado de Alagoas e três em Pernambuco. Essas estações de alta qualidade (calibração dos sensores anuais) são operacionais desde 2008. Em julho de 2011, completará uma série histórica de 4 anos, em escala de minutos. A CEMIG instalou cinco estações de alto desempenho em 2012. Finalmente, cabe mencionar que o CPTEC e o INMET possuem uma extensa rede de medições meteorológicas automáticas com aquisição remota via satélite. Essas estações incluem piranômetros baseados em fotodiodos.

3.5 O ATLAS SOLARIMÉTRICO DO BRASIL – BANCO DE DADOS TERRESTRES

3.5.1 Introdução

A informação sobre a irradiação solar na superfície da Terra é muito importante para uma variedade de áreas tecnológicas, tais como: agricultura, meteorologia, recursos hídricos e, particularmente, para uma nova e crescente área tecnológica associada ao aproveitamento energético da energia solar. O crescimento sustentado e a reprodução ampliada dessa tecnologia no mercado dependem fortemente dos aspectos econômicos e da confiabilidade dos sistemas solares instalados. Essas duas características são o resultado de um projeto bem elaborado que é, entre outras, a consequência de um conhecimento preciso do potencial do recurso solar local. Pelo que antecede, a difusão e o melhor conhecimento do potencial do recurso solar não só é uma necessidade como também é um imperativo para a aceleração da utilização da energia solar no Brasil.

As fontes de informações sobre o potencial do recurso solar no Brasil são diversas, envolvendo uma grande variedade institucional e de tipo de publicações. Em nível institucional, podemos citar: Institutos Nacionais e Estaduais de Meteorologia, Secretarias Estaduais de Agricultura, Universidades, geradoras e distribuidoras de energia elétrica, entre outros. As publicações existentes são: relatórios de instituições governamentais, de grupos de pesquisas e publicações científicas nacionais ou internacionais. A qualidade das informações varia consideravelmente, pois apresentam grandes descontinuidades espaciais e temporais, e ausência de padronização no que concerne aos instrumentos e metodologias de medição.

Para mitigar essa situação, foi finalizado, em 2001, o *Atlas Solarimétrico do Brasil* (TIBA et al., 2001). Foi o primeiro atlas solarimétrico elaborado no Brasil, com dados exclusivamente terrestres de irradiação solar e horas de brilho solar. Seus objetivos gerais foram recuperar, qualificar, padronizar e disponibilizar as informações sobre irradiação solar existente no Brasil e que foram medidas em estações terrestres. A publicação apresenta as informações em formas de mapas de isolinhas de radiação solar e insolação, tabelas numéricas e sumários analíticos das publicações feitas sobre o tema nos últimos quarenta anos.

É um instrumento dedicado ao conhecimento e à exploração do recurso solar no Brasil e pretende-se que seja uma ferramenta que outorgue confiabilidade aos projetos de sistemas solares, seja pela disponibilização das informações mediante um extenso banco de dados interativo, como também pela inclusão de um moderno instrumento de cálculo da radiação solar incidente em planos com diferentes inclinações ou com acompanhamento do sol em 1 ou 2 eixos. A distribuição espacial da radiação solar diária, médias mensais e anual incidente sobre o Brasil é apresentada em 13 mapas coloridos, juntamente com os procedimentos metodológicos utilizados para a harmonização das informações e elaboração dos mapas. É mostrado, também, um mapa da localização das estações terrestres piranométricas e actinográficas, cujas informações foram utilizadas para a elaboração desses mapas. As informações compreendem o período de 1978 a 1990. Da mesma forma, são apresentados 14 mapas coloridos com a insolação diária, médias mensais e anual, e o mapa da localização das estações heliográficas. O CD-ROM contém uma base de dados com mais de 500 estações localizadas no Brasil e nas regiões limítrofes dos países vizinhos. São informações sobre radiação solar global diária, média mensal, ou insolação diária, média mensal. Nessa base de dados está incluído um mecanismo de busca que permite a pesquisa por navegação em mapas ou pela digitação do local procurado. As informações localizadas podem ser impressas na forma de relatórios. Está incluído no CD um programa de computador que permite usar as informações da base de dados para a realização dos seguintes cálculos: estimativas da radiação solar em um plano fixo, com orientação Norte-Sul e com inclinação qualquer; estimativas da radiação solar em um plano com acompanhamento do sol em um e dois eixos e geração de séries sintéticas com a Metodologia das Matrizes de Markov (Matrix Transition Markov). Finalmente, é mostrado nesse trabalho como as informações e/ou ferramentas de cálculo incluídas no atlas podem ser utilizadas para o estudo ou o dimensionamento de sistemas fotovoltaicos. Três casos-exemplos são descritos: a) a obtenção da radiação solar diária média mensal de localidades onde somente existem dados de horas de brilho de sol; b) o dimensionamento simplificado de um sistema energético fotovoltaico autônomo; e c) a simulação detalhada de um sistema energético fotovoltaico autônomo.

3.5.2 Descrição do atlas

O CD-ROM ATLAS SOLARIMÉTRICO DO BRASIL é constituído de quatro módulos: mapas de isolinhas de radiação solar e insolação, banco de dados de radiação solar e insolação, ferramenta computacional de cálculo da radiação solar em planos com diversas orientações e uma relação das publicações sobre o tema. A Figura 3.14 mostra o *menu* principal do atlas.

Mapas de isolinhas da radiação solar

O atlas contém 13 mapas de radiação solar diária, médias mensais e anual, 13 mapas de número de horas de brilho de sol (insolação) diário, médias mensais e anual e dois mapas com a localização de todas as estações meteorológicas cujas informações foram utilizadas na elaboração dos mapas de isolinhas de radiação e insolação. A Figura 3.15 mostra o mapa da radiação solar diária, média anual. Cabe ressaltar que as cartas de isolinhas da radiação solar são úteis para a avaliação do potencial energético solar em macro ou mesorregiões. É importante ter em mente que a escolha de um local para a instalação de um ou mais sistemas solares baseado nessas isolinhas é preliminar, indicando apenas o potencial dessa região. A escolha final exigirá uma detalhada informação local, se possível com medições, tanto no que concerne aos seus valores como também a sua variação temporal.

FIGURA 3.14 *Menu* principal do CD-ROM *Atlas Solarimétrico do Brasil*.
Fonte: Grupo FAE – Tiba et al. (2001).

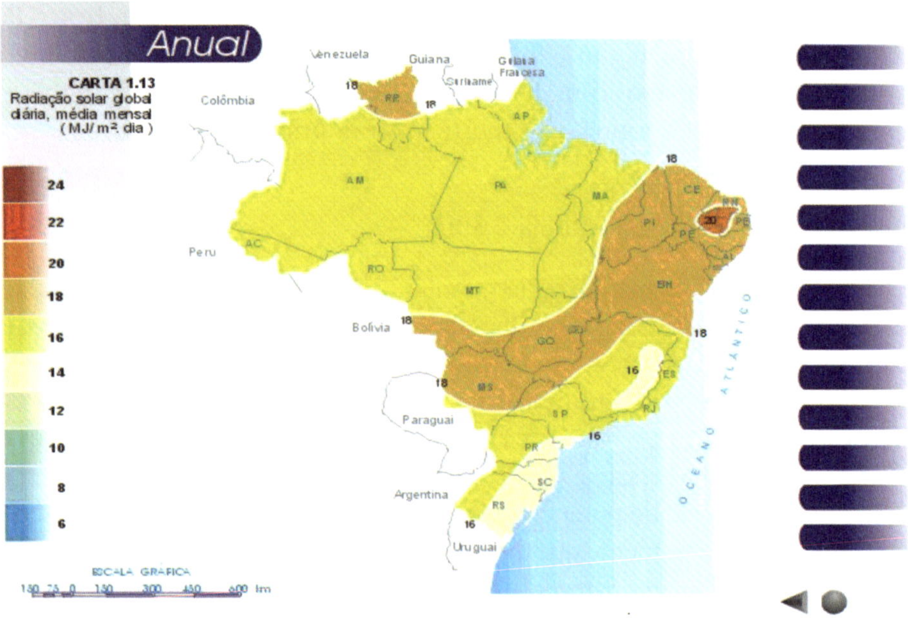

FIGURA 3.15 Radiação solar diária, média anual, para o Brasil.
Fonte: Grupo FAE – Tiba et al. (2001).

Banco de dados de radiação solar e insolação

O banco de dados de radiação solar e insolação apresenta informações sobre 567 localidades brasileiras. A Figura 3.16 mostra os locais no Brasil onde existem informações sobre radiação solar diária, médias mensais, medidas com piranômetros e actinógrafos. Na Figura 3.17 são vistos os locais onde existem registros de horas de brilho de sol ou insolação feitos com heliógrafos Campbell-Stokes.

A consulta ao banco de dados do Atlas Solarimétrico do Brasil pode ser feita por dois modos de navegação: por estação e por mapa, conforme pode ser visto na Figura 3.18. No primeiro modo de navegação, uma dada estação pode ser escolhida através de uma barra de rolamento que apresenta os locais em ordem alfabética e no segundo modo, através de um "click de mouse" no

FIGURA 3.16 Distribuição espacial das estações piranométricas e actinográficas.
Fonte: Grupo FAE – Tiba et al. (2001).

FIGURA 3.17 Distribuição espacial das estações heliográficas.
Fonte: Grupo FAE – Tiba et al. (2001).

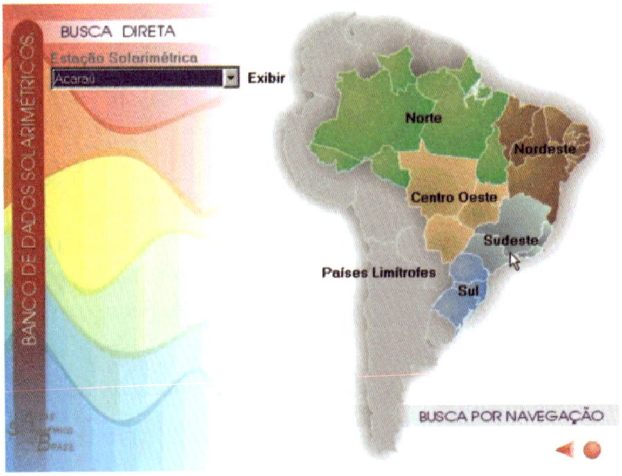

FIGURA 3.18 Modos de navegação no banco de dados solarimétrico.
Fonte: Grupo FAE – Tiba et al. (2001).

mapa. A Figura 3.19 mostra uma visão expandida da região sudeste, particularmente o estado de Minas Gerais, no modo mapa de navegação. Similarmente, fazendo-se o mesmo para a região Nordeste, com "clicks" sucessivos, Nordeste, Pernambuco, Recife obtém-se a informação local para Recife mostrado na Figura 3.20.

Programa de cálculo da radiação solar

As principais características do algoritmo de cálculo da radiação solar incorporado no CD-ROM Atlas são:

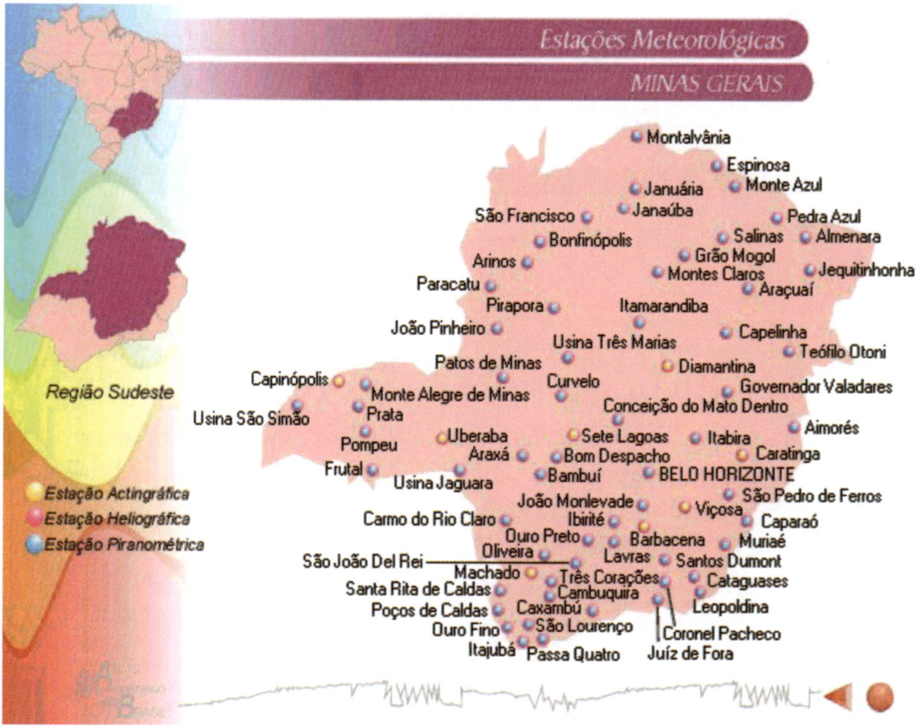

FIGURA 3.19 Visão expandida da região Sudeste, particularmente do estado de MG.
Fonte: Grupo FAE – Tiba et al. (2001).

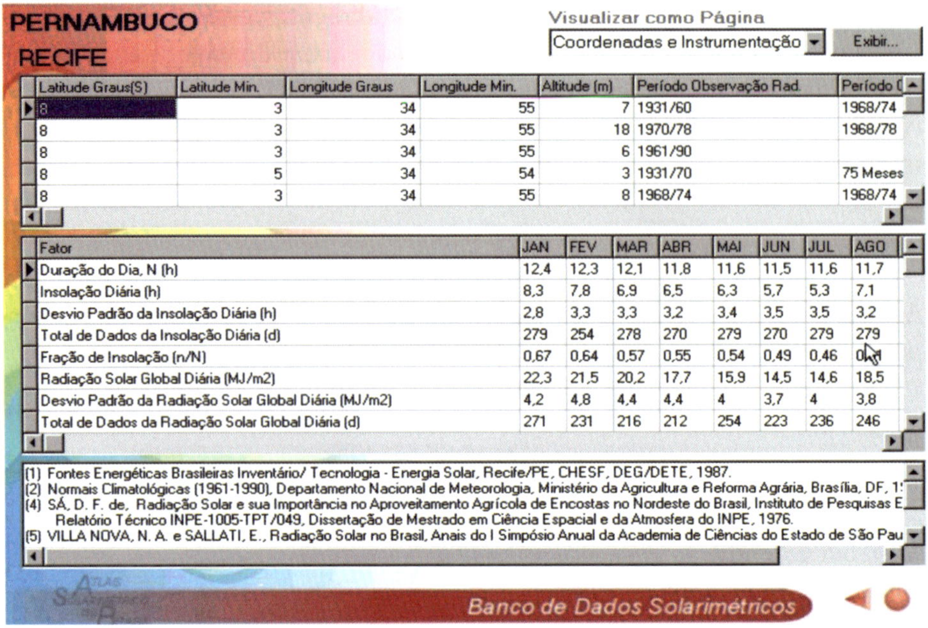

PERNAMBUCO
RECIFE
Visualizar como Página
Coordenadas e Instrumentação
Exibir...
Latitude Graus(S) | Latitude Min. | Longitude Graus | Longitude Min. | Altitude (m) | Período Observação Rad. | Período
8 | 3 | 34 | 55 | 7 | 1931/60 | 1968/74
8 | 3 | 34 | 55 | 18 | 1970/78 | 1968/78
8 | 3 | 34 | 55 | 6 | 1961/90
8 | 5 | 34 | 54 | 3 | 1931/70 | 75 Meses
8 | 3 | 34 | 55 | 8 | 1968/74 | 1968/74
Fator | JAN | FEV | MAR | ABR | MAI | JUN | JUL | AGO
Duração do Dia, N (h) | 12,4 | 12,3 | 12,1 | 11,8 | 11,6 | 11,5 | 11,6 | 11,7
Insolação Diária (h) | 8,3 | 7,8 | 6,9 | 6,5 | 6,3 | 5,7 | 5,3 | 7,1
Desvio Padrão da Insolação Diária (h) | 2,8 | 3,3 | 3,3 | 3,2 | 3,4 | 3,5 | 3,5 | 3,2
Total de Dados da Insolação Diária (d) | 279 | 254 | 278 | 270 | 279 | 270 | 279 | 279
Fração de Insolação (n/N) | 0,67 | 0,64 | 0,57 | 0,55 | 0,54 | 0,49 | 0,46
Radiação Solar Global Diária (MJ/m2) | 22,3 | 21,5 | 20,2 | 17,7 | 15,9 | 14,5 | 14,6 | 18,5
Desvio Padrão da Radiação Solar Global Diária (MJ/m2) | 4,2 | 4,8 | 4,4 | 4,4 | 4 | 3,7 | 4 | 3,8
Total de Dados da Radiação Solar Global Diária (d) | 271 | 231 | 216 | 212 | 254 | 223 | 236 | 246
(1) Fontes Energéticas Brasileiras Inventário/ Tecnologia - Energia Solar, Recife/PE, CHESF, DEG/DETE, 1987.
(2) Normais Climatológicas (1961-1990), Departamento Nacional de Meteorologia, Ministério da Agricultura e Reforma Agrária, Brasília, DF, 1
(4) SÁ, D. F. de, Radiação Solar e sua Importância no Aproveitamento Agrícola de Encostas no Nordeste do Brasil, Instituto de Pesquisas E
Relatório Técnico INPE-1005-TPT/049, Dissertação de Mestrado em Ciência Espacial e da Atmosfera do INPE, 1976.
(5) VILLA NOVA, N. A. e SALLATI, E., Radiação Solar no Brasil, Anais do I Simpósio Anual da Academia de Ciências do Estado de São Pau
Banco de Dados Solarimétricos

FIGURA 3.20 Informação para um local particular: Recife, PE, NE do Brasil.
Fonte: Grupo FAE – Tiba et al. (2001).

- Um banco de dados personalizado que permite incorporar facilmente as localidades objetos de cálculos (Figura 3.21).
- Capacidade de calcular a radiação solar horária ou diária incidente sobre um plano com azimute zero e inclinado em relação à horizontal local ou com rastreamento do sol em um ou dois eixos.
- Apresentação dos dados gerados anteriormente na forma de tabelas, gráficos ou arquivo eletrônico (Figuras 3.22 e 3.23).
- Geração de séries temporais em escala horária ou diária (Figura 3.24).

Para todos os cálculos, os dados de entrada necessários são os 12 valores médios mensais da radiação solar no local, além da latitude.

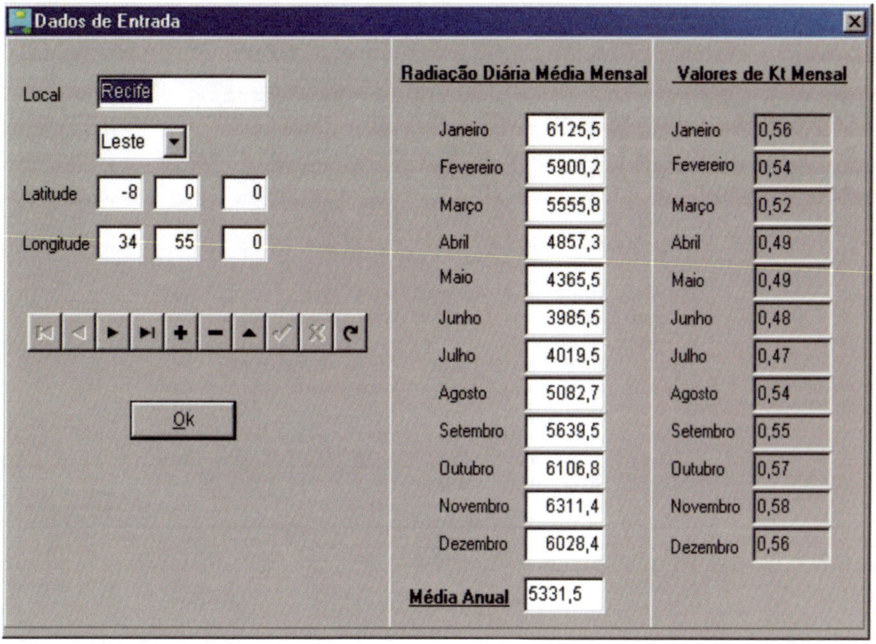

FIGURA 3.21 Banco de dados personalizado.
Fonte: Grupo FAE – Tiba et al. (2001).

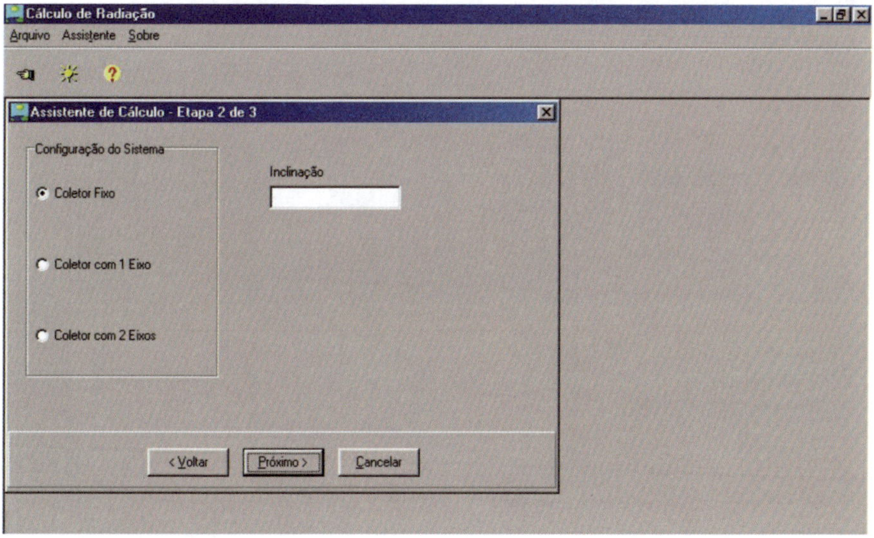

FIGURA 3.22 *Menu* para escolha da configuração geométrica do sistema solar: coletor fixo, rastreamento do sol em um ou dois eixos.
Fonte: Grupo FAE – Tiba et al. (2001).

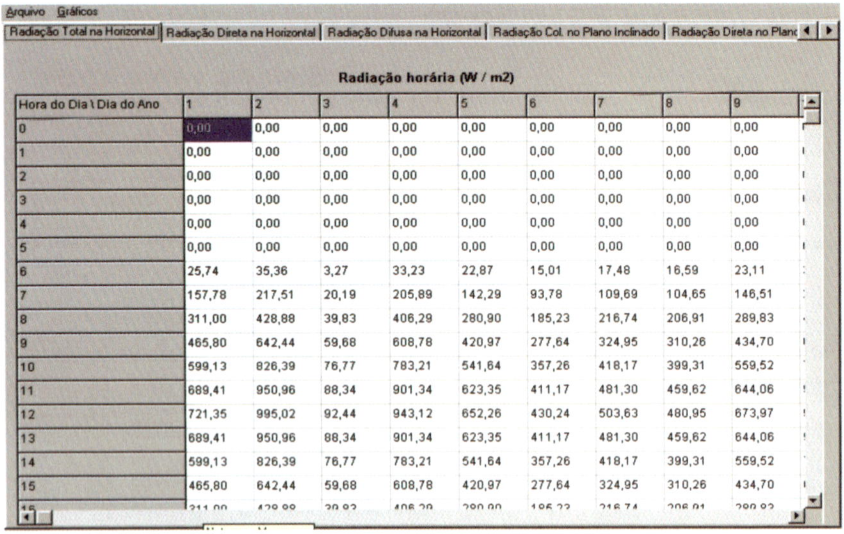

Hora do Dia \ Dia do Ano	1	2	3	4	5	6	7	8	9
0	0,00	0,00	0,00	0,00	0,00	0,00	0,00	0,00	0,00
1	0,00	0,00	0,00	0,00	0,00	0,00	0,00	0,00	0,00
2	0,00	0,00	0,00	0,00	0,00	0,00	0,00	0,00	0,00
3	0,00	0,00	0,00	0,00	0,00	0,00	0,00	0,00	0,00
4	0,00	0,00	0,00	0,00	0,00	0,00	0,00	0,00	0,00
5	0,00	0,00	0,00	0,00	0,00	0,00	0,00	0,00	0,00
6	25,74	35,36	3,27	33,23	22,87	15,01	17,48	16,59	23,11
7	157,78	217,51	20,19	205,89	142,29	93,78	109,69	104,65	146,51
8	311,00	428,88	39,83	406,29	280,90	185,23	216,74	206,91	289,83
9	465,80	642,44	59,68	608,78	420,97	277,64	324,95	310,26	434,70
10	599,13	826,39	76,77	783,21	541,64	357,26	418,17	399,31	559,52
11	689,41	950,96	88,34	901,34	623,35	411,17	481,30	459,62	644,06
12	721,35	995,02	92,44	943,12	652,26	430,24	503,63	480,95	673,97
13	689,41	950,96	88,34	901,34	623,35	411,17	481,30	459,62	644,06
14	599,13	826,39	76,77	783,21	541,64	357,26	418,17	399,31	559,52
15	465,80	642,44	59,68	608,78	420,97	277,64	324,95	310,26	434,70

FIGURA 3.23 Apresentação em forma de tabela da radiação solar horária sobre um plano coletor fixo.
Fonte: Grupo FAE – Tiba et al. (2001).

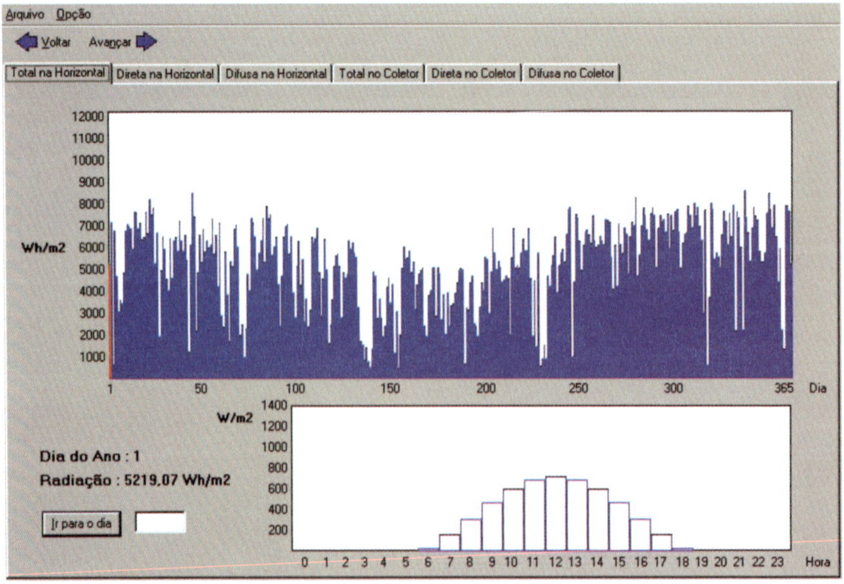

FIGURA 3.24 Apresentação gráfica da radiação solar diária (gráfico superior) e mensal (gráfico inferior) incidente sobre um plano coletor com azimute zero e inclinado em relação à horizontal local.
Fonte: Grupo FAE – Tiba et al. (2001).

3.6 COMENTÁRIOS E RECOMENDAÇÕES

A evolução da solarimetria no Brasil nos últimos 60 anos (1960-2020) mostrou as seguintes características:

- Houve um esforço coletivo amplo, sistemático, com múltiplos atores e interessados que conseguiram criar conhecimento e banco de dados de informações solarimétricas, mesmo que ainda insuficientes, para subsidiar de forma sólida as necessidades da indústria solar.
- Inicialmente (1960-1990), o estudo e a aquisição de informações foram centrados nas aplicações agrometeorológicas (medida de hora de brilho solar) e, a partir de 1970, iniciam-se medições com o intuito do aproveitamento energético da radiação solar.
- A rede piranométrica do INMET (21 abrangendo o Brasil), nas décadas de 70 e 80, foi um exemplo a ser seguido, seja pelo planejamento, organização e persistência no tempo, como também pela documentação das informações (existem informações diárias registradas durante 10 anos) e qualidade dos equipamentos utilizados.
- Constatou-se que as redes nacionais existentes (INMET e CPTEC) têm informações aquém das necessidades atuais da engenharia solar, seja em termos de variáveis medidas, escalas de tempo, qualidade e confiabilidade (sem calibração). Uma exceção é a rede SONDA, gerida pelo INPE.
- Em fins de 1990 e começo da década de 2000, foram elaborados dois bancos de dados solarimétricos (atlas solarimétricos) que ordenaram, avaliaram e disponibilizaram informações para a crescente comunidade de interessados na aplicação da energia solar.

A Tabela 3.1 resume os requisitos de conhecimento da radiação solar, de preferência medidos, para os projetistas de sistemas solares e sua situação no Brasil. A situação nas regiões mais desenvolvidas do mundo (Europa e EUA) é um pouco melhor, porém, ainda assim, insuficiente.

Na atualidade, a situação do conhecimento da irradiação solar no Brasil se resume ao item 1. Os itens 2 a 4 são raríssimos. Pelo que antecede, fica demonstrado que ainda existe um enorme caminho que o Brasil vai ter que percorrer para chegar a uma posição minimamente desejável no que concerne ao conhecimento desse recurso energético.

TABELA 3.1 Requisitos mínimos do conhecimento da radiação solar para projetista de sistemas solares

Tipo de dados	Resolução temporal	Aplicação	Uso	Situação atual
Irradiação solar global	Mensal e diária	Coletor plano fixo	Dimensionamento, especificações e cálculos econômicos	Razoável
Irradiação solar direta normal ou difusa horizontal	Diário	Sistema de concentração média e altas temperaturas	Dimensionamento, especificações e cálculos econômicos	Muito pouco
Irradiação solar global e direta ou difusa horizontal	Horário ou sub-horário (5- 10 m)	Sistema solar em geral	Simulação e análise econômica detalhada	Muito pouco
Irradiação solar global e direta	Minuto ou subminuto (≤1 m))	Sistema solar em geral	Resposta do sistema à passagem de nuvens	Muito pouco
Irradiação solar global e direta	Horário, acumulado em 10 a 15 anos	Sistema solar em geral	Desempenho e economia do sistema em longo prazo (vida útil do sistema)	Inexistente
Irradiação solar espectral global e direta	–	Sistema FV de média e alta concentração	Análise de desempenho	Inexistente
Profundidade ótica dos aerossóis	–	Modelagem da irradiação solar direta para sistema concentrador	Dimensionamento, especificações e cálculos econômicos	Inexistente
Distribuição do sol (disco + circunsolar)	–	Sistema de concentração média e altas temperaturas	Otimização econômica avançada	Inexistente

Fonte: Elaborado pelo autor.

Porém, a penetração crescente e ampliada da tecnologia solar no mercado vai requerer, cada vez mais, o conhecimento detalhado da irradiação solar. As exigências e as competitividades futuras vão exigir dos empreendedores o conhecimento pelo menos nos seguintes aspectos cruciais na fronteira da solarimetria:

- A necessidade de estudos da predição da irradiação solar (modelagens que exigirão o conhecimento do recurso solar em escalas < 1 min) em função da despachabilidade, integração crescente no *smartgrid* e dimensionamento do sistema de armazenamento da geração solar.
- A atualização das séries temporais longas em função das grandes mudanças que estão sendo introduzidas pelo aquecimento global (*dimming* solar).

Pelo que foi apresentado até aqui, é imperiosa a necessidade da continuidade da medição da irradiação solar na superfície terrestre, com alta qualidade e confiabilidade, em escalas temporais cada vez menores (<=1 m) e com ampla abrangência espacial para que o processo da reprodução ampliada da inserção da energia solar continue ocorrendo.

REFERÊNCIAS

AGUIAR, R. J.; COLLARES-PEREIRA, M.; CONDE, J. P. Simple procedure for generating sequences of daily radiation values using a library of Markov transition matrices. **Solar Energy**. Freiburg, v.40, p. 269-279, 1988.

AKINOGLU, B. G.; ECEVIT, A. Construction of a quadratic model using modified Angstrom coefficients to estimate global solar radiation. **Solar Energy**. Freiburg, v. 45, n.2, p. 85-92, 1990.

ANGSTROM, A. Solar and terrestrial radiation. **Quarterly Journal of the Royal Meteorological Society**. Reading, v. 50, n. 210, p. 121-126, 1924.

ATIENZA, G. **Instrumentación Solarimétrica.** Centro de Investigaciones de Recursos Naturales. Argentina: Instituto de Clima Y Agua, 1993.

CAMPBELL SCIENTIFIC. **Windsonic sensor.** out. 2020. Disponível em: < https://www.campbellsci.com.br/ >. Acesso em: 06 nov. 2020.

COLLE, S.; PEREIRA, E. B. **Atlas de irradiação solar do Brasil**. Brasília: LABSOLAR. 1998.

ESTEVES, A.; ROSA, C. A simple method for correcting the solar radiation readings of Robitzsch-type pyranometer. **Solar Energy**. Freiburg, v. 42, n. 1, 1989.

GALLEGOS, H. G.; ATIENZA, G.; GARCIA, M. Cartas de radiación solar global para a region meridional de América del Sur. In: CONGRESO INTERAMERICANO DE METEOROLOGIA, 2., Buenos Aires. **Anales...**, Buenos Aires: Centro Argentino de Meteorólogos, p. 16.3.1-16.3.10, 1987.

GAUTIER, C.; DIAK, G.; MASSE, S. A simple physical model to estimate incident solar radiation at the earth surface from GOES satellite data. **Journal of Applied Meteorology**. Boston, v. 19, n. 8, p. 1005-1012, 1980.

JANJAI, S.; PANKAEW, P. ; LAKSANABOONSONG, J. A model for calculating hourly solar radiation from satellite data in the tropics, **Applied Energy**, v. 86, n. 9, p. 1450-1457, 2009.

KIPP AND ZONEN. **Solys 2 Sun Tracker in the Pyrenees**. out. 2020. Disponível em: < https://www.kippzonen.com/News/76/Solys-2-Sun-Tracker-in-the-Pyrenees#.X6W0OmhKhPY>. Acesso em: 06 nov. 2020.

LYRA, F.; FRAIDENRAICH, N.; TIBA, C. **Solarimetria no Brasil:** Situação e Propostas. Relatório do Grupo de Trabalho em Energia Solar Fotovoltaica. Recife, 1993.

MELLIT, A.; BENGHANEM, M.; HADJ, A. A.; GUESSOUM, A. A simplified model for generating sequences of global solar radiation data for isolated sites: Using artificial neural network and a library of Markov transition matrices approach. **Solar Energy**. Freiburg, v. 79, n. 5, p. 469-482, 2005.

MICHALSKY, J. J.; HARRISON, L.; LEBARON, B. A. Empirical radiometric correction of a silicon photodiode rotating shadowband pyranometer. **Solar Energy**. Freiburg, v. 39, n. 2, 1987.

NASA SCIENCE. **The Inconstant Sun**. jan. 2003. Disponível em: <http://science.nasa.gov/science-news/science-at-nasa/2003/17jan_solcon/>. Acesso em: 18 out. 2020

NEWPORT CORPORATION. **Solar Light Simulation**. out. 2020. Disponível em: <https://www.newport.com/n/solar-simulation>. Acesso em: 06 nov. 2020

SIQUEIRA, A. N.; TIBA, C.; FRAIDENRAICH, N. Generation of daily solar irradiation by means of artificial neural networks. **Renewable Energy**, v.35, n. 11, p. 2406 – 2414, 2010.

STUHLMANN, R.; RIELAND, M.; RASCHKE, E. An improvement of the IGMK model to derive total and diffuse solar radiation at the surface from satellite data, **Journal of Applied Meteorology**. Boston, v. 29, n.7, p. 586-603, 1990.

TARPLEY, J. D. Estimating incident solar radiation at the surface from geostationary satellite data, **Journal of Applied Meteorology**. Boston., v. 18, n. 9, p. 1172-1181, 1979.

TIBA, C. et al. **Atlas Solarimétrico do Brasil:** Banco de dados Terrestres. 1. ed. Recife: Ed. Universitária de Pernambuco, 2001. Disponível em: <http://www.cresesb.cepel.br/index.php?section=publicacoes&task=livro&cid=2>. Acesso em: 18. out. 2020

TYMVIOS, F. S.; JACOVIDES, C. P. ; MICHAELIDES, S. C.; SCOUTELI, C. Comparative study of Angstrom's and artificial neural networks' methodologies in estimating global solar radiation. **Solar Energy**. Freiburg, v. 78, n. 6, p. 752-762, 2005.

YANG, K.; HUANG G. W.; TAMAI, N. A hybrid model for estimating global solar radiation. **Solar Energy**. Freiburg, v. 70, n.1, p. 13-22, 2001.

YANKEE ENVIRONMENTAL SYSTEMS (YES). **Single detector rotating shadowband radiometer – SDR-1**. out. 2020. Disponível em: <http://www.yesinc.com>. Acesso em: 06. nov. 2020

WIKIPEDIA. **Solar Radiation Spectrum.** Ago. 2007. Disponível em: <https://upload.wikimedia.org/wikipedia/commons/4/4c/Solar_Spectrum.png>. Acesso em: 02. mar. 2021

WORLD METEOROLOGICAL ORGANIZATION (WMO). **Manual on the global observing system**, WMO-No. 544, Geneva, 2003.

CAPÍTULO 4

ENERGIA SOLAR TÉRMICA

Elizabeth Duarte Pereira

4.1 INTRODUÇÃO

Conforme visto anteriormente, a conversão da radiação solar pode ser feita diretamente em energia elétrica, através da geração fotovoltaica ou em energia térmica, a partir de coletores ou concentradores solares.

Entretanto, o que se verifica no país atualmente é o uso geral (e, muitas vezes, equivocado) da expressão *energia solar* para se referir apenas à geração de energia elétrica. Essa generalização pode induzir a erros no momento da tomada de decisão dos empreendedores e consumidores e com forte impacto no tempo de retorno (*payback*) dos investimentos realizados, conforme discutido adiante, no item 4.4.4.

Segundo ELETROBRÁS/PROCEL (2007), uma análise do perfil de consumo de energia elétrica no setor residencial mostra que, em média, 26% se destinam ao aquecimento de água (calor) em chuveiros e duchas para fins sanitários entre 40 e 60°C (aplicação a baixa temperatura). Portanto, os 74% restantes são consumidos na forma de energia elétrica. Diante disso, é altamente recomendável o emprego das duas tecnologias solares para atendimento à demanda residencial, como ilustra a Figura 4.1. É importante ressaltar esse ponto, visto que a grande maioria das instalações atuais vêm contemplando apenas o uso da tecnologia fotovoltaica.

FIGURA 4.1 Tecnologias solares aplicadas em residência unifamiliar.
Fonte: Foto de Euler Carvalho Cruz, produzida em 2014.

A mesma situação se repete em hotéis, hospitais, academias, indústrias, etc. Entretanto, no setor industrial, a demanda por aquecimento ocorre em níveis mais elevados de temperatura, normalmente superiores a 80°C, exigindo a instalação de coletores solares de alto desempenho, coletores de tubos evacuados ou concentradores solares.

A Figura 4.2 mostra que 80% da demanda de energia na indústria é na forma de calor, evidenciando que 68% do total é fornecido por combustíveis de origem fóssil. Essa figura mostra, ainda, as três faixas consideradas aplicações em média e alta temperaturas e normalmente encontradas no setor, além de exemplos de processos industriais.

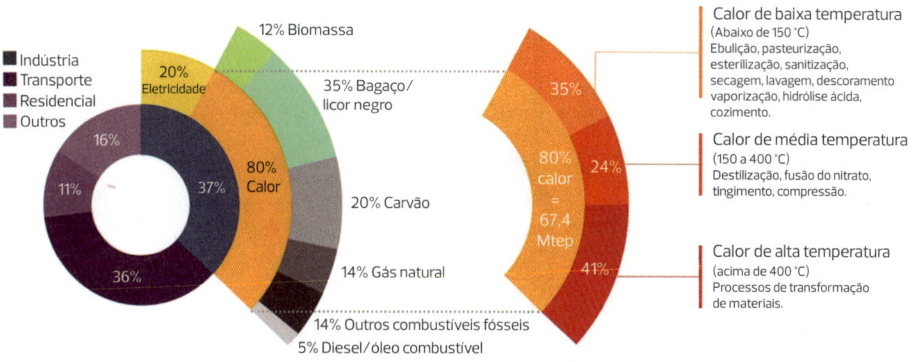

FIGURA 4.2 Uso da energia no setor industrial.
Fonte: Saygin (2014) e Brasil (2017) apud Solar Payback (2018).

Deve-se ressaltar que, apesar da existência de uma variedade de tecnologias que convertem radiação solar em energia térmica, no Brasil as tecnologias que têm adquirido maturidade comercial são: os coletores solares planos para aquecimento de água (aplicação em banho e piscina) e os coletores de tubos evacuados, sendo estes últimos importados da China, em sua quase totalidade. Para a fabricação, comercialização e importação dos coletores planos e de tubos evacuados, o INMETRO estabeleceu a exigência de certificação compulsória.

Os sistemas solares térmicos são constituídos basicamente por baterias de coletores solares, tanque(s) de armazenamento de água quente, caixa de alimentação de água fria, sistemas de controle e tubulações de interligação. Todos os sistemas de aquecimento solar devem prever uma forma complementar e convencional de energia para atuar nos períodos chuvosos ou de aumento pontual de consumo.

Na Figura 4.3 é mostrado o esquema de um sistema residencial típico que opera por termossifão, recomendado para instalações de produção diária de até 1.500 litros de água quente. Nessa aplicação, a energia elétrica é a forma predominantemente utilizada para *backup*, como chuveiros ou resistências elétricas colocadas no tanque de armazenamento.

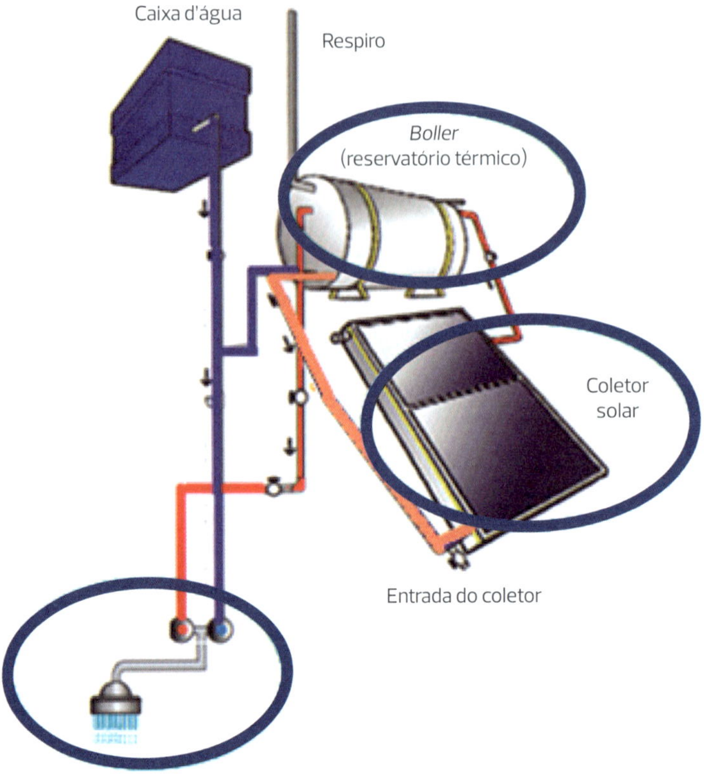

FIGURA 4.3 Esquema simplificado de um aquecedor solar residencial.
Fonte: SENAI/GIZ (2016).

A Figura 4.4 apresenta duas instalações solares de grande porte. A primeira, obra (a), utiliza coletores de tubos evacuados e a obra (b), coletores solares planos. Ambas produzem, em média, 20.000 litros de água quente por dia, armazenada em vários reservatórios térmicos e instalados na cidade de Belo Horizonte (MG). Em obras de médio e grande porte, o *backup* mais utilizado é a gás.

A

B

FIGURA 4.4 Instalação solar de grande porte com coletores solares de tubos evacuados (A) e coletores solares planos (B).

Fonte: Da autora.

Uma comparação de custos e de retorno de investimento entre o aquecedor solar e o chuveiro elétrico se baseia em suas respectivas estruturas de custos. No caso do solar térmico, igualmente ao que acontece com outros sistemas que utilizam energias renováveis, o desembolso inicial é mais elevado e distribuído ao longo da vida útil do equipamento. Tal fato pode representar obstáculos para sua maior difusão.

Entretanto, a economia mensal de energia reduz significativamente a conta de consumo da ordem de 30% do valor total, em média. Já o chuveiro elétrico é um equipamento de custo inicial baixo e cujo custo operacional é basicamente constituído pelo valor da energia elétrica consumida. No cenário atual, com elevação anual da energia elétrica e aplicação de bandeiras, o tempo de retorno de investimento do aquecimento solar tem se mostrado atrativo (entre 2 e 3 anos), dependendo do porte da instalação para equipamentos com vida útil estimada em 20 anos.

Dentre as vantagens competitivas para a utilização da energia solar térmica no Brasil, destacam-se:

a) Níveis de radiação solar satisfatórios, com boa distribuição temporal e espacial, garantindo bom desempenho da instalação ao longo do ano e do território nacional.
b) Base industrial capaz de atender às necessidades técnicas e comerciais dessa tecnologia para aplicações a baixas temperaturas (até 80°C).
c) Vários setores da economia apresentam bom potencial para utilizar essa tecnologia.

4.2 CONSUMO DE ENERGIA ELÉTRICA NO SETOR RESIDENCIAL E A INSERÇÃO DA ENERGIA SOLAR

A distribuição do consumo de energia elétrica nos diversos setores da economia, para os anos 2010 e 2018, pode ser vista na Tabela 4.1.

No período de 2010 a 2018, o crescimento do consumo no setor residencial foi o maior entre todos os setores, correspondendo, em valores absolutos, a 2.495 teps (29.017 MWh). Observa-se, igualmente, aumento na participação percentual do setor residencial, de 24,5% para 27,1%.

Ainda segundo o BEN 2019, verifica-se que o setor residencial ocupa posição importante no conjunto dos setores consumidores de energia elétrica,

TABELA 4.1 Consumo de energia elétrica por setor.

Setor	2010		2018		Taxa de variação entre 2010 e 2018
	(10^3 tep)	%	(10^3 tep)	%	%
Residencial	9.220	24,5%	11.715	27,0%	27,1%
Comercial	5.996	15,9%	7.801	18,0%	30,1%
Público	3.180	8,4%	3.795	8,8%	19,3%
Agropecuário	1.629	4,3%	2.567	5,9%	57,6%
Transportes	143	0,4%	194	0,4%	35,7%
Industrial	17.488	46,5%	17.276	39,9%	-1,2%
Total	37.656	100,0%	43.348	100,0%	15,1%

Fonte: Adaptado de Balanço Energético Nacional – BEN 2019, Brasil (2019).

pois de cada 4,4 kWh de energia elétrica que se consumiu no Brasil (2018), 1 kWh foi destinado ao setor residencial.

A desagregação do consumo no setor residencial por uso final foi avaliada por ELETROBRÁS/PROCEL (2007), cujos resultados são demonstrados no gráfico da Figura 4.2. A pesquisa de hábitos de consumo aponta para fortes variações regionais nos consumos e curvas de carga média no setor. Por exemplo, o aquecimento de água (chuveiro elétrico) representa apenas 2% do consumo na região Norte e 26% na região Sudeste, por outro lado o condicionamento ambiental é responsável por 40% do consumo na região Norte e por apenas 11% na região Sudeste.

Uma análise na Figura 4.2 mostra que refrigeração/condicionamento ambiental, aquecimento de água e iluminação são os usos de maior impacto no consumo de energia elétrica em residências. No caso do aquecimento de água (chuveiro), ainda se constata sua maior contribuição para a formação do pico de demanda de energia que tanto penaliza o setor elétrico nacional.

Portanto, recomenda-se a implantação de medidas de racionalização do consumo para os três setores. Na refrigeração e iluminação, tais medidas são promovidas pelo uso de equipamentos mais eficientes, conforme Etiqueta do INMETRO (BRASIL, 2020). No caso do chuveiro elétrico, uma medida seria sua substituição pelo aquecedor solar de água.

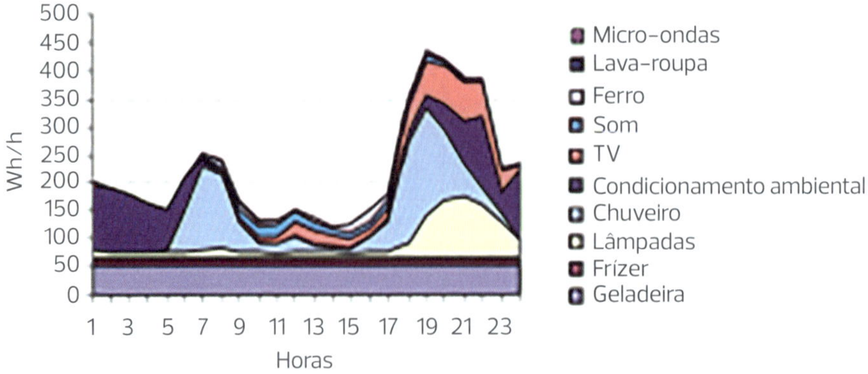

FIGURA 4.5 Curva de carga diária média no Brasil.
Fonte: ELETROBRAS/PROCEL (2007).

4.3 O AQUECIMENTO DE ÁGUA COM ENERGIA ELÉTRICA DO PONTO DE VISTA TERMODINÂMICO

Uma análise energética mais completa para seleção de tecnologias e de combustíveis deve ser feita com base na Primeira e Segunda Leis da Termodinâmica.

A Primeira Lei trata da conservação de energia. A eficiência térmica (η) de determinado dispositivo é calculada pela taxa com que a energia dá entrada (seja na forma de trabalho ou calor, é realmente aproveitada, sendo denominada energia útil). Sua equação pode ser expressa como:

$$\eta = \frac{\dot{Q}_{util}}{\dot{E}_{ent}} \tag{1}$$

Para escoamento de um fluido em regime permanente, desprezando-se as variações de energia cinética e potencial, com vazão mássica, tem-se:

$$\dot{Q}_{util} = \dot{m}(h_S - h_E) \tag{2}$$

sendo h a entalpia específica do fluido a ser aquecido. Os subscritos E e S se referem aos pontos de entrada e saída do equipamento, respectivamente.

A eficiência térmica de um chuveiro elétrico é calculada considerando sua potência elétrica como a taxa de energia de entrada. (Para exemplificar o cálculo, adota-se o aquecimento da água com vazão de 0,05 kg/s (3 litros por minuto) de 20 a 38°C em um chuveiro de potência igual 44,4 kW. Substituindo esses valores, tem-se:

$$\eta_{chuv} = \frac{\dot{Q}_{util}}{\dot{P}_{elet}} = \frac{3{,}762\ kW}{4{,}4\ kW} = 85{,}5\% \quad (3)$$

Para os coletores solares, o numerador é o mesmo, mas o denominador é substituído pelo produto da radiação solar incidente e a área do coletor. Os valores obtidos para a eficiência térmica de coletores solares dependem de: parâmetros geométricos e processos de fabricação; condições climáticas locais e operacionais, como a temperatura da água à entrada do coletor. Em termos gerais, podem-se considerar eficiências típicas entre 50 e 60%.

Entretanto, é a Segunda Lei da Termodinâmica que traz um novo foco para essa análise, pois inclui a qualidade da energia que está sendo utilizada. Para tal, é definida a taxa de variação de exergia (ΔEX) como a potência máxima (disponível) que pode ser gerada durante a realização de determinado processo, em relação a uma condição de referência. Dessa forma, pode-se entender a energia elétrica como exergia pura, da mais alta qualidade.

Para a taxa de variação da exergia (EX) do fluido, tem-se:

$$\Delta EX = (EX_S - EX_E) = \dot{m}\,[(h_S - h_E) - T_0(s_S - s_E) \quad (4)$$

sendo s: entropia específica e T_o: temperatura de referência, expressa em Kelvin.

A eficiência exergética de um chuveiro elétrico calculada pela Segunda Lei é expressa na forma:

$$\epsilon_{chuv} = \frac{\Delta EX}{\dot{P}_{elet}} \quad (5)$$

Utilizando os valores do exemplo do chuveiro elétrico, para uma temperatura de referência igual a 20°C (293 K) tem-se que:

$$\Delta EX = 0{,}11\ kW \qquad \in_{chuv} = 2{,}5\%$$

Sabe o que significam esses valores? Embora um chuveiro elétrico absorva 85,5% da energia que está disponível, ele degrada em 97,5% a qualidade dessa energia, transformando energia elétrica (nobre) em calor entre 20 e 38°C. Por isso, a utilização de aquecedores solares é entendida como uma importante medida de eficientização energética.

A utilização de energia elétrica para aquecimento de água é um fenômeno muito particular da realidade brasileira, a despeito dessa visão termodinâmica e de seu custo elevado para o setor residencial.

4.4 O MERCADO DE AQUECIMENTO SOLAR

Em 2004, representantes da International Energy Agency – Solar Heating and Cooling Programme (IEA SHC) definiram fatores de conversão de metros quadrados de coletores solares para capacidade instalada, com base em estudo elaborado por Nielsen (2004):

- Coletores abertos: 0,7 kW_{th}/m^2
- Coletores fechados: 0,671 kW_{th}/m^2
- Coletores de tubo evacuado: 0,717 kW_{th}/m^2

O subscrito *th* significa que são quiloWatts térmicos. Em função das incertezas inerentes aos cálculos, foi adotado um valor único e igual a **0,7 kW_{th}/m^2** para as três tecnologias.

A Figura 4.6 mostra que o Brasil ocupa a 5ª posição no mercado internacional de coletores solares, com capacidade instalada de 10.411 MWh_{th}, correspondendo a uma área total em operação de 14,8 milhões de metros quadrados.

A Figura 4.7 mostra a evolução do mercado brasileiro nos últimos 25 anos, com predominância dos coletores fechados e planos (aplicação banho).

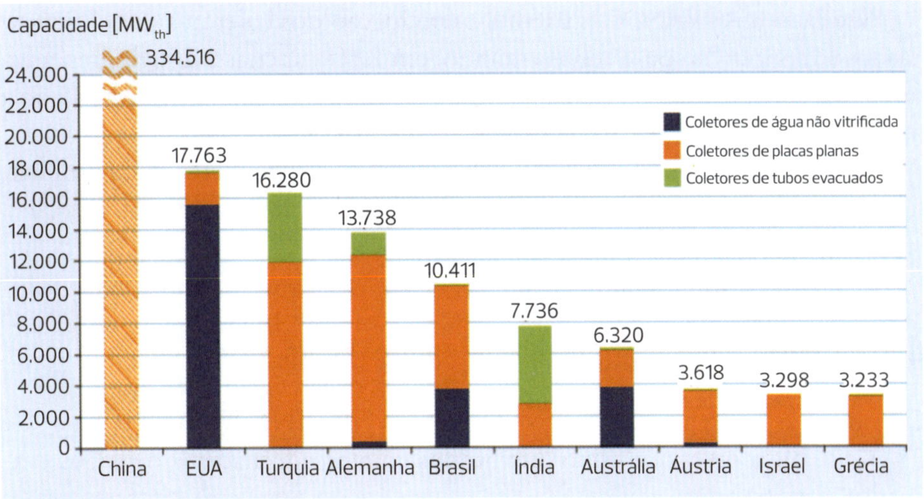

FIGURA 4.6 Área acumulada de coletores solares nos dez países líderes – ano-base 2017.
Fonte: Weiss e Spörk-Dür (2019).

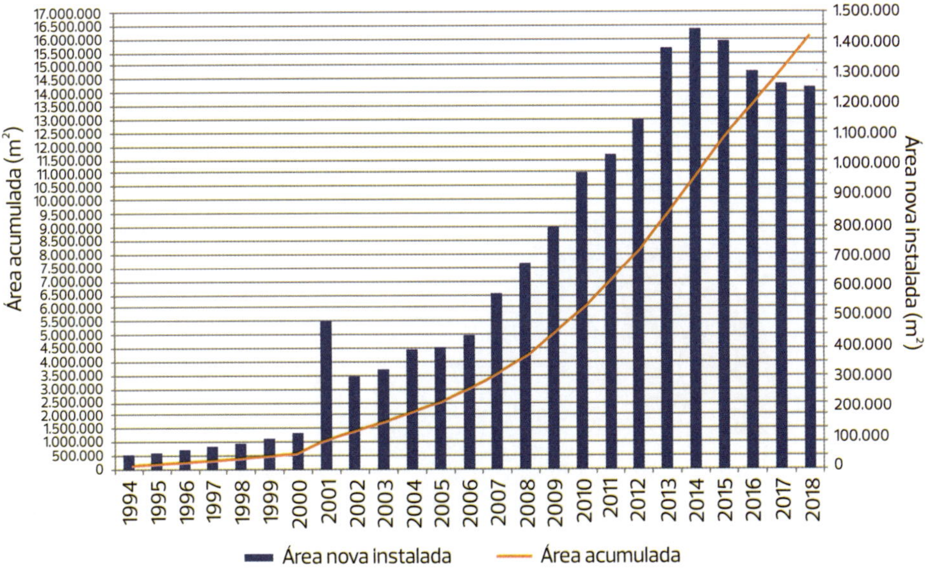

FIGURA 4.7 Evolução do mercado brasileiro de coletores solares.
Fonte: ABRASOL (2019).

Segundo a ABRASOL (2019), a participação dos coletores de tubos evacuados é modesta no país, representando, em 2018, apenas 2,2% da área nova instalada. Novamente em 2018, a região Sudeste respondeu pela maior área nova de coletores solares instalados no país, cerca de 71%.

A Figura 4.8 mostra a distribuição por segmento de mercado da área instalada em 2018, em que o uso em residências, incluindo os projetos sociais, representou 67% do total.

4.4.1 Distribuição e atuação das empresas do setor

Consulta à última atualização da Tabela do INMETRO, datada de 28/02/2020, mostra que estão certificados coletores fechados e de tubos evacuados, totalizando:

- Fornecedores: 26
- Marcas: 54
- Modelos: 304

Apenas um fornecedor comercializa as duas tecnologias. Assim, são oito fornecedores de coletores de tubos evacuados e dezenove de coletores planos fechados. Do total de 304 modelos, 72% são de coletores planos, fabricados no país, e 28% são coletores de tubos evacuados, importados da China.

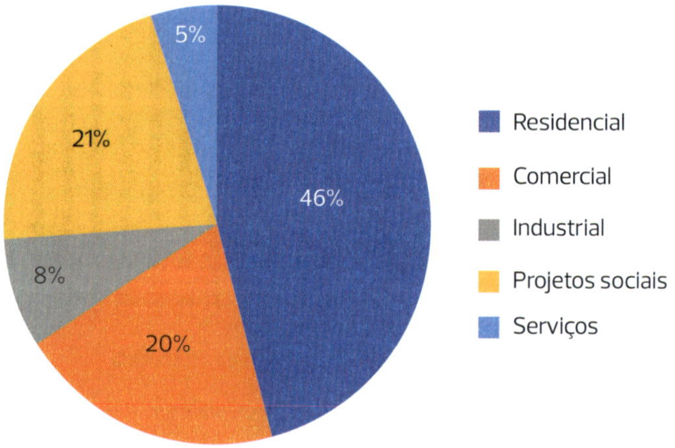

FIGURA 4.8 Desagregação da área instalada de coletores, em 2018, por segmento de mercado.
Fonte: ABRASOL (2019)..

A partir da certificação compulsória dos coletores solares planos pelo INMETRO, o mercado nacional sofreu grande reestruturação, restando apenas 19 empresas fabricantes: 18 se localizam na região Sudeste (14 em São Paulo e quatro em Minas Gerais) e apenas uma empresa na região Centro-Oeste, em Brasília.

A área instalada de coletores solares para aplicação em piscina nos anos 2017 e 2018 superou a de coletores fechados, segundo a ABRASOL (2019). Segundo o INMETRO (BRASIL, 2020), tem-se atualmente:

- Fornecedores: 15
- Marcas: 24
- Modelos: 105

Todos os produtos são poliméricos. As empresas fornecedoras se localizam em: São Paulo (10); Paraná (1); Rio Grande do Sul (1); Santa Catarina (2) e Brasília (1).

4.4.2 Fatores que incidem no desenvolvimento do mercado solar térmico

Anteriormente, o mercado potencial para os aquecedores solares era estimado em função do universo de usuários do chuveiro elétrico. Entretanto, o uso da tecnologia solar térmica no Programa Minha Casa Minha Vida (PMCMV), por iniciativa do Ministério das Cidades e coordenação da Caixa Econômica Federal, trouxe elementos novos que contribuem sobremaneira para a revisão de tal conceito.

Nas regiões Norte e Nordeste, o uso do chuveiro elétrico estava restrito a 2 e 9% das residências, segundo ELETROBRÁS/PROCEL (2007). Entretanto, na avaliação pós-instalação do uso dos aquecedores solares no âmbito do PMCMV, as respostas consolidadas (Figura 4.9) para a pergunta: "Como era o aquecimento de água para banho quente na casa anterior?" mostram que 18,5% das famílias aqueciam a água em fogões (a gás ou à lenha), segundo Pereira (2014). A aprovação da tecnologia solar térmica foi de 76,7% dos moradores consultados dessas regiões.

A Figura 4.10 apresenta dados sobre a comercialização de coletores solares por região do país.

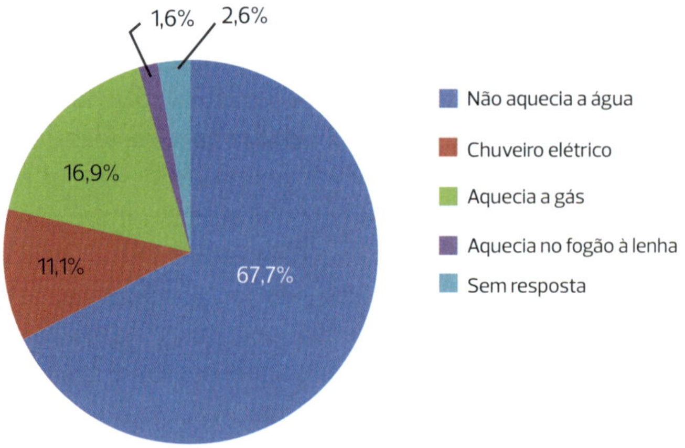

FIGURA 4.9 Aquecimento de água para banho em habitações populares nas regiões Norte e Nordeste.
Fonte: Pereira (2014).

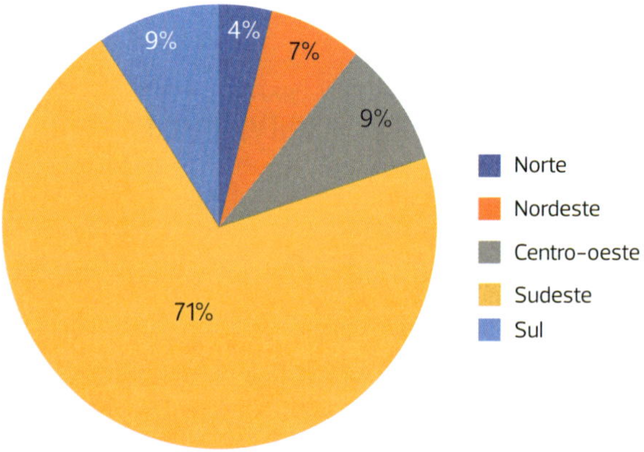

FIGURA 4.10 Distribuição de vendas de coletores solares nas regiões brasileiras, em 2018.
Fonte: ABRASOL (2019).

Nas demais regiões, é inequívoco que fatores climáticos e econômicos se aliam para estabelecer o mercado dos aquecedores solares, à medida que existe uma maior demanda pelo serviço de aquecimento de água associada ao maior poder de compra da população.

A seguir, serão estudados alguns dos fatores que podem ter contribuído favoravelmente no processo de criação do mercado solar térmico, verificando-se de que forma incidem na configuração de uma situação favorável para o desenvolvimento desse mercado.

Analisaremos, em primeiro lugar, as condições climáticas existentes em diversas cidades das regiões onde esse mercado tem se desenvolvido apreciavelmente. A Tabela 4.2 apresenta dados de radiação solar incidente no plano horizontal e de temperatura média para cidades selecionadas de acordo com a importância do mercado solar térmico, nas regiões Sudeste, Sul e Centro-Oeste. Foram incluídas Recife e Petrolina para considerar, também, o potencial de introdução de sistemas termossolares no Nordeste.

Em todas as cidades consideradas, o mês em que ocorre a temperatura mensal mínima é julho, salvo Brasília, em que a temperatura de 19ºC ocorre também em junho. A combinação de baixas temperaturas com níveis adequados de radiação é favorável à utilização de aquecedores solares.

TABELA 4.2 Dados de radiação e temperatura para várias cidades do Brasil.

Locais (Latitude)	Radiação diária média anual no plano horizontal (MJ/m^2)[1]	Radiação diária no plano horizontal no mês de menor temperatura (MJ/m^2)[1]	Temperatura média anual (°C)[2]	Temperatura mensal mínima (°C)[2]
Belo Horizonte (-19°56')	18,5	15,4	21,8	19,1
São Paulo (-23°30')	16,0	11,7	20,1	16,7
Distrito Federal (-15°47')	18,9	18,1	21,0	19,0
Rio de Janeiro[2] (-22°55')	17,0	12,0	25,0[3]	22,3
Porto Alegre (-30°01')	15,9	9,1	19,6	13,8
Recife (-8°03')	19,7	15,8	25,9	24,1
Petrolina (-9°23')	20,8	7,4	26,9	24,4

Fontes: elaboração própria a partir dos dados de:

[1] Pereira, E. B. et al (2017)

[2] Brasil, INMET (2018a)

[3] Brasil, INMET (2018b) para o mês de dezembro no Rio de Janeiro, pois a base atual está incompleta para essa cidade.

Além dos fatores climáticos, outros aspectos a serem considerados são:

- Poder de compra da população.
- Interesse da concessionária local de energia elétrica em melhorar a curva de carga da empresa nas horas de pico.
- Existência de laboratórios universitários ou institutos de pesquisa para dar suporte à implantação e persistência de operação da tecnologia solar térmica.
- Empresas com tradição na área de engenharia térmica.
- Empresariado motivado para iniciar atividades no setor.

Outro fator que não deve ser ignorado é a cultura da engenharia brasileira de projetar apenas distribuição hidráulica de água fria no setor residencial, impingindo aos moradores o uso de aquecedores de passagem, como o chuveiro elétrico.

4.4.3 Estimativa do mercado brasileiro de aquecedores solares

Para estimativa do mercado potencial para implantação de sistemas de aquecimento solar, o primeiro passo é o cálculo da área de coletores necessária para atender à demanda de água quente por setor da economia.

No caso de aplicações de médio e grande portes (com demanda diária superior a 1.500 litros de água quente), como ocorre em edifícios multifamiliares, indústrias, hotéis, etc., é recomendada a contratação de um projetista solar com experiência em dimensionamentos que dependem de fatores de coincidência de uso da água quente, taxas de ocupação, turnos industriais, ocorrência de sombreamento, dentre outros.

Dimensionamento da área coletora e demanda diária de água em residências unifamiliares

Para aplicações unifamiliares, a norma ABNT NBR 15569: 2008 apresenta, em seu Anexo B, a rotina de cálculo a seguir, além de um exemplo numérico:

a) Cálculo do volume diário de água quente consumido (V_{consumo}):

$$V_{\text{consumo}} = \sum(Q_{pu} \times T_u \times \text{frequência diária de uso}) \quad (7)$$

sendo:

Q_{pu}: vazão da peça (chuveiro, ducha, torneiras, etc.)

T_u: tempo médio de uso diário de determinada peça

No Anexo C da referida norma são sugeridos valores de consumo diário de água quente para diferentes peças (pontos de consumo).

b) Cálculo do volume diário de água quente a ser armazenado (V_{armaz}):

$$V_{armaz} = \frac{V_{consumo}\,(T_{consumo} - T_{ambiente})}{(T_{armaz} - T_{ambiente})} \tag{8}$$

sendo:

$T_{consumo}$: temperatura requerida para a água quente no ponto de consumo.

T_{armaz}: temperatura da água quente a ser armazenada no tanque térmico.

$T_{ambiente}$: temperatura ambiente média (valores disponíveis no Anexo D da norma ou INMET (BRASIL, 2018).

c) Cálculo da energia útil consumida, em média diária, para aquecer o volume de água armazenado (E_{util})

$$E_{util} = \frac{V_{armaz}(\rho c_p)(T_{armaz} - T_{ambiente})}{3.600} \tag{9}$$

sendo ρ a massa específica da água, considerada igual a 1.000 kg/m^3 e c_p o seu calor específico (4,18 kJ/kg K = 4,18 kJ/kg °C).

d) Cálculo da produção específica, em média diária, de determinado coletor solar (PMDEE):

$$F_R\,(\tau\alpha) - 0{,}0249\;F_R\,(U_L)] \tag{10}$$

Essa é uma equação empírica, cujos parâmetros de entrada $F_R\,(\tau\alpha)$ e $F_R\,(U_L)$ estão disponíveis em INMETRO (BRASIL, 2020). Tais valores são gerados nos ensaios de Eficiência Térmica de Coletores Solares, realizados pelos laboratórios credenciados e de acordo com os procedimentos definidos na norma ABNT 15747 – Parte 2: 2009.

e) Cálculo do fator de correção para uma instalação solar específica (FC_{instal}):

$$FC_{instal} = \frac{1}{1 - [1{,}2 \times 10^{-4}(\beta - \beta_{rec})^2 + 3{,}5 \times 10^{-5}\gamma^2]} \quad (11)$$

sendo:

β: inclinação do coletor em relação ao plano horizontal (15° < β < 90°) e b_{rec}: a inclinação recomendada pela norma e igual à Latitude local + 10°.

γ: ângulo de orientação do coletor solar, medido a partir do Norte Geográfico.

f) Cálculo da área de coletores solares requerida ($A_{coletora}$):

$$A_{coletora} = \frac{4{,}901(E_{util} - E_{perdas})FC_{instal}}{PMDEE \times I_G} \quad (12)$$

sendo:

I_G: irradiação global diária, em média anual, para a localidade, expressa em kWh/m^2.dia, conforme apresentado no Anexo D da norma ABNT NBR 15569: 2008.

E_{perdas}: perdas térmicas da instalação solar. A norma sugere como valor preliminar uma perda da ordem de 15% da energia útil, calculada anteriormente.

Para profissionais com conhecimento prévio em energia solar térmica, recomenda-se a utilização do Método da Carta-F, largamente utilizado e discutido em Duffie e Beckman (2013).

Para projetos sociais, o dimensionamento adotado pela PMCMV (faixa 1) é de 200 litros de água quente por dia por família. Em termos gerais, tal demanda corresponde a uma área coletora de 2 m^2 por moradia. Para as demais faixas, pode ser considerado 3 m^2 por unidade habitacional.

Para tipologias de alto padrão, são estimados em média 6 m^2 por residência, embora esse valor dependa sobremaneira do número de moradores e do nível de conforto desejado (vazão das peças e pontos de consumo).

Para estimativa do mercado brasileiro potencial de aquecedores solares, serão propostos alguns cenários, detalhados a seguir.

Cenário 1: Conservador

Conforme visto na Figura 4.8, o setor residencial participa com 67% do mercado atual, sendo 21% relativos às aplicações sociais e 46% aos demais segmentos, totalizando uma área coletora instalada da ordem de 837.635 m² em 2018.

As estatísticas do CBIC (2020) mostram, para 25 regiões metropolitanas do país para o ano de 2019, um crescimento de lançamentos de unidades imobiliárias em 2019 da ordem de 14% em relação ao ano anterior, sendo que as unidades dos programas sociais responderam por 86,4% do total.

Os programas sociais dependem de investimentos do setor público e as demais tipologias são afetadas basicamente pela situação econômica e linhas de financiamento disponibilizadas ao público.

Assim, para o Cenário 1, vamos considerar que:

- a participação do setor residencial será praticamente constante no período de 2019 a 2028; e
- as demais aplicações (Figura 4.8) terão um aumento de 5%.

Ao final de 2028, a área nova instalada anualmente seria da ordem de 1,5 milhão de metros quadrados, apenas 4,8% superior à máxima do setor, ocorrida em 2014, conforme mostrado na 1.

Cenário 2: Crescimento linear de 10% em todas as aplicações

Nesse cenário, ao final de 2028, a área nova instalada anualmente seria da ordem de 3,24 milhões de metros quadrados, ou seja, 2,6 vezes superior ao valor comercializado em 2018. Entende-se que tal crescimento exigiria investimentos e ações de capacitação em toda a cadeia de valor do setor de aquecimento solar, que envolve a fabricação, divulgação, comercialização, distribuição, instalação e assistência técnica, para atender a uma área adicional média da ordem de 200.000 m² a cada ano, gerando, anualmente, cerca de 8.000 novos empregos com base em ABRASOL (2020), que destaca: "[...] a cada 1 milhão de metros quadrados de coletores solares produzidos anualmente no Brasil, são gerados 40 mil novos empregos em toda a cadeia de valor do setor."

A Figura 4.11 mostra as diferenças dos valores de área nova a ser instalada nos Cenários 1 e 2.

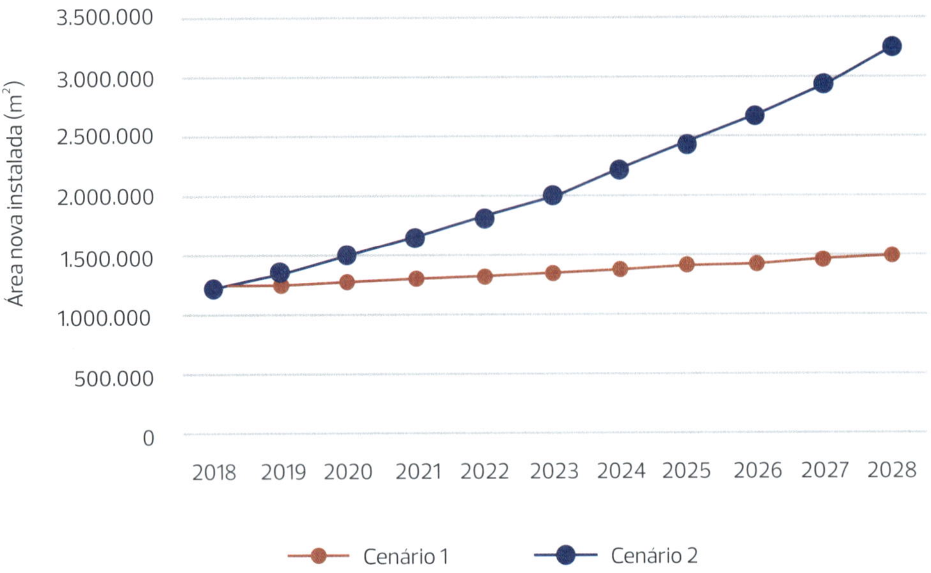

FIGURA 4.11 Comparação do crescimento do mercado brasileiro para os dois cenários sugeridos.
Fonte: Da autora.

4.4.4 Atuação dos diversos atores relacionados com a tecnologia solar térmica

Ao se fazer a análise do setor solar térmico é importante considerar a diversidade de atores envolvidos no processo de decisões e suas diferentes percepções em relação a custos e benefícios, riscos e incertezas, além de custos ambientais. A avaliação da atratividade econômica de uma determinada medida dependerá, portanto, de cada um desses fatores (JANNUZZI; SWISHER, 1997).

Por exemplo, o interesse do consumidor com relação a um sistema solar térmico depende, quase exclusivamente, do grau de competitividade desse equipamento frente às alternativas tecnicamente disponíveis, ou seja, se o custo de água quente de origem solar é igual ou menor ao custo da água aquecida por outros meios, como energia elétrica, gás, etc. Isso inclui a existência ou não de linhas de financiamento para compra de equipamentos, taxas de desconto e outros fatores.

Eventualmente, fatores culturais também podem alentar o consumidor a investir um valor mais alto quando da instalação do sistema, em função de sua disposição por consumir formas de energia de menores custos ambientais, no caso em que estes não estejam ainda internalizados.

O interesse das companhias elétricas pode estar centrado em reduzir a potência de pico durante as horas de maior consumo residencial, com a finalidade de reduzir investimentos e de alocar essa energia para consumidores industriais, por exemplo, com melhor fator de carga. A energia nas horas de maior demanda pode ser muito cara, em termos comparativos, para a companhia. Se admitirmos que o fator de capacidade médio da companhia é da ordem de 70% e a energia durante as horas de pico é de 35%, essa energia poderia ser avaliada a um preço igual a duas vezes o preço médio. Nesse caso, para uma tarifa média de 0,20 U$/kWh, o custo para a companhia, durante as horas de pico, seria de 0,40 U$/kWh. Portanto, o incentivo ao uso da energia solar térmica pode ser de seu maior interesse.

Um terceiro ator é a sociedade como um todo, que inclui os consumidores, as companhias elétricas e os não consumidores. Fatores ambientais (opção por energia limpa e renovável), uso racional das diversas formas de energia, como, por exemplo, evitar o uso de energia elétrica para aquecimento de água, uso correto dos investimentos públicos no sentido de melhorar o perfil da curva de carga das companhias de energia, são motivos importantes que podem sensibilizar a opinião pública para estimular a utilização da energia solar térmica.

Análise de viabilidade econômica

Esta análise é importante para apoiar a decisão por determinada tecnologia de aquecimento de água. No caso do sistema de aquecimento solar (SAS), os fatores mais importantes para essa avaliação são:

- Localidade onde o sistema será instalado.
- Demanda diária de água quente que define o volume do reservatório térmico.
- Área de coletores solares necessária e a eventual ocorrência de sombreamento em determinados períodos do dia ou do ano.
- Custo dos equipamentos solares e da instalação propriamente dita.

- Tarifa do combustível (ou energético) a ser substituído e que será utilizado como energia complementar em períodos chuvosos ou de aumento pontual de demanda.

O tempo de vida útil dos coletores solares fechados é estimado entre 15 e 20 anos.

Para ilustrar a análise de viabilidade das tecnologias solares (térmica e fotovoltaica) implantadas separadamente e em conjunto, serão apresentadas simulações realizadas para uma residência de alto padrão, localizada na cidade de Natal (RN) e cuja conta de consumo de energia elétrica é, em média, de 550 kWh–mês. A demanda diária de água quente é de 400 litros, que corresponde a um consumo de energia elétrica de 178 kWh-mês para promover tal aquecimento.

A fração solar é definida como o percentual de economia anual a ser obtido pelo uso do aquecimento solar, calculado apenas sobre a participação do aquecimento de água na conta final de energia elétrica.

Caso 1: Impacto da fração solar

Os resultados da análise de viabilidade econômica estão sumarizados na Tabela 4.3, sendo a tarifa de energia elétrica fixada em U$ 0.23/kWh.

TABELA 4.3 Resultados econômicos das simulações de Sistema de Aquecimento Solar (SAS) para área coletora de 2 m^2 e 3 m^2, que correspondem a valores de fração solar de 74% e 92%, respectivamente.

	Área Col: 2 m^2	**Área Col: 3 m^2**
Taxa Interna de retorno (TIR)	1,86%	2,24%
Custo SAS instalado	U$ 1.409	U$ 1.595
Fração solar	74%	92%
Valor presente líquido (VPL – 15 anos)	U$ 6.322	U$ 6.855
Payback (descontado)	44 meses	39 meses
Índice de rentabilidade (IR)	3,5	5,5

Fonte: Da autora.

Caso 2: Impacto da tarifa de energia elétrica

Na Tabela 4.4, são apresentados os resultados econômicos para duas tarifas de energia elétrica. Foi considerado o SAS com 3 m^2 de área coletora e fração solar de 92%.

TABELA 4.4 Resultados econômicos das simulações de SAS para diferentes tarifas de energia e área coletora de 3 m^2, com fração solar de 92%

	EE: U$ 0.19/kWh	EE: U$ 0.23/kWh
Taxa interna de retorno (TIR)	1,69%	2,24%
Valor presente líquido (VPL – 15 anos)	U$ 6.855	U$ 8.794
Payback (descontado)	47 meses	39 meses
Índice de rentabilidade (IR)	4,3	5,5

Fonte: Da autora.

Essas simulações permitem concluir que:

1. O SAS para aplicação residencial tem se mostrado economicamente viável para as condições gerais estabelecidas nas simulações (tarifas, evolução de preços, prazos de financiamento, etc.).
2. Os indicadores financeiros (*payback*, TIR, VPL e IL) são favoráveis para a tecnologia solar térmica (SAS) em todos os casos avaliados.

A simulação seguinte, realizada no *site* América do Sol (2020), trata da aplicação exclusiva da energia solar fotovoltaica para a mesma residência em Natal (RN).

Caso 3: Instalação de uma planta fotovoltaica de 3,9 kWp

Para esta simulação, cujos resultados econômicos são mostrados na Tabela 4.5, foi considerada a tarifa de energia elétrica de U$ 0,23/kWh

TABELA 4.5 Resultados econômicos do dimensionamento simplificado de uma usina fotovoltaica para atender a uma demanda mensal da ordem de 550 kWh na cidade de Natal (RN).

Área PV:	entre 27 m² e 33 m²
Contribuição solar:	78%
Custo estimado:	U$ 9.642
***Payback* (descontado):**	78 meses
Taxa interna de retorno (TIR):	0,72%
VPL (15 anos):	U$ 25.400
Índice de rentabilidade:	2,59

Fonte: Da autora.

Caso 4: Instalação das duas tecnologias solares

Neste caso, a planta fotovoltaica poderia ser reduzida para 2,6 kWp para geração, em média, de 386 kWh-mês, visto que o SAS produziria a energia necessária para o aquecimento de água. Considerando a fração solar de 92%, a produção de energia do SAS seria de 164 kWh-mês. Os valores da análise de viabilidade econômica são apresentados na Tabela 4.6.

TABELA 4.6 Resultados econômicos da aplicação das duas tecnologias solares para atender à demanda térmica (SAS) e de energia elétrica (PV).

SAS:	164 kWh-mês
PV:	301 kWh-mês
Contribuição solar:	84,50%
Custo SAS + PV:	U$ 8.023
***Payback*:**	63 meses
TIR:	1,12%
VPL (15 anos):	U$ 28.754
Índice de rentabilidade:	2,94

Fonte: Da autora.

Os valores podem variar conforme a região do país, custos e condições de financiamento. Entretanto, em diversas situações avaliadas por Pereira (2017), inclusive para tarifas sociais, os resultados mostram essa mesma tendência, ou seja:

> Quando comparados os casos 3 e 4, o uso das duas tecnologias (térmica e fotovoltaica) reduz o custo global da instalação e, consequentemente, acarreta melhoria de todos os indicadores econômicos (caso 4). O tempo de retorno de investimento, nesse caso, foi reduzido em 15 meses, quando comparado ao uso exclusivo da instalação fotovoltaica (caso 3) (PEREIRA, 2017).

4.5 PERSPECTIVAS DO SETOR

As perspectivas para o setor de aquecimento solar no Brasil podem ser analisadas em duas frentes: a continuidade de atendimento de qualidade para o setor residencial e a busca por novos mercados, como o setor industrial.

A European Solar Thermal Industry Federation (ESTIF, 2007) recomenda as estratégias mostradas na Figura 4.12 para o desenvolvimento e a promoção da energia solar térmica.

4.5.1 Estabelecimento de metas

Como primeiro passo, é indicado o estabelecimento de uma meta ambiciosa que promova a criação de um ambiente positivo e estável em toda a sua cadeia de valor, de modo a gerar investimentos na produção (produtos inovadores, novas tecnologias de fabricação), maior profissionalização de empresas e de pessoal técnico, novos métodos de comercialização e de inserção no mercado, dentre outros.

4.5.2 Pesquisa e desenvolvimento

Este item trata do desenvolvimento de algumas novas aplicações termossolares no país, a saber: refrigeração e condicionamento de ar solares, sistemas de

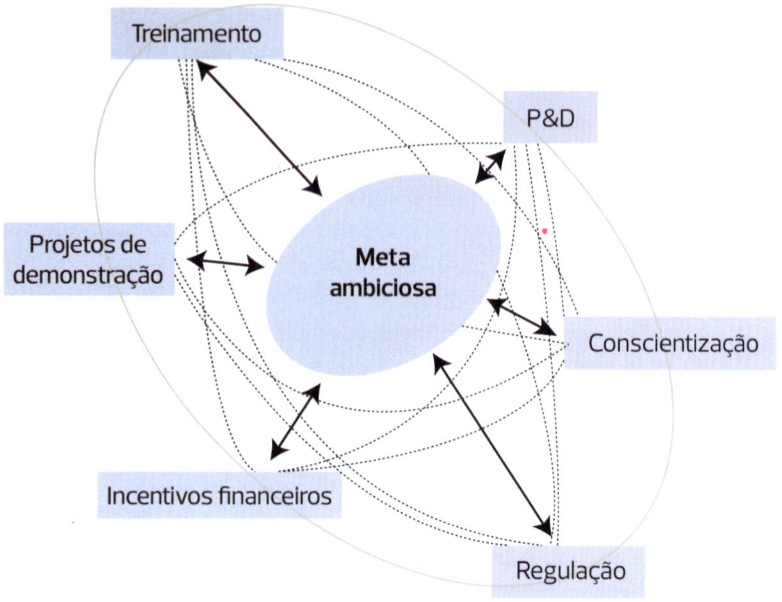

FIGURA 4.12 Estratégias para desenvolvimento e promoção da energia solar térmica na Europa.
Fonte: Traduzido de ESTIF (2007).

média temperatura e calor de processo industrial, novas tecnologias de armazenamento de energia, dentre outras.

O portal Solar Payback (2020) disponibiliza informações relevantes sobre potencial brasileiro e as diferentes tecnologias para aplicação industrial. Entretanto, o crescimento desse mercado precisa ser acompanhado do assessoramento para:

- Setor industrial brasileiro: realização de diagnósticos energéticos para identificação dos melhores centros consumidores de energia térmica de baixa e média temperatura, integração da tecnologia solar ao processo industrial atual, aquisição de equipamentos e serviços, dentre outros.
- Empresas fabricantes de equipamentos solares, tipicamente de pequeno e médio portes: desenvolvimento de produtos inovadores em níveis de baixa e média temperaturas.
- Academia: através da disponibilização de fundos de pesquisa e inovação, nos temas pertinentes.

4.5.3 Consciência socioambiental e a formação de um mercado consumidor sustentável

No Brasil, acredita-se que, inicialmente, a formação do mercado consumidor atual de SAS ocorreu em função da economia perceptível ao seu usuário durante a vida útil dos equipamentos, aliada ao maior nível de conforto e qualidade do banho requerido em moradias de alto padrão e no setor hoteleiro, por exemplo.

Assim, a disseminação de informação sobre a tecnologia e seus benefícios pode ser absorvida pela sociedade em geral, induzindo a formação de um mercado consumidor sustentável. Porém, a conscientização socioambiental da população brasileira precisa ser ainda potencializada para as aplicações termossolares.

4.5.4 Aspectos regulatórios

Com base nos programas europeus mais bem-sucedidos na Alemanha e Espanha, a ESTIF (2007) sugere três itens básicos orientativos à criação de guias de implementação da tecnologia solar:

- Os requisitos técnicos e de projeto não devem ser excessivamente detalhados, evitando-se entraves desnecessários ao desenvolvimento tecnológico ou aumento de custos excessivos das instalações.
- Qualquer requisito de produto deve tomar como base as normas e certificações vigentes.
- Devem ser introduzidas cláusulas de garantia da qualidade com verificação aleatória, para evitar que proprietários desmotivados instalem produtos mais baratos e de baixa qualidade (ESTIF, 2007)*.

No Brasil, a experiência da Caixa Econômica Federal (PMCMV) e das Cooperativas de Habitação dos Estados de Minas Gerais e de São Paulo (COHAB-MG e CDHU-SP) podem ser citadas como casos de sucesso. Os Termos de Referência para o SAS produzidos seguiam tal orientação.

4.5.5 Incentivos fiscais

A concessão de subvenções diretas desempenhou papel importante no desenvolvimento da energia solar térmica nos principais mercados europeus. No Brasil, os equipamentos termossolares (coletores e reservatórios) têm isenção de IPI e ICMS desde a década de 1990.

Contudo, é importante ressaltar os resultados do estudo do K4RES-H sobre os diferentes tipos de incentivos financeiros aplicados em países europeus (ESTIF, 2007). A principal conclusão desse estudo é que o sucesso das políticas de incentivo não depende, basicamente, do tipo de política adotada, mas de sua continuidade e da qualidade da concepção e implementação da tecnologia, incluindo medidas de monitoramento e acompanhamento dos resultados.

4.5.6 Projetos de demonstração

Os projetos de demonstração devem ser concebidos de forma estratégica, de modo a promoverem aceleração tecnológica e desenvolvimento da indústria e do mercado de aplicações termossolares. Tais projetos se constituem em

---

* Tradução e adaptação livre.

importante ferramenta na popularização dessa tecnologia para os diferentes setores-alvo.

Os projetos devem envolver as tecnologias já consolidadas no mercado nacional (coletores planos), mas também as novas tecnologias, principalmente para aplicações de média temperatura e concentradores solares. Para quantificar os benefícios financeiros e/ou de qualidade, é importante que as instalações sejam monitoradas, segundo protocolos de M&V, recomendados nacional e internacionalmente.

Os projetos de demonstração devem ser distribuídos em todas as regiões do país, evidenciando o tipo de coletor solar mais adequado às condições climáticas locais. Por exemplo, não se recomenda o uso de concentradores solares em regiões com alto índice de nebulosidade. Tal descentralização promoverá maior difusão da tecnologia, além da criação de empregos locais.

4.5.7 Treinamento e capacitação

A capacitação de profissionais nos diferentes níveis de atuação em aquecimento solar é um dos requisitos críticos para a formação de um mercado autossustentável. A capacitação deve ser promovida periodicamente, de modo a garantir a atualização continuada de seus profissionais e o atendimento às boas práticas de projeto, instalação, manutenção e monitoramento das instalações termossolares.

REFERÊNCIAS

AMÉRICA DO SOL. **Simulador Solar**. 2020. Disponível em: <http://americadosol.org/simulador/>. Acesso em: 02 abr. 2020.

ASSOCIAÇÃO BRASILEIRA DE ENERGIA SOLAR TÉRMICA (ABRASOL). **Pesquisa de Produção e Vendas de Sistemas de Aquecimento Solar 2019** (ano-base 2018). São Paulo: ABRASOL, 2019.

______ . **Atuação da ABRASOL.** Disponível em: <https://abrasol.org.br/abrasol/>. Acesso em: 1º abr. 2020.

ASSOCIAÇÃO BRASILEIRA DE NORMAS TÉCNICAS (ABNT). **ABNT NBR 15569:** Sistema de aquecimento solar de água em circuito direto – Projeto e Instalação. Rio de Janeiro: ABNT, 2008.

______. **ABNT NBR 15747:** Sistemas solares térmicos e seus componentes – Coletores solares. Parte 2: Métodos de ensaio. Rio de Janeiro: ABNT, 2009. Confirmada em 2019.

BRASIL. Ministério da Agricultura, Pecuária e Abastecimento. Instituto Nacional de Meteorologia (INMET). **Normais Climatológicas do Brasil 1981-2010.** Brasília: INMET, 2018a. Disponível em: https://portal.inmet.gov.br/normais?_ga=2.228148825.590795876.1612792381-575771091.1594063762 Acesso em: 08 fev. 2021.

______. Ministério da Agricultura, Pecuária e Abastecimento. Instituto Nacional de Meteorologia (INMET). **Normais Climatológicas do Brasil 1961-1990.** Brasília: INMET, 2018b. Disponível em: https://portal.inmet.gov.br/normais?_ga=2.228148825.590795876.1612792381-575771091.1594063762 Acesso em: 08 fev. 2021.

______. Ministério de Minas e Energia. Empresa de Pesquisa Energética (EPE). **Balanço Energético Nacional 2017** (ano base 2016). Rio de Janeiro: EPE, 2019. Disponível em: <https://www.epe.gov.br/sites-pt/publicacoes-dados-abertos/publicacoes/PublicacoesArquivos/publicacao-46/topico-82/Relatorio_Final_BEN_2017.pdf>. Acesso em: 03 abr. 2020.

______. Ministério de Minas e Energia. Empresa de Pesquisa Energética (EPE). **Balanço Energético Nacional 2019** (ano-base 2018). Rio de Janeiro: EPE, 2019. Disponível em: <http://www.epe.gov.br/sites-pt/publicacoes-dados-abertos/publicacoes/PublicacoesArquivos/publicacao-377/topico-470/Relat%C3%B3rio%20S%C3%ADntese%20BEN%20 2019%20Ano%20Base%202018.pdf.>. Acesso em: 02 mar. 2020.

______. Ministério da Economia. Instituto Nacional de Metrologia, Qualidade e Tecnologia (INMETRO). **Tabelas de consumo/Eficiência energética:** Sistemas e equipamentos para aquecimento solar de água (PBE Solar – coletores e reservatórios. Brasília: INMETRO, 2020. Disponível em: <http://www.inmetro.gov.br/consumidor/pbe/coletores-solares.asp. >. Acesso em: 18 mar. 2020.

CÂMARA BRASILEIRA DA INDÚSTRIA DA CONSTRUÇÃO (CBIC). Banco de Dados.**Indicadores Imobiliários Nacionais.** Belo Horizonte: CBIC Dados, 2020. Disponível em: <http://www.cbicdados.com.br/menu/mercado-imobiliario/indicadores-imobiliarios-nacionais>. Acesso em 27 mar. 2020.

DUFFIE, J. A.; BECKMAN, W. A. **Solar Engineering of Thermal Processes.** 4. ed. Hoboken: John Wiley & Sons, Inc., 2013.

ELETROBRAS/PROCEL. **Avaliação do mercado de eficiência energética no Brasil:** Ano base 2005 – Classe residencial/Relatório Brasil. Rio de Janeiro: ELETROBRAS/PROCEL, 2007.

E*UROPEAN SOLAR THERMAL INDUSTRY FEDERATION (ESTIF).* **Solar Thermal Action Plan for Europe Heating & Cooling from the Sun.** Bruxelas: ESTIF, 2007. Disponível em: <http://www.estif.org/fileadmin/estif/content/policies/STAP/Solar_Thermal_Action_Plan_2007_A4.pdf >. Acesso em: 02 abr. 2020.

JANNUZZI, G. M.; SWISHER, J. N. P. **Planejamento Integrado de Recursos Energéticos:** Meio Ambiente, Conservação de Energia e Fontes Renováveis. Campinas: Autores Associados, 1997.

NIELSEN, J. E. **Recommendation: Converting solar thermal collector area into installed capacity.** Bruxelas: European Solar Thermal Industry Federation (ESTIF). 2004. Disponível em: <http://www.estif.org/fileadmin/estif/content/press/downloads/Technical_note_solar_thermal_capacity-4.doc>. Acesso em: 16 mar. 2020.

PEREIRA, E. B.; MARTINS, F. R.; GONÇALVES, A. R.; COSTA, R. S.; LIMA, F. L.; RÜTHER, R.; ABREU, S. L.; TIEPOLO, G. M.; PEREIRA, S. V.; SOUZA, J. G. **Atlas brasileirode energia solar.** 2ª ed. São José dos Campos: INPE, 2017. 80p. Disponível em: <http://doi.org/10.34024/978851700089>. Acesso em: 08 fev. 2021.

PEREIRA, E. M. D. **Avaliação sobre a instalação de tecnologias solares (térmica e fotovoltaica) em habitações de interesse social.** Belo Horizonte: ABRASOL, 2017.

______. Pesquisa de campo sobre aquecimento solar nas regiões Norte e Nordeste. In: REUNIÃO DO GRUPO DE TRABALHO EM ENERGIA SOLAR TÉRMICA DO MINISTÉRIO DE MEIO AMBIENTE, 2014, Brasília. **Programa Minha Casa Minha Vida – Pesquisa de Benefícios de Sistemas de Aquecimento Solar – SAS Regiões Norte e Nordeste: Resultados.** Brasília: MMA, 2014. Apresentação em: 18 ago. 2014.

SAYGIN D.; GIELEN D. J.; DRAECK M.; WORRELL E.; PATEL M. K. Assessment the technical and economic potentials of biomass use for the production of steam, chemicals and polymers. **Renewable and Sustainable Energy Reviews.** Belfast, v. 40, p. 1153-1167, dec. 2014.

SERVIÇO NACIONAL DE APRENDIZAGEM INDUSTRIAL. AGÊNCIA DE COOPERAÇÃO ALEMÃ (SENAI / GIZ). **Montador de Sistemas de Aquecimento Solar:** Montador SAS – Nível II. Brasília: SENAI/GIZ, 2016.

SOLAR PAYBACK. **Energia termossolar para a indústria:** Eficiência, Sustentabilidade e Lucratividade. Berlim: Solar Payback, 2020. Disponível em: <https://www.solar-payback.com/?lang=pt-br>. Acesso em: 03 abr. 2020.

______. **Energia termossolar para a indústria:** Brasil. Berlim: Solar Payback, 2018. Disponível em: <https://www.solar-payback.com/wp-content/uploads/2018/08/SHIPBrasil-PT2018_FINAL.pdf> Acesso em: 27 fev. 2020.

WEISS, W.; SPÖRK-DÜR, M. **Solar Heat Worldwide**: Global Market Development and Trends in 2018. Gleisdorf: IEA – SHC, 2019. Disponível em: <https://www.iea-shc.org/solar-heat-worldwide>. Acesso em: 16 mar. 2020.

CAPÍTULO 5

TECNOLOGIA FOTOVOLTAICA NO BRASIL

Naum Fraidenraich

5.1 INTRODUÇÃO

As células solares modernas nasceram em 1953. Os trabalhos dos cientistas Calvin Fuller, Gerald Pearson e Daryl Chapin, do Laboratório Bell (USA), culminaram no desenvolvimento da primeira célula solar, precursora da célula solar moderna. O resultado foi apresentado na Reunião Anual da National Academy of Sciences, em Washington, e anunciado em conferência de imprensa em abril de 1954 (VALLÊRA; BRITO, 2006).

O desenvolvimento das células solares nos anos 60 teve como incentivo principal sua utilização em naves espaciais, que favoreceu as células mais eficientes, mas não necessariamente as mais econômicas. Foi nessa década que surgiram as primeiras aplicações terrestres. Foi o caso das células da empresa SOLAREX, que começou a produzir painéis fotovoltaicos para sistemas de telecomunicações remotos e boias de navegação. Essa situação continuou até o primeiro aumento do preço do petróleo, em 1973 (VALLÊRA; BRITO, 2006), em que as aplicações terrestres das células solares ganharam grande impulso.

No fim da década do 70, a produção de células solares para uso terrestre superava a utilização de células para equipamentos espaciais (GARG, 1987, p. 283). Estações repetidoras de micro-ondas, equipamentos de telecomunicações em locais remotos e telefonia rural passaram a ser aplicações frequentes da tecnologia fotovoltaica, atendendo, regularmente, esse mercado.

A disponibilidade da tecnologia fotovoltaica nos anos 1990, já em pleno período de aplicações terrestres, com eficiência de módulos entre 10 e 14% e garantia de vida entre 10 e 20 anos (GREEN, 2005), tornava essa tecnologia o sistema ideal para prover eletricidade a residências em lugares de baixa densidade populacional e sem acesso à energia elétrica, superando dificuldades encontradas ao longo de décadas para atender a essa demanda.

Mais recentemente, nos anos 2010, a súbita redução de custos e o aumento de eficiência com diversas arquiteturas de células (XIAOJING SUN, 2019) impulsionaram a tecnologia fotovoltaica. Micro e macrossistemas contribuíram com o fornecimento de energia residencial e plantas fotovoltaicas ampliaram a capacidade das empresas concessionárias de energia elétrica no Brasil. A tecnologia fotovoltaica se desenvolveu rapidamente, ao ponto de constituir uma das fontes renováveis com forte presença no presente e uma das mais promissoras no futuro.

A recentemente inaugurada Planta Solar Fotovoltaica denominada Brígida, instalada no Município de São José do Belmonte, sertão de Pernambuco, constitui expressão dessa tendência. Com uma potência de 80 MW, é a primeira central de um grupo de três centrais a serem implantadas no local. Junto com os sistemas residenciais, cuja potência acumulada é significativa, a energia solar fotovoltaica já tem uma participação efetiva no panorama nacional das fontes produtoras de energia elétrica.

A ciência dos materiais fotovoltaicos ingressou nos laboratórios de centros de pesquisa e universidades do Brasil nos anos 70. Diversos materiais para células solares foram pesquisados na época: silício monocristalino (c-Si), sulfeto de cobre (Cu_2S), cobre-índio-gálio-selênio (CIGS), telureto de cádmio (CdTe) e células de silício amorfo, assim como superfícies seletivas diversas (DHERE et al., 2020). Pesquisas em sistemas fotovoltaicos, particularmente sistemas com concentração, começaram a ser realizadas a partir de 1980 (COSTA; FRAIDENRAICH, 1981). Histórico sobre a energia solar fotovoltaica no Brasil encontra-se em *Manual de Engenharia para Sistemas Fotovoltaicos* (PINHO; GALDINO, 2014).

Com altos e baixos, ao longo dos 60 anos que nos separam desse período inicial, existe, hoje, uma comunidade científica organizada na Associação Brasileira de Energia Solar – ABENS. O Congresso Brasileiro de Energia Solar (CBENS), que se realiza cada dois anos e já está na sua VIII edição, reúne numerosos trabalhos publicados nas suas Atas e na *Revista Brasileira de*

FIGURA 5.1 Vista da central fotovoltaica Brígida, instalada em São José do Belmonte, PE.
Fonte: BRITO (2019).

Energia Solar. Cientistas brasileiros contribuem com numerosas publicações em revistas de circulação internacional. Tratamos este tema em detalhes no Capítulo 2.

Em 1994, o Ministério de Minas e Energia (MME) lançou o Programa de Desenvolvimento Energético dos Estados e Municípios (PRODEEM), instituído por meio de decreto presidencial de 27 de dezembro de 1994. O PRODEEM tinha o objetivo de utilizar formas renováveis de energia para atender à demanda de eletrificação no campo. Nessa época, aproximadamente metade dos domicílios rurais não contavam com energia elétrica. Na prática, o Programa foi uma experiência, já com energias renováveis de maneira geral, mas especificamente com a tecnologia fotovoltaica. Além de contribuir com o objetivo principal do Programa, sua implementação brindava, às instituições participantes, uma oportunidade ímpar para experimentar a tecnologia fotovoltaica de pequenos sistemas autônomos numa larga escala espaço-temporal (GALDINO; LIMA, 2002).

A experiência de eletrificação com sistemas fotovoltaicos adquiria, assim, duplo significado. Abordava essa demanda e obrigava a mergulhar na tecnologia fotovoltaica, com as exigências que o ambiente das áreas rurais estabelece para sua implantação. Desse ponto de vista, o PRODEEM foi uma escola que permitiu adquirir familiaridade com a tecnologia de sistemas fotovoltaicos e aprender com a experiência de implantação de um grande número de sistemas. Constitui uma etapa importante na história do desenvolvimento dessa tecnologia solar no Brasil.

Ao mesmo tempo, o PRODEEM antecipou e criou as condições para lançar o Programa Luz para Todos, que levou os objetivos da eletrificação rural, na forma de rede elétrica, até sua mais completa realização.

Na época do lançamento do PRODEEM, nos anos 90, a tecnologia fotovoltaica cobria, no mercado mundial, amplo espectro de aplicações: produtos de consumo, comunicações, sinalização e plantas fotovoltaicas de grande porte interligadas na rede (Tabela 5.1). A eletrificação rural já ocupava um lugar importante entre elas e programas de colaboração com o Brasil contemplavam a utilização dessa tecnologia no âmbito rural (Programa Eldorado).

Nas próximas seções, analisaremos, brevemente, o tema da eletrificação rural e sua problemática, para depois ingressar na descrição do papel da tecnologia fotovoltaica nesse universo.

TABELA 5.1 Mercado mundial fotovoltaico por áreas de aplicação (MW/ano)

	1990	1993	1997	2000	2002	2004
Produtos de consumo	16	18	26	40	60	70
Fora da rede, em áreas rurais	6	8	19	38	60	80
Comunicações e sinalização	14	16	28	40	60	80
Comercial fora da rede	7	10	16	30	45	65
Conectado na rede: residencial e comercial (CA*)	1	2	27	120	270	610
Centralizado >100kW	1	2	2	5	5	20
Total (MW/ano)	45	56	118	273	500	925

Fonte: Maycock (1994 e 2005).
*CA: Corrente alternada

Fonte: Maria Clara Feitosa (2023).

5.2 ELETRIFICAÇÃO RURAL

O tema da eletrificação rural se expressa com intensidade no mundo contemporâneo. No ano 2000, mais de 1 bilhão de pessoas que moravam em áreas rurais careciam de energia elétrica no mundo (WORLD BANK, 2020). No ano 2018, ainda permaneciam na escuridão 600 milhões de pessoas.

Nesse mesmo ano, no Brasil, 9 milhões de pessoas que moravam nas áreas rurais não tinham acesso à energia elétrica. O sistema energético convencional tinha dificuldades estruturais para atender esse serviço. Organizado quase que exclusivamente para o atendimento de grandes conglomerados urbanos com mercados fortemente concentrados, o mercado disperso da eletrificação rural carecia de interesse real para as companhias de eletricidade. Uma importante mudança ocorreu a partir do Programa Luz para Todos. No período 2004-2010, o Programa completou 2,6 milhões de ligações, levando o índice de eletrificação de domicílios no campo para 92,6% (Figura 5.3).

A geração fotovoltaica surgiu como alternativa de fornecimento de energia sustentável, notadamente em localidades isoladas onde investimentos na expansão da rede convencional de energia elétrica têm custos proibitivos, normalmente ocasionados pela distância, acidentes geográficos, ou ainda pela baixa quantidade de energia elétrica requerida.

Em termos gerais, a tecnologia fotovoltaica, associada a um sistema de armazenamento (bateria) e um dispositivo de controle, pode ser utilizada para suprir de eletricidade qualquer região isolada da rede de energia elétrica. Trata-se de um sistema autônomo, da mesma forma que um gerador diesel. A diferença é que o combustível está presente em qualquer lugar do território, o que não acontece com o óleo diesel ou outro combustível derivado do petróleo, que depende de uma logística de abastecimento e recursos para adquiri-los.

5.2.1 A eletrificação rural: sua problemática

O universo rural brasileiro estava formado, em 1970, por 41 milhões de pessoas. Constituído por grande número de pequenas propriedades rurais (menores que 10 ha) até grandes propriedades, maiores que 10.000 ha, definiam e definem a estrutura de propriedade da terra (ALCÂNTARA FILHO; OLIVEIRA FONTES, 2009).

Do ponto de vista do consumo de energia, existem profundas diferenças. O consumo de pequenos proprietários tem caráter residencial, enquanto o consumo das grandes propriedades se refere a atividades produtivas. O consumo residencial consta de lenha, gás liquefeito de petróleo (GLP) e eletricidade. O consumo produtivo utiliza óleo diesel nas máquinas agrícolas e eletricidade no processamento de matéria-prima.

A concentração da terra e renda tem conformado o modelo de desenvolvimento rural baseado na modernização agrícola. Trouxe avanços sob o ponto de vista do aumento da produtividade para um conjunto expressivo de cadeias produtivas, mas não contribuiu para alterar essas características históricas (IICA, 2011, p. 27). O avanço da eletrificação rural está relacionado com o processo de modernização agrícola, do latifúndio, da mecanização do trabalho no campo e do reduzido investimento na pequena produção agrícola. O conjunto desse histórico da agricultura brasileira contribuiu para restringir as atividades dos trabalhadores e das trabalhadoras da agricultura e fortaleceu o êxodo rural (JERONIMO; GUY GUERRA, 2018, p. 140).

A dinâmica cidade-campo, que se verifica desde começos do século XX até nossos dias, se materializa na enorme diferença no desenvolvimento urbano quando comparado com o desenvolvimento rural. O processo de rápida industrialização experimentado pelo Brasil levou a um alargamento da distância do padrão de vida da população entre campo e cidade. A urbanização foi um fator que orientou a política de desenvolvimento adotada no país, em detrimento do desenvolvimento rural. Observa-se, na Figura 5.2, a sistemática redução da fração de população rural brasileira no período 1940-2010. Nesse processo, a deficiência de infraestrutura na zona rural brasileira surgiu como fator impeditivo ao desenvolvimento econômico do campo, incentivando a migração rural e o contínuo inchaço das metrópoles urbanas. As consequências e os resultados dessa política se traduzem nos indicadores econômico-sociais e no acesso aos serviços básicos no meio rural (OLIVEIRA, 2001, p. 5).

Em um período de 40 anos, 1970-2010, a população rural brasileira passou de ser 44% da população total a 16%. A população rural em termos absolutos teve pouca variação ao largo de 70 anos, entre 28 e 41 milhões de habitantes, quando comparada com a variação da população urbana, que passou de 52 a 160 milhões de habitantes.

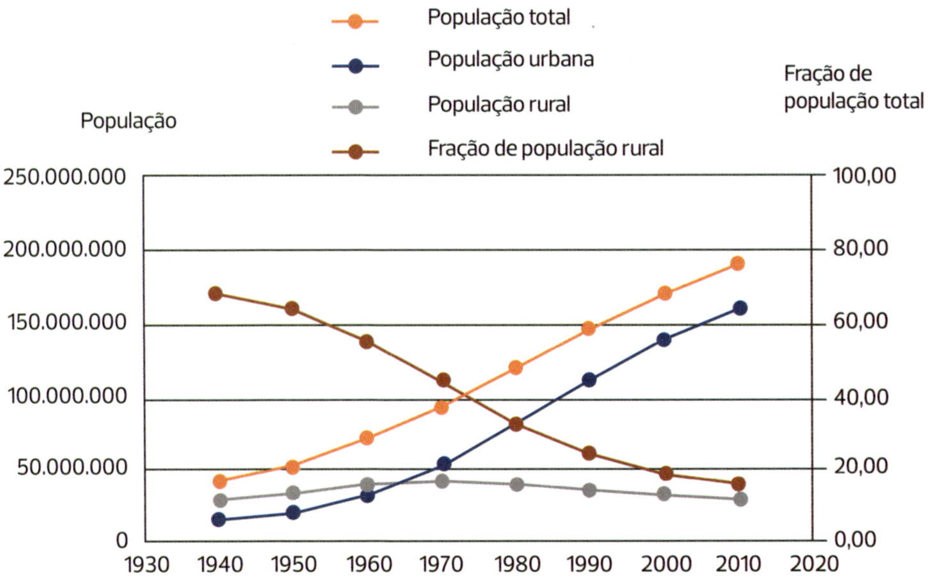

FIGURA 5.2 Evolução da população brasileira no período de 1940–2010.
Fonte: Stamm (2013, p. 83).

A maior preocupação, até começos do século XXI, era dotar as cidades brasileiras de energia elétrica. Historicamente, os investimentos em eletrificação rural eram inconstantes e pouco atrativos para as concessionárias. Só em 2002, a legislação consagrou o direito gratuito e irrestrito à eletricidade. Reconhecida como marco legal da universalização, a Lei n.º 10.438, de 2002, criou um novo paradigma no setor elétrico brasileiro, atribuindo às distribuidoras a responsabilidade pelo custo integral das obras necessárias para o atendimento aos consumidores. O texto sancionado pelo Congresso estabeleceu, finalmente, a obrigação da universalização do serviço público de eletricidade, sem ônus para o solicitante (CENTRO DA MEMÓRIA DA ELETRICIDADE NO BRASIL, 2016, p. 218).

Em 1970, quando a população rural era similar à população urbana (41 milhões de habitantes nas áreas rurais, de uma população total de 93 milhões), a energia elétrica atendia 74,5% do total de domicílios do Brasil (Figura 5.3). A estrutura de distribuição de energia era precária até mesmo nos centros urbanos e o mundo rural estava praticamente à margem do mercado atendido

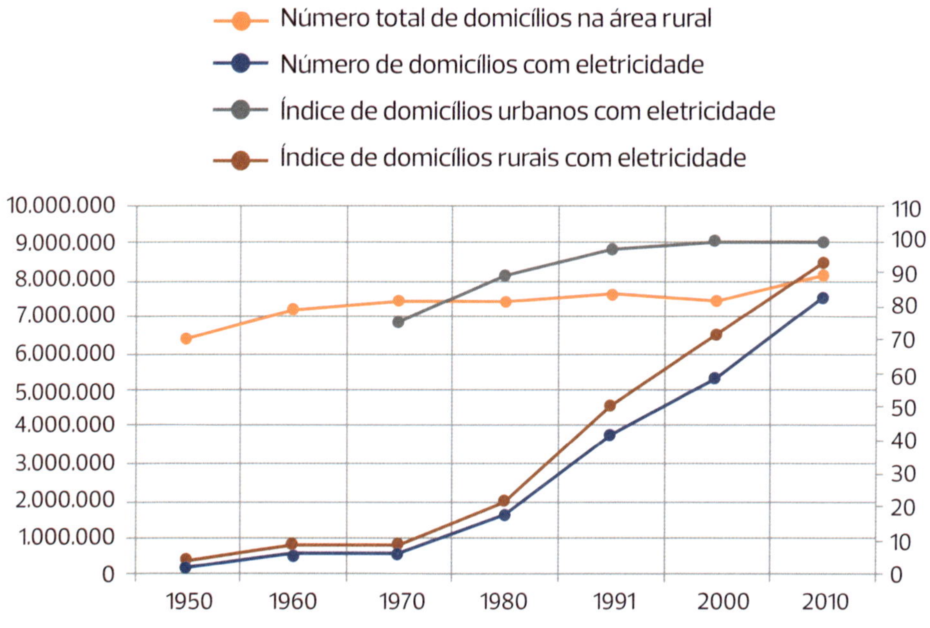

FIGURA 5.3 Evolução do número de domicílios rurais e do número de domicílios rurais atendidos com energia elétrica no período de 1950-2010. Índice de domicílios rurais com eletricidade e índice de domicílios urbanos com eletricidade, período de 1970-2010.
Fonte: Centro da Memória da Eletricidade no Brasil (2016).

pelas concessionárias. Somente 8,3% dos domicílios rurais contavam com energia elétrica. Nas cidades, esse percentual era igual a 75,6%.

Programas públicos existentes desde 1990 permitiram avançar no processo de eletrificação do Brasil. No ano de 2010, a energia elétrica estava significativamente universalizada no Brasil. As companhias distribuidoras atendiam 96,7% dos 191 milhões de habitantes que compunham a população do país, com 99,1% de grau de eletrificação nas áreas urbanas e 92,7% nas áreas rurais.

5.2.2 Dificuldades e soluções na implementação da eletrificação rural

A eletrificação das regiões rurais tem sido, habitualmente, responsabilidade das concessionárias de energia elétrica. Em certos Estados, essa responsabilidade foi compartilhada ou delegada às cooperativas elétricas. Entretanto, apesar de, como resultado de um alto grau de urbanização do país, o Brasil possuir um elevado índice de eletrificação global (em torno de 88% de seus habitantes urbanos tinham, em 1980, acesso à energia elétrica), nas regiões rurais a situação era muito menos favorável (21%).

Historicamente, o processo de eletrificação rural foi abordado por meio da extensão da rede de energia elétrica. Seu ritmo de progresso tem sido contínuo a partir de 1970 até nossos dias, como pode ser observado na Figura 5.2, culminando, hoje, com elevado grau de eletrificação tanto rural como urbano. Dificuldades encontradas ao longo dessa jornada são relatadas a seguir.

Recursos para realização de obras de extensão da rede elétrica. A rigor, existiam partidas de dinheiro específicas para extensão da rede. Entretanto, os recursos disponíveis, muitas vezes, não eram suficientes e o acesso às linhas de financiamento apresentava dificuldades para os consumidores rurais. Os programas de eletrificação rural cobravam pela instalação das infraestruturas (postes, cabos, fios, caixas de energia, transformadores), o que restringia o acesso ao serviço de energia elétrica e excluía as famílias de escassos recursos econômicos, impossibilitadas de comprar esses materiais (JERONIMO; GUY GUERRA, 2018, p. 138-140).

Baixa densidade da população rural, que varia entre 4 e 10 habitantes por km^2, sendo as menores densidades nas regiões Norte e Centro-Oeste e as maiores no Sul, Sudeste e Nordeste, o que reduzia as possibilidades de se estender uma rede para atender um número muito limitado de usuários, num contexto de custos crescentes e financiamentos escassos (RESENDE SILVA; SENZI ZANCUL, 2012, p. 14).

Baixa capacidade de consumo de energia das famílias rurais. A experiência de eletrificação rural por meios convencionais, extensão de rede, deve atender um grande número de pequenos consumidores e pequeno número de grandes consumidores. O consumo de pequenos usuários, de índole familiar, destina-se essencialmente à iluminação da vivenda, alimentar um pequeno rádio, de maneira cada vez mais frequente, um televisor, inicialmente preto e branco e, quando possível, televisor a cores, totalizando uma demanda habitual menor que 30 kWh/mês, que é o valor mínimo estabelecido pelas concessionárias. As famílias não possuem outros eletrodomésticos que elevem esse consumo, embora façam parte de suas aspirações (JERONIMO; GUY GUERRA, 2018).

A restrição relativa ao baixo consumo de pequenas residências deve ser complementada com a observação que, uma vez a energia elétrica está disponível, o que se constata é um aumento de seu consumo, com efeitos positivos na economia da região, mobilizando crescentemente setores do comércio e da indústria, até então inexistentes. Observa-se, ao mesmo tempo, que outros proprietários rurais são incentivados a instalar energia elétrica nos seus domicílios.

Elevadas perdas elétricas em linhas de baixo consumo que percorrem grandes distâncias. As perdas nas linhas de distribuição podem chegar a ser comparáveis ao próprio consumo. Em resposta a essa problemática, nos anos 80, o professor Ênio Amaral, da Escola Técnica Federal de Pelotas, pesquisou e desenvolveu o que se conhece como sistema de eletrificação simplificado. O projeto substitui as linhas trifásicas por linhas monofásicas e transformadores trifásicos por monofásicos. Um único fio de aço zincado ou aluminizado, em lugar de cabos de alumínio, conecta a linha de transmissão com a moradia, adequado para consumos modestos de residências distantes entre si. A energia retorna por terra, sistema hoje conhecido como MRT, Monofásico com Retorno por Terra. Os postes podiam ser de madeira em lugar de concreto e as distâncias entre postes, devido à resistência dos cabos de aço, bem mais distantes. Um poste de concreto a cada 50 metros nos sistemas convencionais era substituído por um poste a cada km. Os custos eram reduzidos numa ordem de grandeza. A experiência foi desenvolvida com sucesso no Município de Palmares do Sul, próximo de Porto Alegre (MARINI, 2007) pelo prefeito

Fabio Rosa, jovem engenheiro-agrônomo e inventor que chegou a obter prêmios importantes em concursos internacionais. Do ponto de vista social, a iniciativa contava ainda com a possibilidade de utilizar materiais locais, postes de madeira, e mão de obra local, inclusive os próprios beneficiários. A adoção desse sistema viabilizou o acesso de comunidades rurais de baixa renda, geralmente não contempladas em programas convencionais das concessionárias, aos serviços de energia elétrica (CENTRO DA MEMÓRIA DA ELETRICIDADE NO BRASIL, 2016). Depoimento do engenheiro João Ramis, citado nessa publicação em 2014, é eloquente:

> Na década de 1980, milhares de quilômetros de redes rurais no Rio Grande do Sul foram implantados com a famosa monobucha (monofásico com retorno por terra) com cabo de aço, permitindo vãos maiores e uma redução do custo da rede, em função da diminuição do número de postes e, também, porque o custo do condutor era menor que o custo do alumínio.

Os programas desenvolvidos pela Copel e Cemig, no período de 1984-1988, fizeram uso em larga escala do sistema MRT, beneficiando 225.000 propriedades. Apesar da ausência de unanimidade para adotar esse esquema de eletrificação, ele também foi adotado em programas recentes, ampliando significativamente as possibilidades da política de extensão da linha. Entretanto, um número de moradias muito distantes ainda resta por receber o serviço elétrico. Nesse caso, a tecnologia fotovoltaica, como veremos em próxima seção, constitui uma solução efetiva.

5.3 ANTECEDENTES HISTÓRICOS DA ELETRIFICAÇÃO RURAL

Do ponto de vista da origem dos empreendimentos com formas de energia renovável, em particular fotovoltaica, podemos dividir a história da eletrificação rural em três grandes períodos: a) Do convencional ao fotovoltaico. Primeiras tentativas até o Programa de Desenvolvimento de Estados e Municípios – PRODEEM; b) os anos do PRODEEM e o Programa de Incentivo às Formas Renováveis de Energia Elétrica – PROINFA, que estabeleciam a utilização de formas renováveis de energia; e c) Do PROINFA até nossos dias.

5.3.1 Do convencional ao fotovoltaico: primeiras tentativas até o Programa de Desenvolvimento de Estados e Municípios – PRODEEM

O primeiro registro histórico de uso de eletricidade na zona rural do Brasil data de 1923, no interior de São Paulo. Na década do 1940, surgem, no Rio Grande do Sul, as primeiras experiências de cooperativas de eletrificação rural a partir de iniciativas de pequenas comunidades, com a finalidade de prover suas residências de energia elétrica (DE OLIVEIRA, 1998).

A preocupação pelo atendimento energético de residências localizadas em regiões distantes ou isoladas do território nacional deu origem a diversos programas estaduais e federais de eletrificação. Por meio da Lei Federal n.º 8, criou-se, em 1948, o Serviço de Fomento de Eletrificação Rural (JERONIMO; GUY GUERRA; 2018, p. 4; BRASIL, 1948). Diversas iniciativas, ainda que de caráter deliberativo e/ou legal, abordam essa problemática. Dentre elas, o Seminário Latino-Americano para Eletrificação Rural, na cidade do Recife, em 1950, e o 1.º Simpósio Nacional de Eletrificação Rural, em 1967, foram convocados para debater esse tema.

A partir dos anos 1950, inicia-se o envolvimento dos governos estaduais no processo de eletrificação rural. Em 1957, é criado o Serviço Especial de Eletrificação Rural – SEER no Estado de São Paulo. A partir de 1961, ainda em São Paulo, o Departamento de Águas e Energia Elétrica passa a desenvolver um programa através de cooperativas. Mais tarde, surgem empresas subsidiárias das concessionárias de energia elétrica, encarregadas de executar a Política Estadual de Eletrificação Rural.

A eletrificação rural toma novo impulso a partir de 1970 por meio da implantação de sistemas de distribuição de energia elétrica rural pelo Instituto Nacional de Colonização e Reforma Agrária (INCRA), do Ministério de Agricultura. No mesmo ano foi criado o Grupo Executivo de Eletrificação Rural (GEER), para assessorar os projetos financiados com recursos do Fundo de Eletrificação Rural (FUER), no âmbito do mesmo Ministério. No período de 1970 a 1976, foi executado o I Programa Nacional de Eletrificação Rural – I PNER, que é considerado marco inicial da eletrificação rural nacional, embora atingisse apenas nove Estados (PAGLIARDI et al., 2003). Metade dos recursos do fundo vieram através de um empréstimo do Banco Interamericano de Desenvolvimento (BID). A União contribuía com 30% dos recursos e as cooperativas de eletrificação rural, objeto final do empréstimo, com 20%. Os recursos eram repassados às cooperativas através das concessionárias de energia elétrica, com prazos de 12 anos com três de carência e juros de 12% ao ano (DE OLIVEIRA, 1998, p. 90).

Foi a partir da instituição do GEER que surgiram grande parte das cooperativas de eletrificação rural do país. Até outubro de 1971, 118 cooperativas haviam sido constituídas em função do I PNER (principalmente na região Nordeste) (OLIVEIRA, 2001, p. 32).

A Figura 5.2 mostra o número total de domicílios rurais e o número de domicílios com iluminação elétrica no período de 1950-2010. Aqui, observa-se a escassa variação do número de domicílios rurais eletrificados até a década de 1970 e o importante aumento no período subsequente, até 1990, que cresce de 8,3% para 49,4%. Entretanto, é importante observar que a população rural diminui nesse período, de 41 para 35,8 milhões, devido ao fenômeno de migração. Uma parte do aumento percentual deve-se à redução do número de habitantes. No que se refere à eletrificação urbana, o índice cresceu consideravelmente, de 75,6 para 97,3%, no mesmo período.

Diversas ações cobriram o período de 1976 até o fim da década de 1990. A Eletrobrás criou o Departamento de Eletrificação Rural (DEER) em 1976, para atuar com as concessionárias, complementando o GEER, que ficaria com as cooperativas. De 1976 a 1980, a empresa Eletrobrás financiou, com recursos próprios, um programa que contemplava 16 Estados, um Território e o Distrito Federal. Entre 1978 e 1981, o Ministério de Agricultura implementou o II PNER, com recursos do BID, da União e de cooperativas. Outros programas da Eletrobrás foram destinados a Estados, por exemplo, o assinado com o Banco Mundial, em 1983, para eletrificação rural nos Estados de Paraná e Minas Gerais (PAGLIARDI et al., 2003). Na década do 80, diversos programas estaduais foram implementados. Os governos de Paraná, Bahia, Rio Grande do Sul, Minas Gerais, Pernambuco, Pará, Amazonas, Tocantins e São Paulo eletrificaram em torno de 300.000 domicílios no intervalo de 1984-1999 (JERONIMO; GUY-GUERRA, 2018, p. 139).

As análises efetuadas ao longo dessa década para avaliar os resultados dos programas implementados mostravam uma desvinculação entre as políticas de eletrificação rural e o desenvolvimento das regiões eletrificadas, com benefícios resultantes bem magros. Apesar do avanço no número de domicílios eletrificados, as diferenças regionais no índice de eletrificação eram significativas. A Tabela 5.2 mostra que 12,6 milhões de habitantes nas regiões Norte

TABELA 5.2 Propriedades, população e eletrificação rural no Brasil (1991)

Região	Propriedades rurais	Habitantes	Propriedades rurais não eletrificadas	Habitantes sem eletricidade	Fração de propriedades rurais não eletrificadas	Fração de habitantes sem eletricidade
					(%)	(%)
Norte	569.976	4.107.982	559.560	4.034.038	98,2	98,2
Nordeste	2.817.909	16.721.261	2.504.281	8.661.613	88,9	51,8
Centro-Oeste	247.084	1.764.479	177.364	1.722.132	71,8	22,1
Sudeste	998.907	7.514.418	529.879	1.660.686	53,0	22,1
Sul	1.201.903	5.726.345	460.448	773.057	38,3	13,5
Total Brasil	5.834.779	35.834.485	4.231.532	16.851.526	72,5	47,0

Fontes: Ribeiro e Santos (1994, p. 133), Stamm (2013, p. 83) e PRODEEM (1995, p. 1).

e Nordeste careciam de serviço elétrico em 1991, com baixos índices de eletrificação em cada região, 1,8% na região Norte e 48,2% na região Nordeste.

A partir de 1994, iniciativas mais consistentes sinalizaram a retomada do processo de eletrificação rural por parte do governo federal. O lançamento do PRODEEM (1994) introduziu, prioritariamente, a tecnologia fotovoltaica. Novidade tecnológica nos anos 90, o programa constitui a primeira experiência em larga escala dessa tecnologia no Brasil.

5.3.2 Os anos do PRODEEM

Programa de Desenvolvimento de Estados e Municípios – PRODEEM

Em 1994, o Ministério de Minas e Energia (MME) lançou o Programa de Desenvolvimento Energético dos Estados e Municípios (PRODEEM), instituído por meio de decreto presidencial de 27 de dezembro de 1994. Seu objetivo principal era viabilizar a instalação de microssistemas energéticos de produção e uso locais, em comunidades carentes, isoladas e não servidas por rede elétrica, destinados a apoiar o atendimento de demandas sociais básicas

(GALDINO; LIMA, 2002). Um universo de 10 milhões de pessoas na zona rural não tinha, na época da criação do PRODEEM (1994), acesso à energia elétrica convencional. Este programa iniciou uma série de ações do Governo Federal do Brasil que se estendem até nossos dias, promovendo o uso de Energias Renováveis.

A filosofia do PRODEEM considerava o acesso à energia elétrica o objetivo principal, mas não único. Visando ao desenvolvimento integrado das comunidades, o programa estava constituído por subprogramas relativos ao desenvolvimento econômico-social das comunidades (CEPEL, 1996).

Do ponto de vista do abastecimento de energia elétrica, o programa considerava os diversos recursos energéticos disponíveis no Brasil: solar, eólico, pequenas centrais hidroelétricas, combustíveis derivados da biomassa e biodigestores. Na prática, o programa escolheu pequenos sistemas fotovoltaicos como recurso principal a ser instalado. Tratava-se de uma experiência pioneira no Brasil. Informações sobre programas similares em outros lugares do mundo eram escassas e não existiam regulamentos que orientassem sua instalação e manutenção.

Os sistemas fotovoltaicos autônomos, formados por um ou dois módulos e bateria, forneciam iluminação noturna para escolas, postos de saúde, igrejas, centros comunitários, reservas indígenas, postos policiais em florestas e postos telefônicos. Posteriormente, as aplicações foram ampliadas para sistemas de abastecimento de água, com equipamentos de maior porte.

O Programa foi coordenado pelo Ministério de Minas e Energia (MME), por intermédio do Departamento Nacional de Desenvolvimento Energético (DNDE), com apoio da Eletrobrás e do Centro de Pesquisas em Energia Elétrica (CEPEL). Os componentes dos sistemas fotovoltaicos, módulos, suportes, baterias, controladores de carga, inversores e luminárias foram fornecidos pelo PRODEEM. Equipamentos como geladeiras, televisão, estavam a cargo das organizações locais.

Além da correta instalação dos sistemas, existia preocupação com relação a sua manutenção, durante intervalos de tempo comparáveis com a vida útil dos módulos fotovoltaicos. Ao longo das diversas fazes do Programa, contou-se com o auxílio de manuais de instalação, publicados pelo CEPEL. Uma iniciativa do Grupo de Trabalho de Energia Solar – GTES, criado em 1992, deu origem ao *Manual de Engenharia de Sistemas Fotovoltaicos*, publicado pela primeira vez em 1996 em forma de apostila. A grande demanda do manual, motivou uma edição a cargo de CRESESB em 1999, já na forma de livro, orientado especialmente para pequenos sistemas fotovoltaicos. Uma versão atualizada do manual foi publicada em 2004 e mais recentemente em 2014, incorporando as novidades mais recentes da tecnologia. Além dos aspectos básicos, as diversas versões dos manuais enfocaram temas como métodos de dimensionamento; e procedimentos de instalação, operação e manutenção (PINHO; GALDINO, 2014).

O PRODEEM se desenvolveu ao longo de seis fases, chegando a instalar 8.700 sistemas distribuídos nos 27 Estados brasileiros, especialmente nas regiões Nordeste e Norte do Brasil, totalizando 5,2 MWp de potência (GALDINO; LIMA, 2002). As realizações desse programa cumpriram, na medida das possibilidades, os objetivos iniciais de levar energia elétrica aos lugares mais remotos do território brasileiro. Seguindo as orientações do TCU, foi lançado, em dezembro de 2004, o Plano de Revitalização e Capacitação do programa (PRC-PRODEEM), tendo como objetivos a localização, o diagnóstico, a revitalização ou remoção e o tombamento dos sistemas existentes (PRODEEM, 2004).

A tecnologia fotovoltaica na última década do século 20, apesar de seus preços elevados, ofereceu a possibilidade de eletrificar regiões consideradas, até então, quase impossíveis. Ao mesmo tempo, o PRODEEM antecipou e criou as condições para lançar o Programa Luz para Todos, que levou os objetivos da eletrificação rural, na forma de rede elétrica, até sua mais completa realização, como se relata mais na frente.

5.3.3 Do Programa de Incentivo às Formas Renováveis de Energia Elétrica – PROINFA até nossos dias

A crise de energia elétrica de 2001 tornou imperiosa a procura por alternativas energéticas ao petróleo. Chamou a atenção, em particular, sobre a importância das fontes renováveis de energia. Em decorrência disso, através da Lei n.º 10.438, de 26 de abril de 2002, foi criado o Programa de Incentivo às Fontes Alternativas de Energia Elétrica (PROINFA) com o intuito de aumentar a participação da energia elétrica produzida por empreendimentos a partir das fontes eólicas, pequenas centrais hidrelétricas (PCHs) e biomassa no sistema. Nos seus fundamentos, a Lei institui:

> (...) o Programa de Incentivo às Fontes Alternativas de Energia Elétrica – PROINFA, com o objetivo de aumentar a participação da energia elétrica produzida por empreendimentos de Produtores Independentes

Autônomos, concebidos com base em fontes eólicas, pequenas centrais hidrelétricas e biomassa, no Sistema Elétrico Interligado Nacional (BRASIL, 2002).

Procurava-se, com a regionalização, maior segurança no abastecimento de energia elétrica, participação importante de fontes renováveis, redução da emissão de gases de efeito estufa e valorização das potencialidades regionais e locais por meio da geração de empregos (BRASIL, MME, 2009a). Basicamente, tinha como meta a contratação de 3,3 GW elétricos pela Eletrobrás, com contratos de 20 anos, distribuídos equitativamente entre as três fontes.

O Ministério de Minas e Energia (MME) teve a responsabilidade de estruturar o PROINFA, definir as diretrizes, elaborar o planejamento do Programa e definir o valor econômico de cada fonte. Em decorrência do novo marco do setor elétrico estabelecido pela Lei n.º 10.848, de março de 2004, que previu a contratação de energia por meio de leilões, coube à Centrais Elétricas Brasileiras S.A. (Eletrobrás) o papel de agente executor, com a celebração de contratos de compra e venda de energia (CCVE), responsável pela comercialização da energia gerada pelos empreendimentos contratados no âmbito do PROINFA por um prazo de 20 anos (BRASIL, MME, 2009a).

Nove anos após sua criação, em 2011, o PROINFA contabilizava 119 empreendimentos, sendo 41 eólicos, 59 pequenas centrais hidroelétricas e 19 térmicas a biomassa, com aproximadamente 3.000 MW instalados, 90% da meta inicial. As fontes alternativas, consequentemente, passaram a figurar como opção factível para o fornecimento de energia, inclusive com a realização do primeiro leilão voltado exclusivamente para sua categoria – o Leilão de Fontes Alternativas (LFA) de 2010 (DINIZ, 2018, p. 3).

Nesse ambiente, a geração eólica apresentou participação crescente nos leilões de energia desde 2009. As contratações dos últimos 10 anos mostraram que esses empreendimentos atingiram preços competitivos e impulsionaram a instalação de uma indústria nacional de equipamentos para o atendimento desse mercado (MME, 2015, p. 91).

Os leilões de energia foram o principal mecanismo para a expansão da fonte, resultando em 746 projetos eólicos contratados e totalizando aproximadamente 8.000 MW médios de energia, em 22 leilões realizados desde 2009, com expressiva redução de preços de energia comercializada. O ambiente de contratação livre (ACL) também tem atraído investimentos em parques eólicos.

Todos esses mecanismos (PROINFA, leilões e projetos do ACL) resultaram em uma capacidade instalada de mais de 16 GW e, com isso, a participação da eólica na matriz elétrica brasileira saltou de 5.000 MW, em 2014, (3,7%) (MME, 2015, p. 96), para 15.000 MW (9%) em 2019, sendo a terceira fonte em capacidade instalada e a segunda dentre as renováveis. Até 2029, estima-se que esse número chegue a 17%, atingindo cerca de 40 GW (EPE, 2021)*.

Programa Luz para Todos

Em 2003, foi instituído o Programa Nacional de Universalização do Acesso e Uso da Energia Elétrica, também denominado Luz para Todos, por meio do Decreto n.º 4.873, de 11 de novembro de 2003, coordenado pelo Ministério de Minas e Energia e operacionalizado com a participação das Centrais Elétricas Brasileiras S.A. – Eletrobrás. No seu artigo 1.º, expressa que:

> Fica instituído o Programa Nacional de Universalização do Acesso e Uso da Energia Elétrica – "LUZ PARA TODOS", destinado a propiciar, até o ano de 2008, o atendimento em energia elétrica à parcela da população do meio rural brasileiro que ainda não possui acesso a esse serviço público. (BRASIL, 2003).

Concebido como instrumento de desenvolvimento e inclusão social, teve como objetivo estender os benefícios da energia elétrica a 2 milhões de domicílios rurais (10 milhões de habitantes) que, de acordo com o censo do Instituto Brasileiro de Geografia e Estatística (IBGE), no ano 2000, careciam desse serviço. Noventa por cento das famílias tinham ingresso inferior a três salários-mínimos. Um universo de 10 milhões de pessoas seria beneficiado com o Programa (ELETROBRÁS, 2017).

A meta original do Programa de 2 milhões de ligações foi atendida em maio de 2009. A execução do programa permitiu verificar que o universo de moradias que carecia de atendimento de energia elétrica era bem mais amplo. Por esse motivo, o Decreto n.º 4.873, de 2003, foi prorrogado até 2010 e a nova meta aumentou para quase 3 milhões de domicílios.

---

* A previsão de ANEEL para o ano de 2029 é igual a 24,4 GW, Seção 5.6.1, Figura 5.12 deste capítulo.

No entanto, novas demandas surgiram, em sua maioria localizadas nas regiões Norte e Nordeste do País, que já no início do Programa, em 2003, apresentavam os maiores índices de exclusão elétrica. Além das dificuldades de logística para a execução das obras, as citadas regiões concentram, dentre outras, parcela significativa de populações Quilombola, indígena e comunidades localizadas em Reservas Extrativistas. O Decreto n.º 7.520, de 8 de julho de 2011, amplia a atuação do Ministério de Minas e Energia, responsável pela execução do Programa até 2014.

No fim de 2013, o Programa completou 10 anos e atingiu a marca de 15 milhões de pessoas beneficiadas. Nesse mesmo ano, o então secretário-geral da ONU, Ban Ki-moon, elogiou as conquistas do programa e afirmou que a iniciativa brasileira é um exemplo a ser seguido pelas demais nações. As alterações no Programa foram acompanhadas pela publicação de vários decretos: n.º 7.656, de 23/12/2011, n.º 8.387, de 30/12/2014, e n.º 9.357, de 27/04/2018.

A partir do último decreto, a vigência do programa se estendeu até 2022 (ELETROBRÁS, 2017). Os benefícios sociais têm sido imensos. O relatório do MME "Luz para todos: Um Marco histórico" relata histórias comoventes sobre as famílias beneficiadas com o Programa (BRASIL, MME, 2009b).

Com sua implementação, os sistemas fotovoltaicos rurais, objeto do PRODEEM, foram praticamente desativados. Entretanto, o que se verifica hoje é que a tecnologia fotovoltaica, devido a sua versatilidade técnica e preços, continua sendo uma opção importante para as regiões rurais, considerando sua capacidade de atendimento de necessidades comunitárias e aplicações produtivas.

5.4 O DESAFIO DA ELETRIFICAÇÃO RURAL COM TECNOLOGIA FOTOVOLTAICA

A tecnologia fotovoltaica, na forma de pequenos sistemas autônomos instalados em áreas rurais para atender pequenas cargas, começou a ser experimentada no Brasil ao longo do PRODEEM, nos anos 1990. O Programa Luz Para Todos (2003), responsabilidade das concessionárias em cada Estado, sucedeu o PRODEEM e o PROINFA com a prática de extensão da rede, havendo conseguido resolver as barreiras que dificultavam o acesso, em toda sua extensão, ao território brasileiro. Entretanto, descobriu-se que certos locais podiam receber energia elétrica produzida por sistemas fotovoltaicos a custos menores e de forma mais ágil que com extensão de rede. Essa foi a experiência dos profissionais da COELBA, a cargo do Programa Luz para Todos, que já tinham instalado sistemas fotovoltaicos no Estado da Bahia em programas anteriores. A descrição dessa experiência encontra-se no prefácio do livro de Machado da Silva filho (2012). Nele podemos ler:

> Ao final, o referido autor demonstra que pode ser economicamente mais atrativo para uma concessionária de energia elétrica, compelida a universalizar o serviço, utilizar a opção de atendimento através de sistemas individuais, tornando o processo mais ágil e, que, por outro lado, uma grande limitação para o uso destes sistemas – a gestão da operação e manutenção dos equipamentos –, pode ser facilmente vencida, quando feita por esta mesma concessionária. Como afirma o autor, esta constatação passa a se constituir "(...) um verdadeiro divisor de águas, na história da energia solar fotovoltaica no Brasil" (PEREIRA, 2012).

Os acontecimentos posteriores ao Programa Luz para Todos nos remetem às primeiras décadas deste século. A tecnologia fotovoltaica já tem adquirido carta de cidadania, e o mercado se expande rapidamente, em especial no meio urbano, mas também começam a se perceber as perspectivas que o mercado rural oferece, tanto para pequenos produtores como para médios e grandes estabelecimentos rurais, como comentamos em próxima seção.

No entanto, um retorno aos anos 1980, em que o Brasil estava imerso na crise mundial do petróleo, vários programas de direto interesse da tecnologia fotovoltaica, que marcaram o início das atividades no âmbito dessa tecnologia, foram criados no Brasil.

5.4.1 Programas nacionais e regionais

Possivelmente, a primeira iniciativa em nível ministerial adotada no Brasil tenha sido a decisão do Ministério de Minas e Energia, presidido na época pelo Dr. Antônio Aureliano Chaves de Mendonça, de constituir um grupo de trabalho para elaborar um Programa Nacional de Energia Solar, denominado Pro-Solar. Em julho de 1987, foram convocados representantes de Petrobrás, Eletrobrás, Secretarias Estaduais de Ciência e Tecnologia,

Universidades e a Associação Brasileira de Energia Solar, sob coordenação da Secretaria de Tecnologia do Ministério de Minas e Energia. O programa estava destinado a estimular atividades no campo da tecnologia solar e pretendia, entre outros objetivos, preparar o sistema tecnológico brasileiro para o desenvolvimento do mercado de energia solar, levando-se em conta que esse desenvolvimento era previsto nas projeções que as organizações internacionais faziam nessa época. A vida do programa foi curta devido à mudança de autoridades.

A década de 90 foi prolífica em programas internacionais, incentivando tanto o uso de sistemas fotovoltaicos quanto de sistemas eólicos. Em particular, iniciativas do governo dos Estados Unidos e da Alemanha foram objeto de acordos de colaboração para a implementação de programas de eletrificação rural e de difusão da tecnologia de bombeamento fotovoltaico.

Colaboração NREL-CEPEL

Em decorrência da reunião internacional do Rio de Janeiro, em junho de 1992 (Earth Summit – Rio 92), foi estabelecido um acordo de colaboração entre o Laboratório Nacional de Energias Renováveis dos Estados Unidos (National Renewable Energy Laboratory – NREL) e o Centro de Pesquisas de Energia Elétrica – CEPEL. O laboratório NREL, em representação do Departamento de Energia dos Estados Unidos – DOE e o CEPEL representando o governo do Brasil. O acordo previa, basicamente, a eletrificação de vivendas rurais, sistemas de bombeamento e iluminação pública, totalizando 1.123 sistemas, com uma potência global de 97 kWp (quilowatts pico). Sua distribuição está mostrada na Tabela 5.3 (GALDINO et al., 1995).

A finalidade do acordo foi demonstrar a efetividade da tecnologia solar fotovoltaica e eólica para satisfazer as necessidades do serviço de energia da população rural, estabelecer relações institucionais, comerciais e individuais entre as partes brasileiras e dos Estados Unidos, necessárias para promover programas sustentáveis utilizando energias renováveis e estabelecer as bases de um amplo programa de eletrificação rural com energias renováveis.

A título de exemplo, podemos citar os programas dos Estados de Ceará e Pernambuco (RIBEIRO et al., 1995). No Estado de Ceará, os sistemas foram instalados em locais onde as famílias se agrupam espacialmente na forma de vilas, e contam, em muitos casos, com escola e igreja, e adotam, portanto, um estilo de vida eminentemente comunitário. Isso facilita o processo de eletrificação. A programação previa que fossem instalados 563 sistemas fotovoltaicos em 14 vilas rurais, distribuídos da seguinte forma:

- 15 sistemas destinados a postos de saúde e escolas, utilizados para iluminação e televisores preto e branco;
- 492 sistemas instalados em vivendas, distribuídas ao longo de 14 vilas rurais; e
- 56 sistemas de iluminação pública, a razão de 4 sistemas por vila.

Na prática, o número total de sistemas instalados foi reduzido para 414.

No Estado de Pernambuco, onde é frequente encontrar vivendas isoladas na área rural, existiam 18 cooperativas de eletrificação rural que, em convênio com a CELPE, se ocupavam do serviço elétrico nessa área. A programação inicial previa a instalação de 345 sistemas de eletrificação rural, ao passo que foram instalados, efetivamente, 323 sistemas. Na Tabela 5.3 se resume a distribuição de sistemas fotovoltaicos por Estado.

As potências, componentes elétricos e a forma de instalação dos equipamentos em ambos os Estados têm sido diferentes. Os detalhes podem ser consultados em Ribeiro et al. (1995). Potência total instalada no Estado do Ceará foi igual a 23 kWp, enquanto que no Estado de Pernambuco foi 34 kWp. O número de sistemas neste último Estado é menor, porém cada um deles conta com 2 módulos fotovoltaicos de 53 W. Já no Estado do Ceará, cada sistema é constituído por um único módulo fotovoltaico, salvo nas escolas e postos de saúde, integrados por dois deles.

TABELA 5.3 Distribuição regional de sistemas no acordo NREL - CEPEL

Estado	Eletrificação de vivendas	Sistemas de bombeamento	Outros	Potência (kW)
Ceará – CE	563	–	–	31
Pernambuco – PE	345	–	–	37
Bahia – BA	128	17	10	24
Alagoas – AL	49	6	5	5

Fonte: Galdino et al. (1995).

Programas de colaboração Brasil-Alemanha

Projeto PVP

Talvez um dos sistemas fotovoltaicos mais bem-sucedidos, mas não suficientemente utilizados, é a tecnologia de bombeamento que, na época do acordo, fim da década de 1980, já se encontrava bem desenvolvida. O governo alemão criou o programa PVP em cooperação com sete países em desenvolvimento: Argentina, Brasil, Indonésia, Jordânia, Filipinas, Tunísia e Zimbabwe. Era propósito do programa instalar 150 sistemas de bombeamento fotovoltaico, testá-los durante cinco anos e avaliá-los técnica, econômica e socialmente.

Como parte do sistema, foi celebrado, no Brasil, um acordo entre o Governo Alemão, através do Ministério de Pesquisa e Tecnologia (BMFT) e do Ministério de Cooperação Econômica e Desenvolvimento (BMZ), e o Governo do Estado do Ceará, para instalação de 15 sistemas de abastecimento de água. Foram responsáveis pela execução do projeto, por parte da Alemanha, a Sociedade Alemã de Cooperação Técnica (GTZ) e, por parte do Ceará, a Companhia Energética do Ceará (COELCE).

O contexto internacional era favorável para esse tipo de programa. As Nações Unidas lançaram, em 1980, o Decênio Internacional do Abastecimento de Água Potável e de Saneamento, para o período 1981-1990, com a intenção de promover ações facilitadoras do acesso à água potável em regiões remotas e carentes, bem como melhorar as condições de higiene e saúde da população.

O projeto PVP se inseria perfeitamente dentro dos objetivos da campanha das Nações Unidas. Sua execução, no Estado do Ceará, se estendeu ao longo do período de 1990-1994. Implementado por uma equipe que fez um acompanhamento rigoroso das ações, teve resultados altamente positivos (CHACON, 1994). Porém, sua reprodução não haveria de ser muito simples desde que, habitualmente, os projetos não contam com uma estrutura humana e de suporte tão dedicada, afinada e disponível durante tanto tempo.

Programa ELDORADO

O programa ELDORADO foi promovido pelo governo alemão com a finalidade de impulsar o desenvolvimento das energias renováveis. Tinha como objetivo específico propiciar a realização de projetos de demonstração da tecnologia eólica (ELDORADO Wind) e fotovoltaica (ELDORADO Sun).

Entre os objetivos do projeto, destacava-se a necessidade de testar as tecnologias mencionadas em condições reais de operação. Participaram do Programa países do Terceiro Mundo localizados, na sua maioria, em regiões de clima tropical.

O projeto foi financiado pelo Ministério de Pesquisa e Tecnologia da Alemanha (BMFT) e implementado através de acordos diretos entre a indústria alemã e instituições locais. No Estado de Pernambuco, o acordo foi assinado entre a empresa Siemens Solar GmbH (SSG) e CELPE, em julho de 1994. Foram instaladas 15 bombas fotovoltaicas e 404 sistemas de eletrificação rural, totalizando uma potência aproximada de 60 kW. Os últimos sistemas de bombeamento fotovoltaico foram comissionados ao longo do ano de 1997.

5.4.2 Diagnóstico de sistemas de eletrificação instalados no Nordeste do Brasil depois de um e três anos de operação

A preocupação de técnicos e profissionais envolvidos com a tecnologia solar, que acompanharam a instalação de sistemas fotovoltaicos na área rural, era natural. Assistiam ao processo de implantação, em grande número, de sistemas autônomos de energia com uma tecnologia conhecida nos laboratórios, mas não na vida real. Com tal motivo, depois de um ano de instalação dos sistemas fotovoltaicos relativos ao convênio CEPEL-NREL, foi realizada uma pesquisa com o fim de verificar os benefícios e problemas que a tecnologia encontra na sua materialização.

Observações depois de um ano de instalação

Por meio de visitas aos locais, a pesquisa consistiu num diagnóstico técnico-social relativo aos sistemas instalados nos Estados de Pernambuco e Ceará (NREL – CEPEL). Na primeira avaliação foram examinados 60 sistemas de um total de 325 instalados no Estado de Pernambuco e 414 sistemas instalados no Estado de Ceará (BARBOSA et al., 1995; BARBOSA, 1997).

Um questionário elaborado para ser preenchido durante as visitas, abordando aspectos técnicos e sociais, permitiu obter valiosa informação sobre o envolvimento dos usuários com a tecnologia, grau de satisfação e mudanças de hábito familiar. As características físicas da instalação dos módulos fotovoltaicos, desempenho elétrico, temperatura de operação e tipo de carga utilizada também foram levantadas. Entre as observações mais importantes, podemos destacar:

- Os usuários estão satisfeitos com o novo sistema instalado e adquirindo novos hábitos de vida. Junto ao rádio e à TV são realizadas tarefas antes consideradas impossíveis, como ler e costurar à noite. De maneira geral, as pessoas permanecem acordadas até mais tarde que o habitual, se reúnem mais frequentemente e surgem oportunidades de pequenos comércios de atendimento noturno.
- Tecnicamente, os módulos fotovoltaicos são os componentes que se encontram em melhores condições de funcionamento. As lâmpadas fluorescentes são uma das partes mais frágeis do sistema, conjuntamente com seus interruptores, a maior parte dos quais se encontrava em condições precárias de funcionamento.
- O acompanhamento dos projetos, assistência técnica e manutenção dos equipamentos são aspectos essenciais para garantir seu bom desenvolvimento.
- A capacitação de usuários e técnicos locais é fundamental para a utilização dessa nova forma de energia nas diversas etapas do projeto, antes, durante e depois da instalação dos sistemas.

Comentários depois de três anos de instalação

Completados três anos de instalação dos sistemas, foi realizada uma nova avaliação do projeto, desta vez só no Estado de Pernambuco (BARBOSA; FRAIDENRAICH, 1997). Constatou-se que:

- Os módulos fotovoltaicos, apesar de apresentarem desempenho levemente inferior ao da primeira avaliação, encontravam-se em perfeitas condições de uso.
- Um número importante de baterias estava descarregado, 24% do total inspecionado, contrastando com a primeira avaliação, em que só 2% das baterias se encontravam nessa condição.
- O número de lâmpadas queimadas foi, da mesma forma que na primeira avaliação, bem elevado.

- Em algumas regiões já beneficiadas com sistemas fotovoltaicos, foram instalados sistemas de eletrificação convencional e os sistemas fotovoltaicos trasladados para outros locais.

O aumento no número de baterias descarregadas pode estar justificado pelo tempo de vida útil, entre 3 e 3,5 anos, desse equipamento. Constatou-se que a substituição de lâmpadas e interruptores foi deficiente, apesar de seus custos serem relativamente modestos. Em alguns casos, a substituição demora meses, durante os quais o usuário carece de um serviço adequado ou simplesmente o equipamento não é utilizado. Componentes cujo custo de reposição é pequeno, como o interruptor que liga e desliga as luminárias, inviabilizam o uso do equipamento.

Longos períodos sem energia podem induzir a uma atitude de indiferença do usuário pelo sistema fotovoltaico e, em consequência, o retorno ao sistema antigo. Sua falta de envolvimento contribui para que situações como as mencionadas possam acontecer. O usuário considera lógico pensar que se alguém trouxe o sistema para ele, da mesma forma alguém deve chegar para consertá-lo. Trata-se de um comportamento interiorizado que faz parte de sua realidade cotidiana. A ruptura desse círculo vicioso requer que o usuário seja protagonista e não mero espectador do processo.

A segunda avaliação do projeto confirma as observações realizadas durante a primeira. A luz elétrica na área rural contribui para estabelecer maior aproximação entre as pessoas da comunidade. Entretanto, em algumas regiões, as carências e a ausência de perspectivas são tão grandes que a simples chegada da luz elétrica não se constitui em fator de mudança nas condições sociais das famílias e da comunidade. São necessárias, basicamente, mais oportunidades e recursos para o desenvolvimento de atividades produtivas, ainda que de subsistência, acompanhadas de programas de educação e assistência em matéria de saúde.

5.4.3 Sustentabilidade dos projetos de eletrificação rural

Na seção anterior, foram mencionados diversos problemas relativos ao desempenho sustentável dos sistemas de eletrificação rural. Muitos deles têm caráter eminentemente técnico, enquanto outros têm a ver com aspectos sociais, culturais e econômicos.

Do ponto de vista técnico, já foi mencionado que o módulo é o componente mais confiável do sistema. Os outros componentes têm apresentado problemas diversos, decorrentes do fato de que, em muitos casos, não foram desenvolvidos para serem utilizados nesses sistemas. Por exemplo, em termos de custo-benefício, recomenda-se a utilização de baterias de automóvel. No entanto, o regime de trabalho ao qual estão sujeitas na sua aplicação original é bem diferente à forma como operam nos sistemas de eletrificação rural. Além das baterias, podemos mencionar os controladores de carga e os dispositivos que constituem a carga elétrica propriamente dita, tais como luminárias, rádio e televisor. Existem diversos trabalhos abordando essa problemática, onde são identificados os problemas e sugeridas soluções (HUACUZ; AGREDANO, 1998; HUACUZ, 1999; LORENZO, 1997).

De maneira geral, a sustentabilidade do processo de implantação da tecnologia está associada a vários aspectos:

O primeiro é a necessidade de contar com uma **malha capilar de suporte da tecnologia**, em matéria de peças, componentes e dispositivos, disponibilizados na medida das necessidades e acessíveis para os usuários. O segundo se refere à presença, dentro dessa malha de suporte, de técnicos ou pessoas práticas capacitadas para resolver os problemas operacionais e substituir partes e peças quando necessário. A presença dessas pessoas nos locais onde funcionam os sistemas, ou visitas periódicas e formas de comunicação para poder solicitar ajuda contribuem a estabelecer a malha de suporte necessária para dar sustentabilidade à tecnologia fotovoltaica no meio rural. No caso em que os sistemas sejam instalados por empresas concessionárias ou cooperativas responsáveis pelo suporte técnico, existem melhores condições para brindar o suporte necessário. No entanto, ainda nesses casos, têm se mostrado como insuficiente.

Recursos disponíveis para as operações de manutenção e assistência técnica dependem de decisões políticas que precisam ser adotadas. Na medida em que o processo de eletrificação rural seja considerado, por um lado, prioritário e, por outro, parte de uma política mais ampla em relação às regiões rurais, será possível encontrar formas de financiar todas as fases desse processo, desde a instalação dos equipamentos até o suporte técnico ao longo de sua vida útil.

Levando em consideração as características da tecnologia fotovoltaica para eletrificação rural, pode-se afirmar que a **participação do usuário** é o ponto central desse processo. Nos sistemas convencionais, desempenha papel passivo, atua como um simples receptor de energia, enquanto que no novo contexto deve passar a desempenhar papel ativo. O usuário conta com o sistema de geração de energia na sua própria residência, podendo ficar a cargo de seus cuidados, tanto no que se refere ao bom uso como ao encaminhamento de soluções quando o sistema não opera corretamente. Sua colaboração durante a instalação e operação do sistema, manutenção, solução de problemas simples como interruptores quebrados e, sobretudo, evitando o mau uso dos equipamentos e solicitando auxílio quando necessário, aumenta significativamente as horas de uso do sistema em boas condições operacionais (FERON, 2016).

Vida útil dos módulos fotovoltaicos. De maneira geral, é fundamental que o serviço possa ser considerado de boa qualidade, aspecto essencial de toda essa problemática, pelos requisitos que devem ser satisfeitos para garantir que os sistemas instalados operem por longos períodos de tempo (25 a 30 anos), já que está devidamente comprovado que o módulo fotovoltaico é o componente mais confiável do sistema de fornecimento de energia.

A título de conclusão pode-se afirmar que a instalação de sistemas é possível e existem muitos programas no mundo que o fizeram. As fontes de recursos para esses programas foram, por momentos, abundantes. Difícil é conseguir que os programas sejam sustentáveis, já que envolvem uma série de questões novas, em particular a problemática dos sistemas descentralizados, que deve ser abordada de uma maneira também nova. O clima geral é favorável para o desenvolvimento de uma cultura que promova formas autônomas de gestão dos recursos naturais associadas a atividades benignas para o meio ambiente (FERON, 2016).

Sistemas Individuais de Geração de Energia Elétrica Através de Fontes Intermitentes (SIGFIs)

A instalação de sistemas fotovoltaicos em quantidade apreciável, como a experimentada com o PRODEEM, carecia, no início do século 21, de uma legislação que regulamentasse a instalação de sistemas fotovoltaicos autônomos para geração de energia elétrica, uma necessidade premente pelo que se depreende das pesquisas relatadas acima e da experiência das instituições envolvidas nos programas de implantação de grande número de sistemas fotovoltaicos autônomos (JANUZZI; VARELLA; GOMES, 2009, p. 5).

Assim, em 2004, foi lançada a Resolução Normativa n.º 83/2004, regulamentada pela Agência Nacional de Energia Elétrica (ANEEL). Essa resolução estabelece, no **art. 1.º**: "...os procedimentos e as condições de fornecimento de energia elétrica por intermédio de Sistemas Individuais de Geração de Energia Elétrica com Fontes Intermitentes – SIGFI".

Na introdução, a lei estabelece que os SIGFI são uma opção para a universalização dos serviços de energia elétrica, e suas características exigem uma regulamentação específica. São relacionadas, também, as diversas formas renováveis de energia que podem ser utilizadas: solar, eólica, biomassa e pequenas centrais hidroelétricas. Finalmente, admite que na execução do Programa Luz para Todos: "...serão contempladas, como alternativa para o atendimento à população-alvo, tanto a extensão de redes convencionais, como os sistemas de geração descentralizados, com redes isoladas ou sistemas individuais".

Esta última decisão no âmbito do Programa Luz para Todos, que utiliza sistematicamente a extensão da rede como procedimento para eletrificação de áreas rurais, abre espaço para atender regiões onde a extensão da rede deixa de ser uma forma viável. Cabe concluir que, embora a opção de eletrificação abarque todas as formas de energia renovável, na prática a tecnologia que foi utilizada, antes e depois da Resolução, tem sido a fotovoltaica.

Em 2012 a Resolução Normativa n.º 493, de 5 de junho de 2012, ampliou os alcances da Resolução n.º 83, de 2004, e definiu os procedimentos e as condições gerais de fornecimento para os seguintes dois tipos de sistemas de geração isolada: Microssistema Isolado de Geração e Distribuição de Energia Elétrica (MIGDI) e Sistema Individual de Geração de Energia Elétrica com Fonte Intermitente (SIGFI). Enquanto o MIGDI consiste em sistemas de geração e distribuição isolados com potência instalada total de geração de até 100 kW, o tipo SIGFI consiste em sistemas de geração utilizados para o atendimento de uma única unidade consumidora, por meio de uma matriz puramente intermitente.

5.5 TECNOLOGIA PV NO SÉCULO XXI

A década de 1990 foi, no plano internacional, o período de promoção da tecnologia fotovoltaica para aplicações terrestres, especialmente aplicações na área rural, além daquelas já vigentes na área espacial e nas telecomunicações (Tabela 5.1) (FOLEY, 1995).

Foi também, no Brasil, o período do Programa de Desenvolvimento de Estados e Municípios – PRODEEM. A análise da experiência com tecnologia fotovoltaica foi relevante no seu momento, mas também o é na atualidade, devido a que sistemas fotovoltaicos continuam sendo instalados em áreas rurais distantes ou não da rede elétrica. Em locais muito distantes que não têm sido alcançados pela rede elétrica, sistemas fotovoltaicos são a solução, além da potência destes poder ser maior que a das unidades implantadas no passado, neste caso para atender equipamentos com fins produtivos, bombeamento de água para irrigação, secagem de grãos e outras aplicações, atendendo ao fato de que a sinergia que existe entre o agro e a energia solar fotovoltaica é imensa. Destacamos as palavras do Presidente da ABSOLAR (SOLARPRO, 2020) e ilustramos com uma fotografia (Figura 5.4) muito eloquente e bela, o significado da energia de origem fotovoltaica para a agricultura rural:

> (...) *A tecnologia é extremamente versátil e pode ser utilizada, por exemplo, no bombeamento e na irrigação de água, na refrigeração de carnes, leite e outros produtos, na regulação de temperatura para a produção de aves e frangos, na iluminação, em cercas elétricas, em sistemas de telecomunicação, no monitoramento da propriedade rural, entre muitas outras funcionalidades* (SOLARPRO, 2020).

FIGURA 5.4 Imagem ilustrativa da integração entre agricultura e sistema de energia solar fotovoltaico. Publicada no *site* da SolarPró-Engenharia em 22 de junho de 2020.
Fonte: SolarPro (2020).

5.5.1 Tecnologia fotovoltaica na década 2010-2020

A brusca redução de preço dos sistemas fotovoltaicos a partir do ano 2010 impulsionou o crescimento sem precedentes das instalações desses sistemas. No período de 2010-2019, as instalações no mundo cresceram 6 vezes, de 16 a 105 Gigawatts (XIAOJING SUN, 2019). Nessa década, os preços de módulos com células de materiais policristalinos diminuíram de 2 US$ por Watt pico a 0,20 US$ por Watt pico, fator crítico no processo de difusão da tecnologia. No mesmo período, não houve redução de preços comparável com nenhuma outra tecnologia, sejam renováveis ou não.

A redução de preços decorre, essencialmente, das economias introduzidas na escala de produção ao longo de toda a cadeia produtiva. A capacidade global de produção do polissilício, matéria-prima essencial na produção de células e módulos, cresceu mais de quatro vezes na última década, enquanto o preço declinou de 80 a 8,40 US$/kg. Acompanhando essa brusca redução de preços, a capacidade da produção mundial de módulos cresceu cinco vezes, da mesma forma que a capacidade de produção de lâminas e células. Na Figura 5.5, pode-se apreciar a evolução do preço dos módulos em US$/Wp e a produção mundial em GW (1.000 MW) (XIAOJING SUN, 2019).

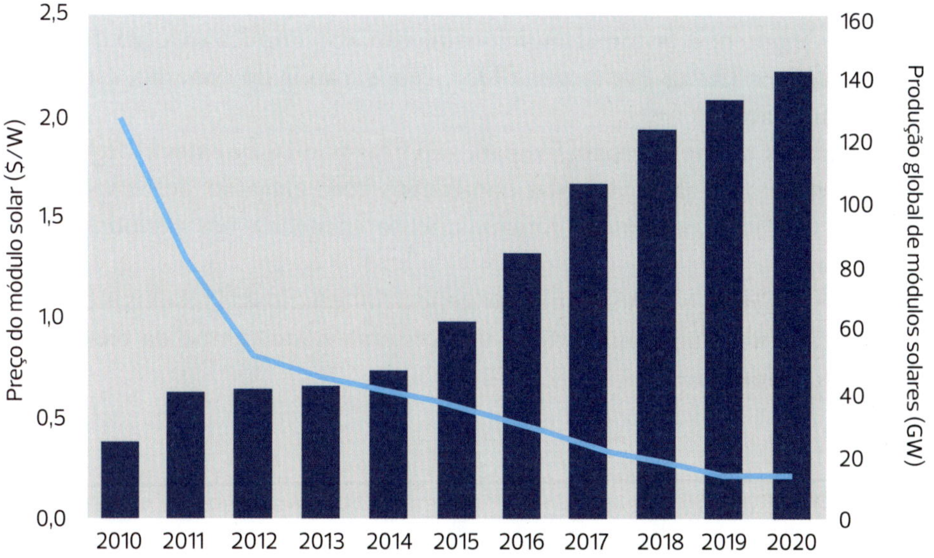

FIGURA 5.5 Produção mundial de módulos em GW e preços em US$/W na última década.
Fonte: Xiaojing Sun (2019).

5.5.2 Qualidade dos módulos e das inovações

A queda nos preços foi acompanhada pelo aumento na qualidade dos módulos. Em 2010, podia-se comprar um módulo *standard* de 72 células multicristalinas com potência nominal de 290 W. Hoje, pode-se adquirir um módulo similar com 345 W por um décimo do preço. Ao mesmo tempo, avanços tecnológicos continuam acontecendo e já fazem parte do mercado:

- Módulos monocristalinos de eficiência acima de 20%.
- Arquitetura de células avançadas, tais como: emissor e contato posterior passivado (*passivated emitter rear contact cell-PERC*).); contato posterior interdigitado (*interdigitated back contact-IBC*); heterojunção com camada fina de material intrínseco e tecnologia de células bifaciais.
- Módulos com células de maior tamanho (158 mm ou mais) e lâminas com dopagem tipo n.

Completando os avanços mencionados, podem-se esperar progressos importantes nas seguintes áreas (XIAOJING SUN, 2019):

- Módulos com células de maior tamanho. Estes módulos podem apresentar redução da superfície ocupada por unidade de kWh gerado e acompanhados, ao mesmo tempo, pela redução dos preços dos módulos por kW de potência nominal. Adicionalmente, isso implica redução de custos periféricos (*balance of system*-BOS), cabos, caixas de conexão, estruturas de instalação.
- Módulos melhor preparados para suportar pontos quentes e degradação induzida pela radiação solar combinada com elevação de temperatura. Por último, garantias de funcionamento adequada por períodos de 30 anos.
- Novos materiais continuam aparecendo no cenário das pesquisas e desenvolvimento, que, com certeza, não cessarão neste campo da tecnologia, ciência dos materiais.

5.5.3 Mercado global da tecnologia fotovoltaica na atualidade

O mercado mundial no ano de 2018 contava com 518 GW de capacidade instalada, depois de ter crescido ao longo desse ano em 100 GW, refletindo o crescimento do mercado na China, na Índia e na América. Os sistemas fotovoltaicos participavam nesse ano com 2,5% da energia elétrica gerada no mundo. Não obstante isso, sua importância hoje é reconhecida globalmente.

A Agência Internacional de Energia (IEA), no Cenário de Desenvolvimento Sustentável, estabeleceu o objetivo de atingir a potência de 3.250 GW instalados para o ano de 2040. A existência de um mercado da ordem de centenas de GW por ano permite considerar essa meta bem razoável.

5.5.4 Tecnologia de células de silício

O material principal das células solares é constituído por lâminas de Si cristalino ou multicristalino. O processo de produção das células solares começa com a fusão de sílica (areia-SiO2), para obter Si metalúrgico. Segue um processo de refino e crescimento, na forma de lingotes de Si de alta pureza, com estrutura monocristalina ou multicristalina. Imediatamente, é dividido em lâminas, que são processadas como células solares (dopagem, camadas antirreflexivas, contatos elétricos) e finalmente interconectadas na forma de conjuntos série e/ou paralelo, devidamente selados contra umidade e corrosão, previstos para alcançar uma vida útil de 25 anos (FRAIDENRAICH et al., 2003; PINHO; GALDINO, 2014).

Silício é o material fundamental da tecnologia de células e módulos no presente. Uma variedade de arquiteturas e composição de materiais associadas ao silício são mostrados na Figura 5.6, que oferece um panorama das células fabricadas com silício como material principal.

Distinguem-se, essencialmente, pelo tipo de dopantes que acompanha o crescimento do Si, tipo p-lacunas e tipo n-elétrons, seja na forma de lingotes multicristalinos ou monocristalinos e pelo tipo de contatos para extração da corrente (Figura 5.6). Em torno de 70% do mercado, em 2017, era coberto por materiais tipo p, com difusão de alumínio na parte posterior da célula, induzindo um campo elétrico na superfície (*back surface field* – BSF). Os módulos fotovoltaicos tradicionais e os produzidos no presente, que alcançaram aumentos excepcionais de eficiência e redução de preços, estão integrados por células com essa arquitetura, com Si mono ou multicristalino.

Entretanto, células solares com novas estruturas entraram no mercado na década de 2010-2019. Com o objetivo de melhorar as condições de extração de corrente da superfície posterior da célula, foi desenvolvida a célula de "emissor e contato posterior passivado" (*passivated emitter rear contact cell* – PERC). O processo adiciona um filme para passivar a superfície posterior da célula e insere contatos locais que se comunicam com o eletrodo contínuo de alumínio através de janelas abertas nesse filme (SCHMIDT; PEIBST; BRENDEL, 2018).

Outros conceitos podem ser vistos na Figura 5.7, onde se ilustra a denominação da arquitetura das células que integram o mercado, com maior ou menor participação de acordo com seu estágio de desenvolvimento em termos de custo e preço. Cabe mencionar as células bifaciais que podem ser utilizadas para gerar energia com luz incidindo em ambas as fases. Finalmente, células tandem com um filme de silício amorfo depositado nas superfícies da frente e posterior das células de Si mono ou microcristalinas são, hoje, parte do mercado.

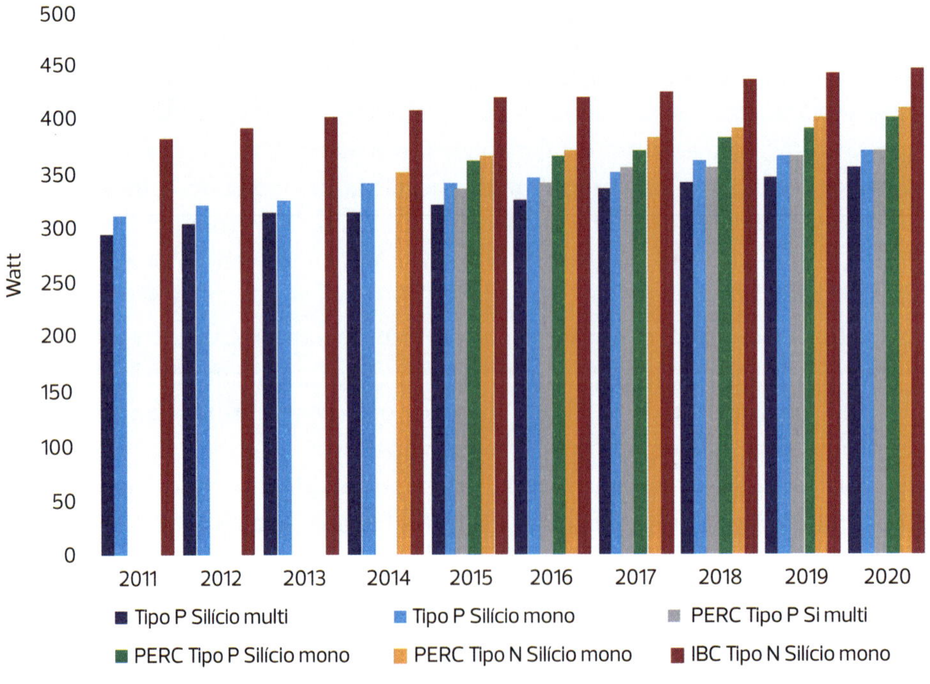

FIGURA 5.6 Evolução da potência de módulos com as tecnologias consagradas e em desenvolvimento. O ingresso no mercado das células interdigitadas foi em 2011 e o das células PERC, em 2014.
Fonte: Xiaojing Sun (2019).

Si	Si p	MULTI	Al BSF	Sustento da indústria fotovoltaica. Máxima eficiência Jinko 22% (09/2017)
			PERC	Rápida absorção pela indústria (também em versão bifacial). Máxima eficiência 25% (UNSW)
		MONO	Al BSF	Produto de excelência de produção em massa, até 2019
			PERC	Incorporação pela indústria, em andamento Máxima eficiência 23,6% (02/2018)
			Contato posterior interdigitado	ISFH[1], máxima eficiência 26,1% (02/2018)
	Si n	MULTI	PERC	IMEC[5] (05/2018)
			Área total passivada	FhG ISE contato superior, eficiência 22,3% (08/2017)
		MONO	PERC	Célula de ECN n-PASHA[3] e Yingli Solar PANDA[4]
			Contato posterior interdigitado	Sunpower, máxima eficiência 25,2% e TRINA 25%
			Área total passivada	FhG-ISE[2] contato superior máxima eficiência 22,3% (08/2017)
			Heterojunção	Panasonic e ENEL[6] 3SUN
			HJT+IBC	KANEKA, máxima eficiência 26,7% (09/2018)

FIGURA 5.7 Tecnologia de células utilizadas no presente: Si-p e Si-n, multi e monocristalinas e diversas arquiteturas. Todas as tecnologias superam 20% de eficiência e algumas, como Sun Power e Kaneka, superam 25%.

Fonte: LCEO (2019).

[1] ISFH Institut für Solarenergieforschung GmbH Hameln.

[2] FhG ISE Fraunhofer Institute for Solar Energy Systems ISE.

[3] ECN n-PASHA célula solar de custo adequado (*cost effective*), com eficiência acima de 20%.

[4] Yingli Solar Panda é um modulo monocristalino com tecnologia de célula solar tipo n e eficiências acima de 18,5%.

[5] IMEC, centro de pesquisa e desenvolvimento (P&D) para tecnologias nano e digitais.

[6] ENEL, Enel Green Power, unidade de energias renováveis do grupo italiano de energia elétrica Enel.

Uma grande divisão relativa à estrutura das células é mostrada pela Figura 5.7: células tipo p e células tipo n. As células que utilizam materiais dopados tipo n têm melhor desempenho que as células dopadas p. Porém, ainda por motivo de custos, sua utilização não se tem generalizado, ocupando um 5% do mercado (2018). A empresa Sunpower tem tradicionalmente ocupado esse segmento do mercado com células monocristalinas com contatos posteriores interdigitados, ostentando recorde de eficiência de 25,3%. A empresa Trina também tem desenvolvido células com essa arquitetura, com recorde de 25,2%. Outras opções tecnológicas incluem células PERC e heterojunções (HJT). Esta última consiste em delgadas lâminas de Si amorfo depositadas sobre uma lâmina de Si-n monocristalino, com um recorde de 26,7% em 2017 pela firma Kaneka, com potencial para atingir 29,7%, segundo pesquisadores dessa empresa.

Na Figura 5.8, pode-se observar a evolução do mercado de módulos fotovoltaicos no presente e futuro imediato, de acordo com o desenho das células

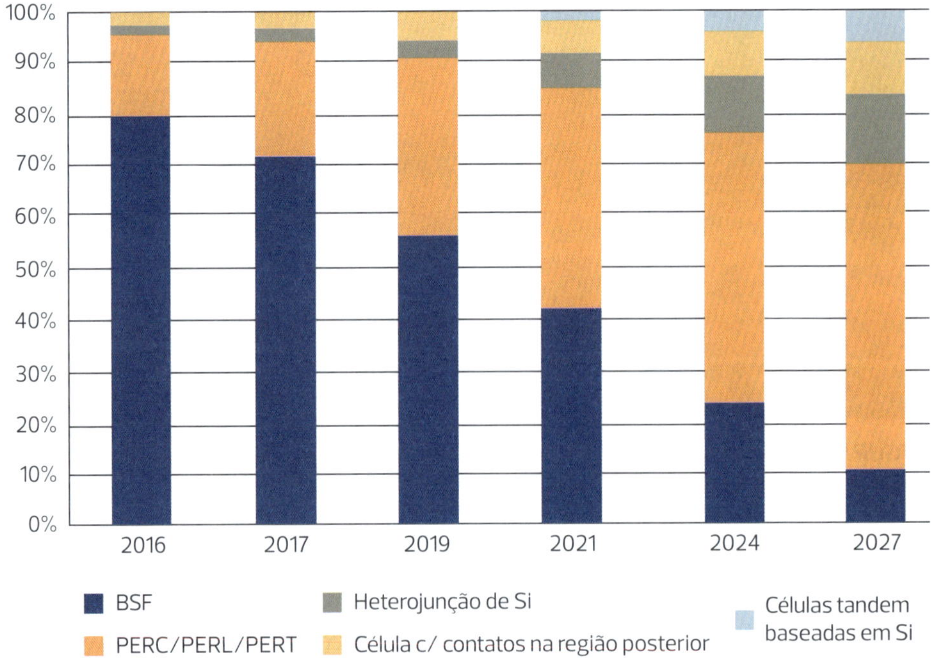

FIGURA 5.8 Composição do mercado de módulos fotovoltaicos a partir de 2016 e projeção até 2027.
Fonte: LCEO (2019).

solares. No ano de 2010, 80% do mercado era ocupado pelas células dopadas tipo p mono e multicristalino, com efeito de campo na superfície posterior (BSF). Diversas modalidades de células PERC, heterojunção, contatos interdigitados e células tandem completam o elenco de desenhos, que vem crescendo no período de 2010-2019 e deslocando o desenho clássico BSF.

Tecnologia de filmes finos

Filmes finos faz referência a dispositivos de alguns mícrones (comparado com células de Si da ordem de 100 mícrones) depositados em substratos adequados. Essas tecnologias emergiram várias décadas atrás em virtude do desenvolvimento de novos métodos de deposição e novos conceitos. Oferecem baixos custos de manufatura e igualmente baixos tempos de retorno. Módulos de telureto de cádmio (*cádmium telluride*-CdTe), disselenieto de cobre, índio e gálio (*copper índium galium selenide*-CIGS), silício amorfo e outros filmes finos de silício estão disponíveis desde 1980. Em 2017, o conjunto desses materiais totalizou 5 GW de potência anual produzida (Figura 5.9).

Na tabela a seguir estão indicadas as eficiências das células e dos módulos de filmes finos:

TABELA 5.4 Caraterísticas dos principais materiais de filmes finos.

Tecnologia	Eficiência recorde		Aspectos principais
	Célula	Módulo	
Telureto de cádmio	22,1	18,6	Compete com Si cristalino na escala de pl plantas PV Potencial para atingir 25% em células e 21% em módulos
Diselenieto de cobre índio gálio	22,6	17,1	Baixo coeficiente de temperatura e boa eficiência, com baixo nível de radiação
Silício amorfo	10,2	–	Antigo líder em células de baixa espessura (filmes)

Fonte: LCEO (2019).

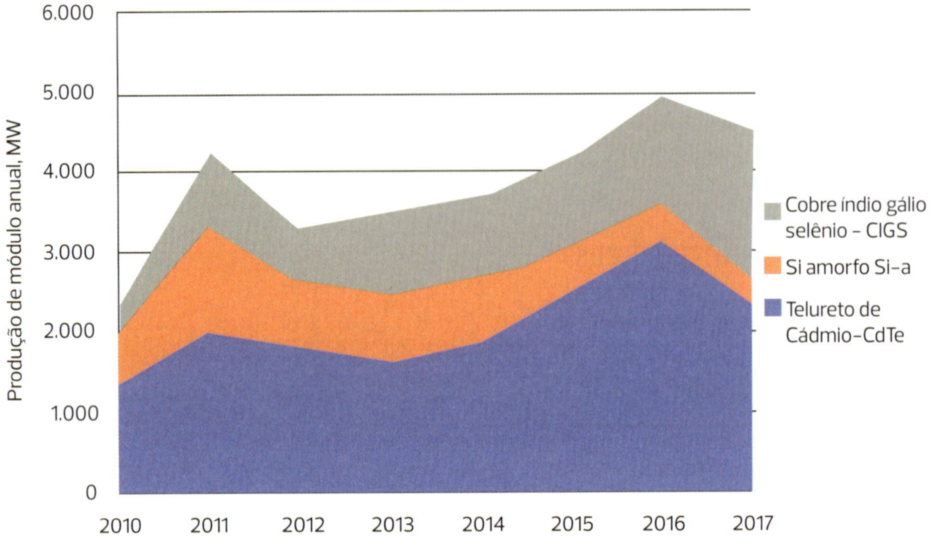

FIGURA 5.9 Tendência na produção de filmes finos no período de 2010-2017.
Fonte: LCEO (2019).

Em anos recentes, sua venda tem diminuído devido ao *boom* do mercado de módulos de Si. Somente o telureto de cádmio é produzido na escala de vários GW por um único produtor.

5.6 PANORAMA SOBRE O MARCO INSTITUCIONAL E REGULATÓRIO PARA A GERAÇÃO FOTOVOLTAICA NO BRASIL*

5.6.1 Marco institucional e regulatório para energia solar

A consolidação da tecnologia solar no Brasil tem promovido a formulação de legislação favorável à inserção tecnológica dessa fonte. Destaque-se, nesse contexto, a consideração de empreendimentos fotovoltaicos em escala de megaWatt (potência superior a 12 MW) no marco regulatório vigente (Lei 10.848,

* A secção 5.6 é uma generosa contribuição do engenheiro Pedro Bezerra de Carvalho Neto.

de 15.03.2004, Lei de Comercialização de Energia Elétrica*) e no âmbito da inclusão da energia solar nos leilões de expansão da oferta de energia, visando à inserção de sistemas fotovoltaicos no Sistema Interligado Nacional (SIN). Ademais, deve-se ressaltar a regulamentação estabelecida para micro e macrogeração distribuída para potência de até 5MW (REN ANEEL 493, de 17.04.2012**), considerando o mecanismo de compensação do consumo de energia (*net metering*).

A Figura 5.10 apresenta a estrutura institucional do Setor Elétrico Brasileiro, onde se podem observar todos os agentes envolvidos, agentes públicos, regulatórios, agentes de mercado e institucionais.

Os formuladores e coordenadores das políticas energéticas são a Presidência da República, por meio do Ministério de Minas e Energia (MME), Conselho Nacional de Política Energética (CNPE) e Congresso Nacional. No âmbito da Regulação e Fiscalização no Setor Elétrico Nacional, as atividades são de responsabilidade da Agência Nacional de Energia Elétrica (ANEEL) e instituições correlatas, tais como: as Agências Reguladoras Estaduais, Agência Nacional do Petróleo (ANP), Conselhos de Consumidores, Entidades de Defesa do Consumidor, Secretaria de Direito Econômico, (SDE) – Ministério da Justiça, Conselho Administrativo de Direito Econômico (CADE), Secretaria de Acompanhamento Econômico (SEAE), Secretaria Nacional de Recursos Hídricos (SNRH), Ministério de Minas e Energia (MMA), Conselho Nacional do Meio Ambiente (CONAMA) e Agência Nacional de Águas (ANA).

Ainda considerando a Figura 5.10, ressaltem-se os agentes de mercado: Câmara de Comercialização de Energia Elétrica (CCEE), Operador Nacional do Sistema Elétrico (ONS), Agentes de Geração (G), Agentes de Transmissão (T), Agentes de Distribuição (D), Consumidores Cativos (C) e Consumidores Livres (CL). Ademais, completando o quadro setorial seguem-se os agentes institucionais Comitê de Monitoramento do Setor Elétrico (CMSE), Empresa de Pesquisa Energética (EPE), Eletrobrás, Concessionárias e o Banco Nacional de Desenvolvimento Econômico e Social (BNDES).

---

* BRASIL, 2004. Lei 10.848, de 15.03.2004, Lei de Comercialização de Energia Elétrica. Disponível em: <https://www2.camara.leg.br/legin/fed/lei/2004/lei-10848-15-marco-2004-531234-norma-pl.html>. Acesso em: 30 jun. 2020.

** ANEEL, 2012. REN ANEEL 493, de 17 de abril de 2012. Disponível em:<http://www2.aneel.gov.br/cedoc/bren2012482.pdf>. Acesso em: 30 jun. 2020.

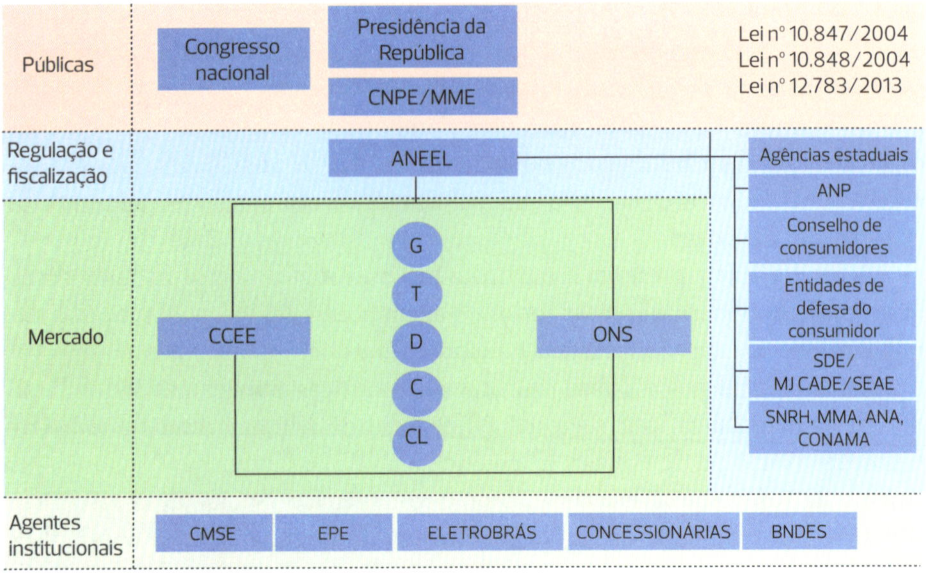

FIGURA 5.10 Setor Elétrico Brasileiro.
Fonte: Elaboração de Pedro Bezerra de Carvalho Neto (2021).

Dentre os agentes institucionais, destaque-se a EPE, onde são feitos os estudos para a elaboração do Plano Decenal de Expansão da Energia (PDE). O PDE é um documento informativo elaborado anualmente sob as diretrizes da Secretaria de Planejamento e Desenvolvimento Energético (SPE/MME) e da Secretaria de Petróleo, Gás Natural e Biocombustíveis (SPG/MME). O principal objetivo é a indicação das perspectivas da expansão do setor energético nacional no horizonte de dez anos, no contexto de uma visão integrada para os diversos energéticos, de modo a se obter maior confiabilidade, redução de custos de produção e redução de impactos ambientais. A versão mais recente é o PDE 2029*.

* BRASIL. Ministério de Minas e Energia (MME), Plano Decenal de Expansão de Energia 2029. 2020. Disponível em: <https://www.epe.gov.br/pt/publicacoes-dados-abertos/publicacoes/plano-decenal-de-expansao-de-energia-2029>. Acesso em: 30 jun. 2020.

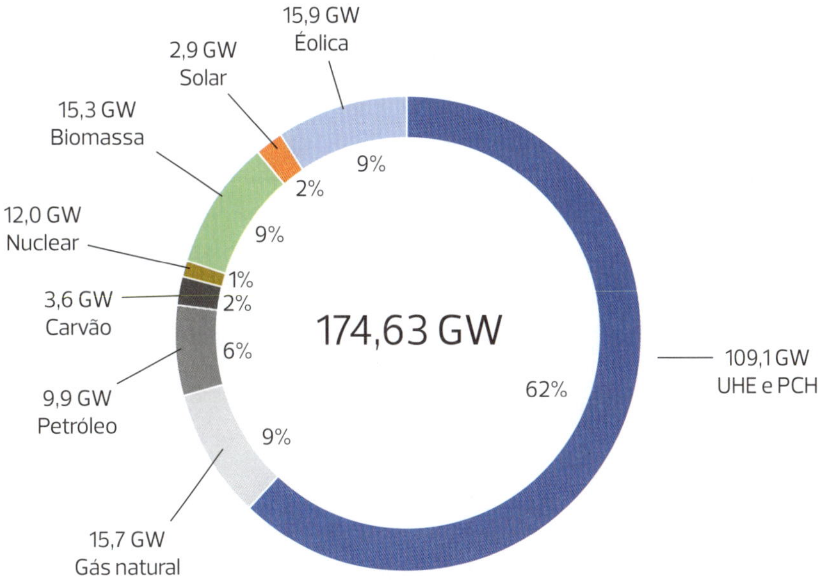

FIGURA 5.11 Capacidade Instalada da Matriz de Energia Elétrica Nacional em 2020 (ANEEL).
Fonte: ANEEL (2020).

A Figura 5.11 apresenta a capacidade instalada das fontes de geração que compõem a Matriz de Energia Elétrica Nacional*, em operação até o presente (03.07.2020).

Observa-se no diagrama que a participação da hidroeletricidade ainda é predominante na Matriz de Eletricidade, com 62% dos 174,63 GW. Não obstante, há uma forte diversificação de fontes na parcela complementar, com maior destaque para a eólica, biomassa e gás natural, cada uma com 9%. Essa diversificação produz maior segurança no abastecimento de energia elétrica, sobretudo diante dos possíveis ciclos hidrológicos desfavoráveis. No entanto, o planejamento da evolução da composição da Matriz de Energia Elétrica tem assinalado ênfase no crescimento da participação das fontes de energia eólica e solar (PDE, 2029).

A Figura 5.12 apresenta um gráfico indicativo da potência adicionada por fonte na Matriz de Energia Elétrica, em GW, no Sistema Interligado Na-

---

* ANEEL. Sistema de Informações de Geração da ANEEL (SIGA). 2020. Disponível em: <https://app.powerbi.com/view?r=eyJrIjoiNjc4OGYyYjQtYWM2ZC00YjllLWJlYmEtYzdkNTQ1MTc1NjM2IiwidCI6IjQwZDZmOWI4LWVjYTctNDZhMi05MmQ0LWVhNGU5YzAxNzBlMSIsImMiOjR9>. Acesso em: 03 jul. 2020.

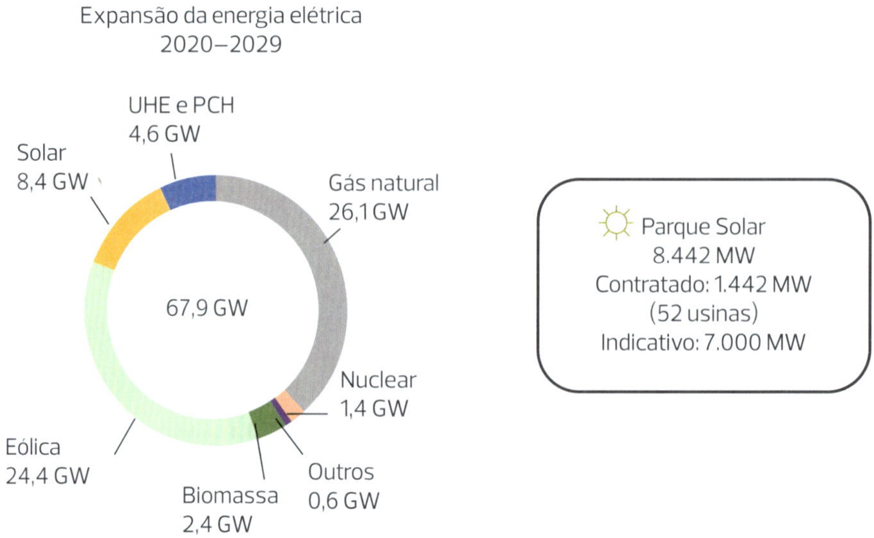

FIGURA 5.12 Expansão da Matriz de Energia Elétrica 2020 (PDE 2029).
Fonte: ANEEL (2020).

cional – SIN, no período de 2020 a 2029. A oferta de geração será expandida em 67,9 GW, alcançando um montante de 221 GW; desse potencial 7 GW será de energia solar fotovoltaica, perfazendo um total de 8,44 GW em 2029.

O plano prevê uma expansão anual uniforme da oferta solar centralizada entre 1.000 e 2.000 MW, a partir de 2023. No estudo, como premissa, foi considerada uma redução em 30% do custo do investimento em energia solar fotovoltaica, resultando num valor aproximado de R$ 2.400/kW.

Quanto à geração distribuída, segundo o PDE 2029, estima-se que a capacidade instalada de sistemas de micro e minigeração alcance o valor de 11,4 GW, dos quais cerca de 90% serão com tecnologia fotovoltaica. Em termos de energia, a capacidade instalada deve contribuir com uma geração de 2.300 MW médios, suficiente para atender 2,3% da carga total nacional no final do período. A Figura 5.13 apresenta a expansão anual da Micro e Minigeração Distribuída.

O crescimento de micro e minigeração distribuída encontra na versatilidade da tecnologia fotovoltaica a maior capacidade para atender à demanda planejada, como se pode observar na Figura 5.13.

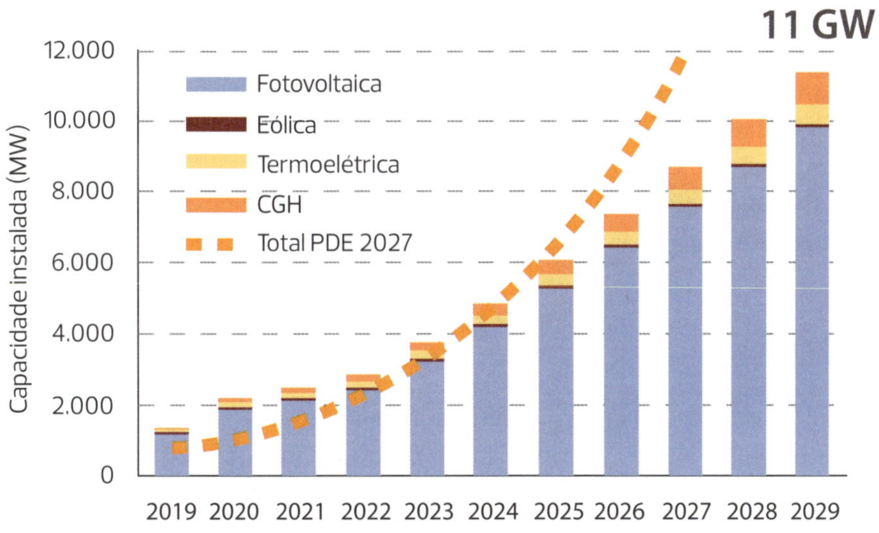

FIGURA 5.13 Expansão da Micro e Minigeração Distribuída (PDE 2029).
Fonte: ANEEL (2020).

5.6.2 Comercialização no SIN

A Lei 10.848, de 15.03.2004, dispõe sobre a comercialização de energia elétrica e baseia-se na:

- Modicidade tarifária, obtida por meio dos leilões de energia organizados pelo governo brasileiro.
- Segurança no fornecimento de energia elétrica.
- Universalização dos serviços.
- Estabilidade regulatória.

A comercialização, expansão da oferta, de energia elétrica no Brasil é feita em dois ambientes – o Ambiente de Contratação Regulada, voltado para as Concessionárias de Distribuição de Energia Elétrica, para atendimento do mercado de consumidores cativos e o Ambiente de Contratação Livre, voltado para os consumidores livres:

- **Ambiente de Contratação Regulada** (ACR)
  Contratação feita por meio de leilões de energia, organizados pelo governo, em que empresas interessadas concorrem na venda de uma certa quantidade de energia sob a oferta do menor preço.
- **Ambiente de Contratação Livre** (ACL)
  Contratação por meio de livre negociação bilateral entre os compradores e vendedores.

5.6.3 Leilões

A expansão da oferta de energia elétrica, no ambiente de contratação regulada, é feita mediante leilões periódicos, sob oferta de menor preço. Os empreendimentos exitosos no certame são contratados com antecedência de quatro ou seis anos (designados como Leilão A-4 ou A-6, respectivamente). Esses leilões constituem os pilares do arranjo institucional introduzido em 2004 e são classificados de acordo com suas características de contratação e tipo de energia e contratação:

- Leilão de Energia Estruturante (LEE) – voltado para grandes empreendimentos hidrelétricos (UHE Santo Antônio, UHE Jirau, UHE Belo Monte, etc.).
- Leilão de Energia Existente (LEE) – contratação de energia gerada por usinas já construídas e que estejam em operação, cujos investimentos já foram amortizados e/ou energia de termoelétricas (A-1 ou A-2). A contratação é feita pelas concessionárias distribuidoras.
- Leilão de Energia Nova (LEN) – contratação proveniente de novos empreendimentos de geração, a partir de fontes especificadas (p. ex.: hidrelétrica, eólica, solar fotovoltaica e térmica, a biomassa), (A-4 ou A-6). A contratação é feita pelas concessionárias distribuidoras.
- Leilão de Energia de Fontes Alternativas (LFA) – contratação de energia proveniente de Fontes Alternativas de Geração (p. ex.: específico para Pequenas Centrais Hidrelétricas (PCH), biomassa, eólica, energia solar), A contratação é feita pelas concessionárias distribuidoras.
- Leilão de Energia de Reserva (LER) – contratação de energia de reserva proveniente de empreendimentos de geração a partir de fontes especificadas (p. ex.: solar fotovoltaica, eólica e biomassa composta de resíduos

sólidos urbanos e/ou biogás de aterro sanitário ou biodigestores de resíduos vegetais ou animais, e lodos de estações de tratamento de esgoto). A contratação é rateada com os consumidores no ACR.

Os leilões têm sido bem competitivos e exitosos, obtendo-se grande deságio no preço ofertado, seja pela segurança regulatória, pela contratação antecipada e pelas ofertas de créditos incentivadas pelas instituições financeiras oficiais. Tais fatores reduzem o risco para os investidores e instituições de crédito. As características dos leilões resultaram em ampla inserção tecnológica da energia eólica no País, considerando a construção e o fortalecimento de toda a cadeia produtiva e a rápida redução dos custos da energia, as quais, desde já, sinalizam grande êxito para a inserção de empreendimentos fotovoltaicos no SIN.

A Figura 5.14 apresenta o resultado dos leilões promovidos pelo MME para a fonte solar fotovoltaica.

0	0	0	889,66 MW	839,80 MW	929,34 MW	0	0	790,60 MW	806,64 MW	203,70 MW	530,00 MW
R$124,45	R$119,03	R$136,00	R$215,12	R$301,79	R$297,75	R$227,02	0	R$172,60	R$118,07	R$67,48	R$84,39

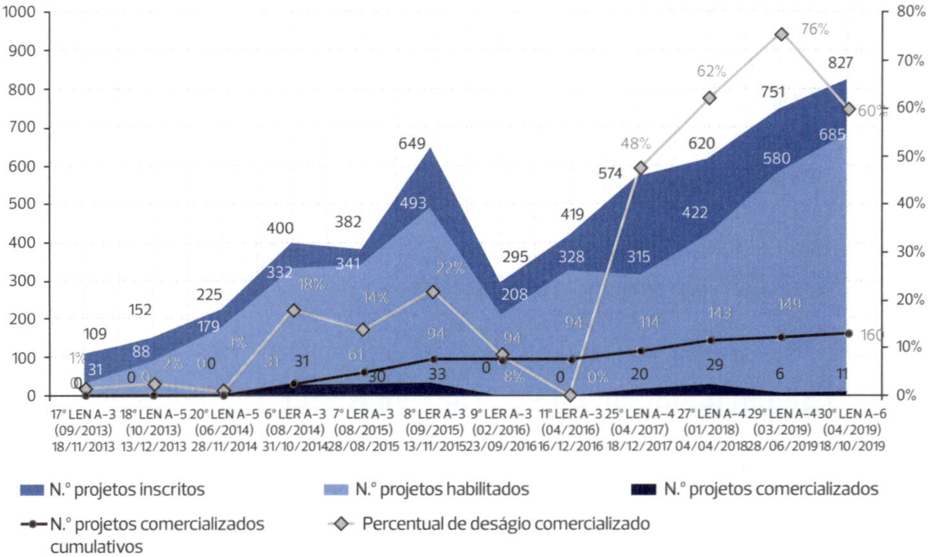

FIGURA 5.14 Leilões de Energia Solar (2013 – 2019).
Fonte: Elaboração do autor Pedro Bezerra de Carvalho Neto (2021).

No eixo horizontal estão listados o tipo de leilão e a data de realização. O gráfico apresenta, na forma de área, o número de projetos inscritos, na cor azul média, o número de projetos habilitados, na cor azul-claro, o número de projetos comercializados, na cor azul-escuro. Ademais, em gráfico de linha, o número de projetos comercializados cumulativos, na cor cinza, e o percentual de deságio comercializado, na cor preta, fazendo correspondência ao eixo vertical direito. Na parte superior do gráfico apresenta-se uma tabela com potência e preço médio da energia fotovoltaica contratada. Constatam-se os seguintes aspectos:

- Não houve contratação nos três primeiros leilões (17° LEN A-3/2013, 18° LEN A-5/2013 e 20° LEN A-5), a despeito de inscrição e habilitação dos empreendimentos (na ocasião, o preço teto ofertado foi muito baixo, R$ 124,45/MW, R$ 119,03/MW, R$ 136,00/MWh, respectivamente).
- Intensa competitividade, considerando os projetos inscritos e contratados. Expressa-se, desse modo, uma grande demanda reprimida e, acima de tudo, demonstrando que o mercado está consolidado em toda sua cadeia de produção da tecnologia fotovoltaica: projetistas, fornecedores, instaladores, operadores, investidores. Ressalte-se que esses projetos inscritos vão amadurecendo seus estudos, podendo participar nos certames seguintes.
- Redução do preço médio de contratação da energia fotovoltaica, de R$ 215,12/MWh (6° LER A-3/2012), para R$ 67,48/MWh (29° LEN A-4/2019), deságio de 76%. Valor mais baixo de comercialização de energia quando comparado a qualquer outra fonte, mesmo a energia eólica, que tinha alcançado o patamar mais baixo de R$ 67,60/MWh (27° LEN A-4/2018).
- Contratação no período de 2013 a 2019 de uma potência acumulada 4.983,7 MW de projetos fotovoltaicos.

5.6.4 Regulamentação: Publicações da ANEEL sobre o tema

- **Resolução Normativa ANEEL 464, de 22.11.2011***, que regulamenta tarifas diferentes por horário de consumo.

---

* Resolução Normativa ANEEL 464, de 22.11.2011. Disponível em: <http://www2.aneel.gov.br/cedoc/ren2011464.pdf>. Acesso em: 30 jun. 2020.

- **Resolução Normativa ANEEL 482, de 17.04.2012**[*], que define as condições gerais de acesso à microgeração (até 100kW) e minigeração (entre 100kW e 1MW) de eletricidade e o sistema de compensação de energia elétrica.
- **Resolução Normativa ANEEL 502, de 07.08.2012**[**], que regulamenta os requisitos básicos para medição eletrônica para o grupo B (atendimento em tensão igual ou inferior a 2,3 kV).
- **Resolução Normativa ANEEL 687, de 01.03.2015**[***], altera a REN ANEEL 482/2012 e os Módulos 1 e 3 dos Procedimentos de Distribuição (PRODIST). Reafirma o sistema de compensação de energia elétrica, permitindo que o consumidor instale pequenos geradores (FV, Eólico e outras Fontes Renováveis) em sua unidade consumidora e troque energia com a concessionária local, com o objetivo de reduzir o valor de sua fatura de energia elétrica. Autoriza o uso de qualquer fonte renovável, além da cogeração. Com essa Resolução Normativa tem-se:
  - microgeração distribuída: potência instalada ≤ 75 kW;
  - minigeração distribuída: 75 kW ≤ potência instalada ≤5 MW (sendo 3MW para a fonte hídrica);
  - as unidades geradoras são conectadas na rede de distribuição por meio de instalações de unidades consumidoras.
  - quando a quantidade de energia gerada em determinado mês for superior à energia consumida no período, o consumidor fica com créditos, que podem ser utilizados para diminuir a fatura dos meses seguintes.
  - o prazo de validade dos créditos passou de 36 meses para 60 meses, e podem ser usados também para abater o consumo de unidades consumidoras do mesmo titular, situadas em outro local, desde que na área de atendimento de uma mesma concessionária (autoconsumo remoto).
  - a Resolução Normativa possibilita, ainda, a instalação de geração distribuída em condomínios. Nessa configuração, a energia gerada pode ser repartida entre os condôminos em percentuais definidos pelos próprios consumidores.

---

* Resolução Normativa ANEEL 482, de 17.04.2012. Disponível em: <http://www2.aneel.gov.br/cedoc/ren2012482.pdf>. Acesso em: 30 jun. 2020.

** Resolução Normativa ANEEL 502, de 07.08.2012. Disponível em: <http://www2.aneel.gov.br/cedoc/ren2012502.pdf>. Acesso em: 30 jun. 2020.

*** Resolução Normativa ANEEL 687, de 01.03.2015. Disponível em: <https://www2.aneel.gov.br/cedoc/ren2015687.pdf>. Acesso em: 30 jun. 2020.

Entre 2014 e 2016, as adesões quadruplicaram, passando de 424 para 1.930 conexões. Estima-se que até 2024 mais de 1,2 milhão de consumidores passem a produzir a sua própria energia, atingindo o equivalente a 4,5 GW de potência instalada.

5.6.5 Projetos fotovoltaicos instalados de geração distribuída

A Figura 5.15 apresenta dados infográficos sobre Geração Distribuída Fotovoltaica no Brasil, da Associação Brasileira de Energia Solar Fotovoltaica (ABSOLAR)* (dados de 02.06.2020). A primeira ilustração apresenta a capacidade instalada de geração fotovoltaica no Brasil, segregada por geração centralizada (conectada no SIN), comercializadas no ACR, 2.928 MW, e por geração distribuída fotovoltaica, comercializados no âmbito da REN ANEEL 464/2011, com o mecanismo de compensação de energia da distribuidora com o consumidor final (*net metering*), 2.836 MW (304.427 unidades consumidoras). Ou seja, uma participação percentual de 51% e 49%, respectivamente.

O segundo quadro apresenta uma hierarquização da capacidade instalada de geração distribuída fotovoltaica (GD-FV) por Estados da Federação. O Estado de Minas Gerais ocupa a posição de liderança, com a capacidade instalada de 528 MW. Esse valor representa cerca de 20% da potência GD-FV instalada no Brasil, a qual, na sequência, junto com Rio Grande do Sul (385 MW), São Paulo (356,80 MW) e Paraná (266,5 MW), totalizam cerca de 50% da capacidade instalada. O primeiro Estado do Nordeste na hierarquização é o Ceará, ocupando a 9.ª posição, com 95 MW. Isso demonstra, portanto, um grande potencial de expansão da implantação de projetos GD-FV no Brasil, notadamente na região Nordeste, que apresenta condições climáticas mais favoráveis.

Para uma simples comparação, no âmbito Mundial, a Figura 5.16 apresenta a segmentação da capacidade instalada de geração fotovoltaica por país da Europa e por tipo de instalação (conectada à rede, industrial, comercial e residencial). Observa-se uma predominância de projetos residenciais para Di-

---

* ABSOLAR. Infográfico ABSOLAR. Out. 2020. Disponível em: <https://www.absolar.org.br/wp-content/uploads/2021/02/2020.10.08%20Infogr% C3%A1fico%20ABSOLAR%20n% C2%BA%2024.pdf>. Acesso em: 08 jul. 2021.

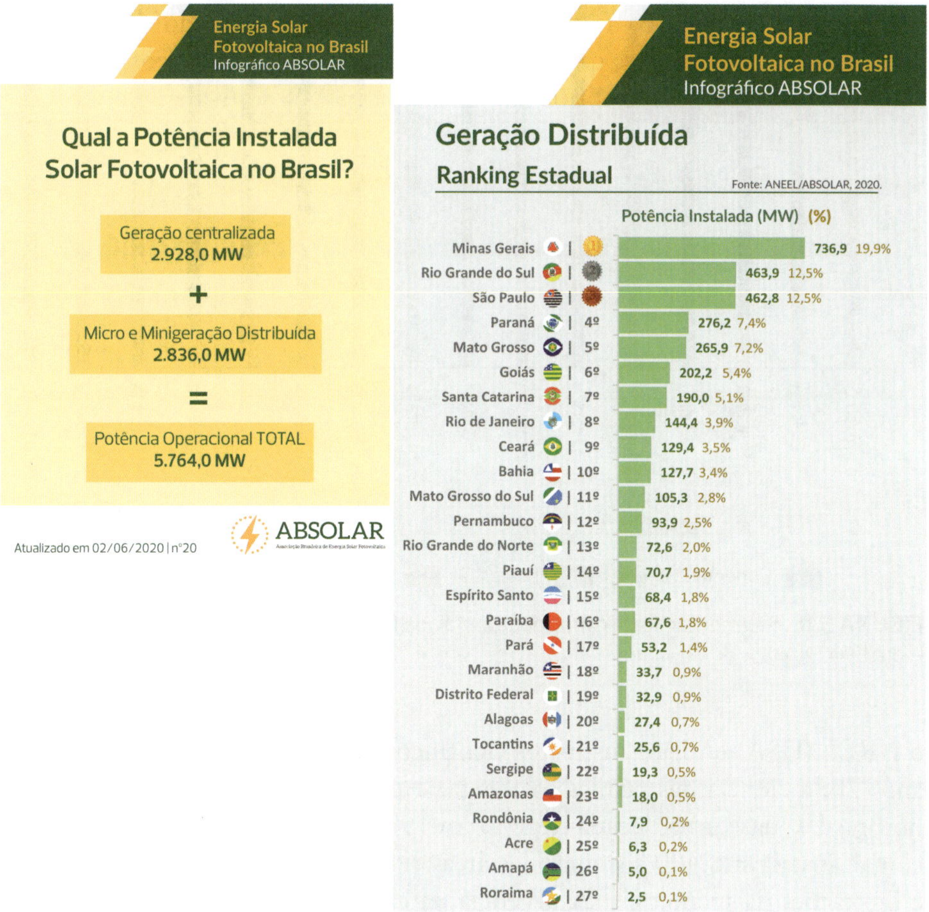

FIGURA 5.15 Dados infográficos sobre GD Fotovoltaica no Brasil.
Fonte: ABSOLAR (2020).

namarca e Holanda, assim como uma predominância de projetos conectados à rede para Eslováquia, Espanha e Bulgária.

5.7 COMENTÁRIO FINAL

Completamos, no presente, o longo percurso da Tecnologia Solar Fotovoltaica no Brasil. Em meados dos anos 80, a tecnologia fotovoltaica inaugurava sua presença nas áreas rurais do Brasil com os programas de colaboração com

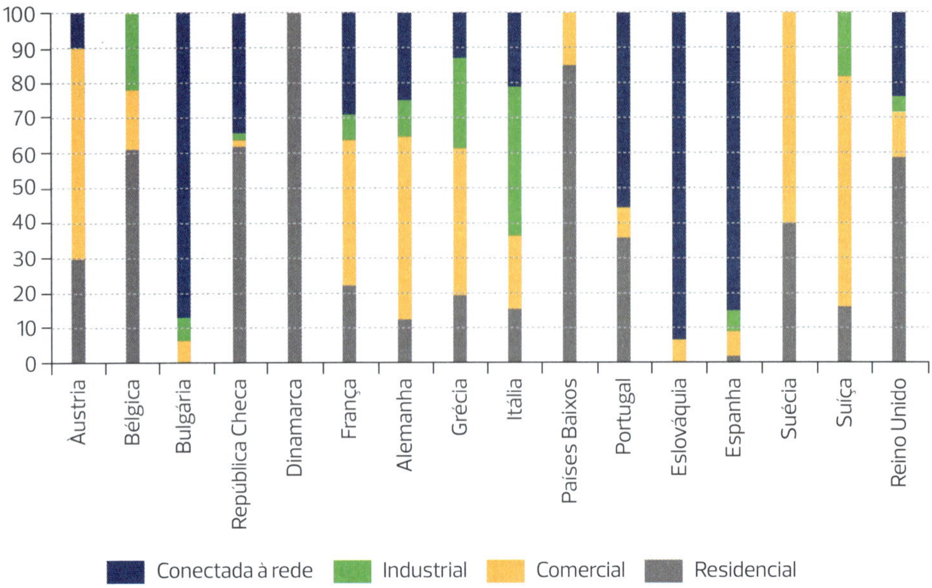

FIGURA 5.16 Segmentação da capacidade instalada fotovoltaica por país da Europa.
Fonte: EPIA (2013).

o NREL (USA) e vários institutos científicos da Alemanha. Ainda antes, nos anos 70, a ciência das células solares fazia parte de laboratórios de pesquisa no Brasil. Quase uma década depois, em 1994, o PRODEEM, programa nacional, instalava 8.400 sistemas nas áreas rurais, mostrando as possibilidades e limitações da tecnologia. A urgência da eletrificação rural avançou com o Programa Luz para Todos, que alcançou índices de eletrificação urbana e rural acima de 95%. A força do programa para melhor alcançar seus objetivos exigiu compartilhar sua marcha com a tecnologia fotovoltaica, que, em certos casos, torna-se imprescindível. Já no século 21, a tecnologia fotovoltaica inicia sua participação no meio urbano com modelos de fornecimento de energia elétrica altamente versáteis. Na última década a tecnologia cresce impetuosamente no meio urbano e mostra a capacidade para ampliar a participação, que sempre esteve presente, no meio rural. Hoje, incorporada ao Sistema Interligado Nacional, a tecnologia fotovoltaica conquista lugar privilegiado como energia do futuro.

REFERÊNCIAS

ABSOLAR. **Infográfico ABSOLAR**. Out. 2020. Disponível em: <https://www.absolar.org.br/wp-content/uploads/2021/02/2020.10.08%20Infogr%C3%A1fico%20ABSOLAR%20n%C2%BA%2024.pdf>. Acesso em: 08 jul. 2021.

ALCÂNTARA FILHO, J. L.; OLIVEIRA FONTES, R. M. A formação da propriedade e a concentração de terras no Brasil. **Revista de História Econômica & Economia Regional Aplicada.**v. 4, n.7, jul-dez. 2009. Disponível em: <https://www.ufjf.br/heera/files/2009/11/ESTRUTURA-FUNDI%c3%81RIA-ze-luispara-pdf.pdf>. Acesso em: 07 ago. 2021.

ANEEL. **Resolução Normativa ANEEL nº 464**, de 22.11.2011. Disponível em: <http://www2.aneel.gov.br/cedoc/ren2011464.pdf>. Acesso em: 30 jun. 2020.

______. **Resolução Normativa ANEEL nº 482**, de 17.04.2012. Disponível em: <http://www2.aneel.gov.br/cedoc/ren2012482.pdf>. Acesso em: 30 jun. 2020.

______. **Resolução Normativa ANEEL nº 493**, de 17 de abril de 2012. Disponível em:<http://www2.aneel.gov.br/cedoc/bren2012482.pdf>. Acesso em: 30 jun. 2020.

______. **Resolução Normativa ANEEL nº 502**, de 07.08.2012. Disponível em: <http://www2.aneel.gov.br/cedoc/ren2012502.pdf>. Acesso em: 30 jun. 2020.

______. **Resolução Normativa ANEEL nº 687**, de 01.03.2015. Disponível em: <https://www2.aneel.gov.br/cedoc/ren2015687.pdf>. Acesso em: 30 jun. 2020.

______. **Sistema de Informações de Geração da ANEEL (SIGA)**. 2020. Disponível em:<https://app. powerbi.com/view?r=eyJrIjoiNjc4OGYyYjQtYWM2ZC00YjllLWJlYmEtYzdkNTQ1MTc1NjM2IiwidCI6IjQwZDZmOWI4LWVjYTctNDZhMi05MmQ0LWVhNGU5YzAxNzBlMSIsImMiOjR9>. Acesso em: 03 jul. 2020.

BARBOSA, E. M. S.; FRAIDENRAICH, N. Periodic evaluation of photovoltaic electrification system's performance in the northeast of Brazil: third year. In: CONFERÊNCIA EUROPEIA DE ENERGIA SOLAR FOTOVOLTAICA, 14. 1997, Barcelona. **Anais da...** Barcelona: 1997. p. 2556-2559.

BARBOSA, E. M. S. Eletrificação rural fotovoltaica: obrigatoriedade do acompanhamento sistemático. **Informe CRESEB**, CRESESB, ano III, n. 4, 1997.

BARBOSA, E. M. S.; FRAIDENRAICH, N. Periodic evaluation of photovoltaic electrification system´s performance in the northeast of Brazil: third year. In: CONFERÊNCIA EUROPEIA DE ENERGIA SOLAR FOTOVOLTAICA, 14. 1997, Barcelona. **Anais da...** Barcelona: 1997. p. 2556-2559.

BRASIL. Decreto nº 4.873, de 11 de novembro de 2003. Institui o Programa Nacional de Universalização do Acesso e Uso da Energia Elétrica – "LUZ PARA TODOS" e dá outras providências. **Diário Oficial da República Federativa do Brasil**, Brasília, p. 130, 11 nov. 2003.

______. Decreto nº 7.520, de 8 de julho de 2011. Institui o Programa Nacional de Universalização do Acesso e uso da Energia Elétrica – "Luz para Todos", para o período de 2011 a

2014, e dá outras providências. **Diário Oficial da República Federativa do Brasil**, Brasília, p. 8, 11 jul. 2011.

______. Decreto nº 7.656, de 23 de dezembro de 2011. Altera o Decreto no 7.520, de 8 de julho de 2011, que institui o Programa Nacional de Universalização do Acesso e Uso da Energia Elétrica – "LUZ PARA TODOS", para o período de 2011 a 2014. **Diário Oficial da República Federativa do Brasil**, Brasília, n. 247, p. 5, 26 dez. 2011.

______. Decreto nº 8.387, de 30 de dezembro de 2014. Altera o Decreto nº 7.520, de 8 de julho de 2011, que institui o Programa Nacional de Universalização do Acesso e Uso da Energia Elétrica – "LUZ PARA TODOS". **Diário Oficial da República Federativa do Brasil**, Brasília, p. 66, 31 dez. 2014.

______. Decreto nº 9.357, de 27 de abril de 2018. Altera o Decreto nº 7.520, de 8 de julho de 2011, que institui o Programa Nacional de Universalização do Acesso e Uso da Energia Elétrica – "LUZ PARA TODOS". **Diário Oficial da República Federativa do Brasil**, Brasília, p. 1, 30 abr. 2018.

______. **Lei nº 8,** de 04 de fevereiro de 1948. Cria o Serviço de Fomento de eletrificação rural e dá outras providências. Diário Oficial da União [República Federativa do Brasil], Brasília, 1948.

______. **Lei nº 10.438**, de 26 de abril de 2002. Dispõe sobre a expansão da oferta de energia elétrica emergencial, recomposição tarifária extraordinária, cria o Programa de Incentivo às Fontes Alternativas de Energia Elétrica (Proinfa), a Conta de Desenvolvimento Energético (CDE), dispõe sobre a universalização do serviço público de energia elétrica, dá nova redação às Leis no 9.427, de 26 de dezembro de 1996, no 9.648, de 27 de maio de 1998, no 3.890-A, de 25 de abril de 1961, no 5.655, de 20 de maio de 1971, no 5.899, de 5 de julho de 1973, no 9.991, de 24 de julho de 2000, e dá outras providências. Disponível em: <http://www.planalto.gov.br/ccivil_03/leis/2002/l10438.htm>. Acesso em 08 jul. 2021.

______. **Lei 10.848,** de 15 março de 2004. Dispõe sobre a comercialização de energia elétrica, altera as Leis nºs 5.655, de 20 de maio de 1971, 8.631, de 4 de março de 1993, 9.074, de 7 de julho de 1995, 9.427, de 26 de dezembro de 1996, 9.478, de 6 de agosto de 1997, 9.648, de 27 de maio de 1998, 9.991, de 24 de julho de 2000, 10.438, de 26 de abril de 2002, e dá outras providências. Disponível em: <https://www2.camara.leg.br/legin/fed/lei/2004/lei-10848-15-marco-2004-531234-norma-pl.html>. Acesso em: 30 jun. 2020.

______. Ministério de Minas e Energia. **Luz para todos.** Um marco histórico: 10 milhões de brasileiros saíram da escuridão. 2009b. Disponível em: < http://antigo.mme.gov.br/documents/36122/1003840/Livro+%60%60UM+MARCO+HIST%C3%93RICO+-+10+milh%C3%B5es+de+brasileiros+sa%C3%ADram+da+escurid%C3%A3o%60%60+-+Portugu%C3%AAs.pdf/87f7a81d-424e-8321-0c30-c577d98aaf40?version=1.0>. Acesso em: 01 set. 2021.

______. Ministério de Minas e Energia. **Plano Decenal de Expansão de Energia 2029.** 2020. Disponível em:<https://www.epe.gov.br/pt/publicacoes-dados-abertos/publicacoes/plano-decenal-de-expansao-de-energia-2029>. Acesso em: 30 jun. 2020.

______. Ministério de Minas e Energia. **PROINFA: Anexo-Institucional 1**. 2009a. Disponível em: <https://ppp. worldbank.org/public-private-partnership/sites/ppp. worldbank.org/files/documents/PROINFA-ANEXO1-InstitucionalMME_0.pdf>. Acesso em: 01 set. 2021.

BRITO, C. **Complexo solar de São José de Belmonte deve entrar em operação a partir de 2021**. Julho. 2019. Disponível em: <https://www.carlosbritto.com/complexo-solar-de-sao--jose-de-belmonte-deve-entrar-em-operacao-a-partir-de-2021/>. Acesso: 04 ago. 2021.

CENTRO DA MEMÓRIA DA ELETRICIDADE NO BRASIL. **Eletrificação rural no Brasil: uma visão histórica.** Rio de Janeiro: Memória da Eletricidade, 2016

CENTRO DE PESQUISA DE ENERGIA ELÉTRICA (CEPEL). **Informe PRODEEM (1995-1996)**. 1996. Disponível em: <http://www.cresesb.cepel.br/publicacoes/download/periodicos/informe_prodeem.pdf>. Acesso em 08 jul. 2021.

COSTA, H. S., FRAIDENRAICH, N. Desenvolvimento de um sistema de conversão fotovoltaico com concentrador parabólico composto CPC. In: II CONGRESSO BRASILEIRO DE ENERGIA, 1981, Rio de Janeiro. **Anais ...**, 1981. p. 935-946.

DE OLIVEIRA, A. (Coord.). **Energia e desenvolvimento sustentável**. Rio de Janeiro: Eletrobrás, 1998.

DHERE, N. G.; CRUZ, L. R.; LOBO, P. C.; BRANCO, J. R.; RUTHER, R.; ZANESCO, I.; LIMA, J. H. G., History of Solar Energy Research in Brazil. In: CONGRESSO BRASILEIRO DE ENERGIA SOLAR, 8. 2020, Fortaleza. **Anais...** Fortaleza: ABENS, 2020.

DINIZ, T. B. Expansão da indústria de geração eólica no brasil: uma análise à luz da nova economia das instituições, **Planejamento e Políticas Públicas**, Brasília, n. 50, p. 233-255, jan./jun. 2018. Disponível em: <https://www.ipea.gov.br/ppp/index.php/PPP/article/view/864/468>. Acesso em: 07 ago. 2021.

ELETROBRAS CENTRAIS ELÉTRICAS BRASILEIRAS S.A. (ELETROBRAS). **Programa Luz para todos:** Histórico. 2017. Disponível em: <https://eletrobras.com/pt/Paginas/Luz-para-Todos.aspx>. Acesso em: 07 ago. 2021.

EMPRESA DE PESQUISA ENERGÉTICA (EPE). **Empreendimentos eólicos ao fim da vida útil. Situação Atual e Alternativas Futuras.** fev. 2021. Disponível em: <https://www.epe.gov.br/sites-pt/publicacoes-dados-abertos/publicacoes/PublicacoesArquivos/publicacao-563/NT-EPE-DEE-012-2021.pdf>. Acesso em: 01 set. 2021.

EUROPEAN PHOTOVOLTAIC INDUSTRY ASSOCIATION (EPIA). **Global Market Outlook for Photovoltaics 2013 -2017.** May. 2013. Disponível em: <https://resources.solarbusinesshub.com/images/reports/12.pdf>. Acesso em: 08 jul. 2021.

FERON, S.; HEINRICHS, H.; CORDERO, R. R. Sustainability of rural electrification programs based on off-grid photovoltaic (PV) systems in Chile. **Energy, Sustainability and Society**, s. l, v. 6, n. 1, p. 32, 2016. Disponível em: <https://doi.org/10.1186/s13705-016-0098-4>. Acesso em: 07. ago. 2021.

FOLEY, G. Photovoltaic Applications in Rural Areas of the Developing World. **World Bank Technical Paper**, n. 304, nov. 1995. Disponível em: <https://doi.org/10.1596/0-8213-3461-1>. Acesso em: 07 ago. 2021.

FRAIDENRAICH, N.; TIBA, C.; VILELA, O. C.; BARBOSA, E. M. S. Energia Solar Fotovoltaica. pp. 281-335. In: TOLMASQUIM, M. T. (Org.). **Fontes Renováveis de Energia no Brasil**. Rio de Janeiro: Interciência, 2003.

GALDINO, M. A.; LIMA, J. H. G. PRODEEM – The Brazilian Program for Rural Electrification Using Photovoltaics. In: RIO 02 – WORLD CLIMATE & ENERGY EVENT, 2002, Rio de Janeiro. **Proceeding of...** Rio de Janeiro: 2002, p. 77-84.

GALDINO, M. A. E.; RIBEIRO, C. M.; MUELLER, R.; SALVIANO, C. PV Rural Electrification in Northeast of Brazil. In: EUROPEAN PHOTOVOLTAIC SOLAR ENERGY CONFERENCE, 13. 1995, Nice. **Proceedings...** Nice: 1995. p. 1123-1126.

GARG, H. P. Solar Cells. In: GARG, H. P. **Advances in Solar Energy Technology** – Volume 3. Dordrecht: D. Reidel Publishing Company, 1987. p. 279-372,

GREEN, M. **The Path to 25% Silicon Solar Cell Efficiency:** History of Silicon Cell evolution. **Progress in photovoltaics: research and applications.** v. 17, p. 183-189, 2005.

HUACUZ, J. M.; AGREDANO, J. Beyond the grid: Photovoltaic electrification in rural Mexico. **Progress in photovoltaics: research and applications**, v. 6, p. 379-395, 1998.

HUACUZ, J. M. Instituto de Investigaciones Eléctricas – IIE. **Energias sostenibles em zonas rurales dentro del proceso de modernización del sector em América Latina y el Caribe.** Relatório Interno. Cuernavaca, México, 1999.

INSTITUTO INTERAMERICANO DE COOPERAÇÃO PARA A AGRICULTURA (IICA), **Universalização de Acesso e Uso da Energia Elétrica no Meio Rural Brasileiro: Lições do Programa Luz para Todos.** 2011. Disponível em: <http://repiica.iica.int/docs/B2112p/B2112p. pdf>. Acesso em: 08 jul. 2021.

JANUZZI, G. M.; VARELLA, F. K. O. M.; GOMES, R. D. M. Avaliação dos Sistemas Individuais de Geração de Energia Elétrica com Fontes Intermitentes-SIGFI's: **Relatório Final 2009**. Campinas: International Energy Initiative (IEI), 2009.

JERONIMO, A. C. J.; GUY GUERRA, S. M. Caracterizando a evolução da eletrificação rural brasileira. **Revista Do Desenvolvimento Regional**, v. 23, n. 1, 2018.

LORENZO, E. Photovoltaic rural electrification. **Progress in photovoltaics: research and applications**, v. 5, p. 3-27, 1997.

LOW CARB ENERGY OBSERVATORY (LCEO). Photovoltaics Technology Development Report. **Technical Report.** Luxembourg: Publications Office of the European Union, 2019.

MARINI, P. Uma ideia luminosa: Tecnologia barata leva energia para quem mora no campo. **IPEA Desafios do desenvolvimento,** ano 4, ed. 31, fev. 2007. Disponível em: <https://www.ipea.gov.br/desafios/index.php?option=com_content&view=article&id=1435:catid=28&Itemid=23>. Acesso em: 07 ago. 2021.

MAYCOCK, P. D. International photovoltaic markets, developments and trends forecast to 2010. **Renewable Energy**, v.5, p. 1, p. 154-161, 1994.

MAYCOCK, P. D. PV review: World Solar PV market continues explosive growth. Refocus, v. 6, n. 5, September–October 2005, p. 18-22.

MINISTÉRIO DE MINAS E ENERGIA (MME). Secretaria de Planejamento e Desenvolvimento. **Plano Decenal de Expansão de Energia 2024.** dez. 2015. Disponível em:<https://www.epe.gov.br/pt/publicacoes-dados-abertos/publicacoes/Plano-Decenal-de-Expansao-de--Energia-2024>. Acesso em: 01 set. 2021.

OLIVEIRA, L. C. **Perspectivas para a eletrificação rural no novo cenário econômico-institucional do setor elétrico brasileiro.** 2001. 130f. Dissertação (Mestrado em Ciências em Planejamento Energético)-Universidade Federal do Rio de Janeiro – UFRJ, Rio de Janeiro, 2001.

PAGLIARDI, O.; GEMIGNANI SOBRINHO, A.; JULIANI, J. A.; BERNARDI, W. Os principais programas de investimento na eletrificação rural paulista e seus benefícios **An. 3. Enc. Energ. Meio Rural.** 2003. Disponível em: <http://www.proceedings.scielo.br/scielo.php?script=sci_arttext&pid=MSC0000000022000000100035&lng=en&nrm=iso>.Acesso em: 08 jul. 2021.

PEREIRA, O. S. Prefácio: O paradigma da eletrificação rural. In: SILVA FILHO, H. M. **Sistemas Fotovoltaicos – universalização do serviço de energia elétrica na Bahia.** Salvador: EDUNEB, 2012.

PINHO, J. T.; GALDINO, M. A. (Org.), **Manual de Engenharia para Sistemas Fotovoltaicos.** Edição revisada e atualizada. Rio de janeiro: CEPEL-CRESESB, mar. 2014.

PROGRAMA DE DESENVOLVIMENTO ENERGÉTICO DOS ESTADOS E MUNICÍPIOS (PRODEEM). Departamento Nacional de Desenvolvimento Energético – DNDE, Ministério de Minas e Energia. **Informativo do PRODEEM.** maio, 1995.

______. Grupo de Trabalho de Energia Solar. **Manual de Engenharia para Sistemas Fotovoltaicos.** Edição Especial PRC-PRODEEM. ago. 2004. Disponível em: <http://www.cresesb.cepel.br/publicacoes/download/Manual_de_Engenharia_FV_2004.pdf>. Acesso em: 07 ago. 2021.

RESENDE SILVA, R.; SENZI ZANCUL, J. Análise da dinâmica demográfica rural brasileira como estratégia na formulação da política federal de saneamento rural. In: ENCONTRO NACIONAL DE ESTUDOS POPULACIONAIS, 18. 2012. **Anais...** Águas de Lindóia: ABEP, 2012.

RIBEIRO. F. S.; SANTOS, J. F. Política de eletrificação rural: superando dilemas institucionais. **Revista do BNDES**. Rio de Janeiro, v. 1, v. 2, p. 131-152, dez. 1994.

RIBEIRO, C. M.; AMADO, L. A. S.; BUARQUE, J. S.; BORBA, A. V. Performance Evaluation of About 800 PV Systems in the Northeast of Brazil After One Year of Operation. In: EUROPEAN PHOTOVOLTAIC SOLAR ENERGY CONFERENCE, 13. 1995, Nice. **Proceedings**... Nice: 1995 p. 1081-1084.

SCHMIDT, J., PEIBST, R., BRENDEL, R. Surface passivation of crystalline silicon solar cells: Present and future. **Solar Energy Materials and Solar Cells**. v. 187, Dez., 2018, p. 39-54.

SOLARPRO ENGENHARIA (SOLARPRO). **Energia solar ganhará novo impulso no campo com mais recursos do Plano Safra 2020-2021.** 2020. Disponível em: <https://www.solarproengenharia.com/detalhes-noticia/energia-solar-ganhara-novo-impulso-no-campo--com-mais-recursos-do-plano-safra-2020-2021>. Acesso em: 08 jul. 2021.

STAMM, C. **Determinantes do movimento de trabalhadores pendulares na aglomeração urbana do nordeste do Rio Grande do Sul: uma análise a partir dos transportes coletivos.** 2013. 279f. Tese (Doutorado em Planejamento Urbano e Regional) – Universidade Federal do Rio Grande do Sul (UFRGS), Porto Alegre, 2013. Disponível em: <https://lume.ufrgs.br/bitstream/handle/10183/71909/000879545.pdf?sequence=1&isAllowed=y>. Acesso em 08 jul. 2021.

VALLÊRA, A. M.; BRITO, M. C.; Meio século de história fotovoltaica. **Gazeta de Física.** v.29, p. 10-15, 2006. Disponível em: <http://solar.fc.ul.pt/gazeta2006.pdf>. Acesso em: 08 jul. 2021.

WORLD BANK. **Access to electricity Source**. World Bank, Sustainable Energy for All (SE4ALL) database from the SE4ALL Global Tracking Framework led jointly by the World Bank, International Energy Agency, and the Energy Sector Management Assistance Program. 2020. Disponível em: <https://data.worldbank.org/indicator/EG.ELC.ACCS.RU.ZS>. Acesso em: 30 jun. 2020.

XIAOJING SUN. Solar Technology Got Cheaper and Better in the 2010s. Now What?

A Wood Mackenzie Business. dez. 2019. Disponível em: <https://www.greentechmedia.com/articles/read/solar-pv-has-become-cheaper-and-better-in-the-2010s-now-what>. Acesso em 07 ago. 2021.

AGRADECIMENTOS

Aos prezados colegas do Grupo FAE, Elielza, Tiba e Olga, com quem pesquisamos, organizamos e semeamos, na medida de nossas modestas possibilidades, a ciência da energia solar no Brasil, nos mais diversos períodos ao longo dos 40 anos de existência do Grupo FAE.

Aos queridos Rinaldo e Marcelo, companheiros indispensáveis de todos nossos trabalhos.

Ao Professor Clemente, que solidária e generosamente possibilitou minha transferência ao Departamento de Energia Nuclear, em momentos decisivos de minha vida na UFPE e da minha família em Recife.

Aos colegas do Departamento de Energia Nuclear que acompanharam nossas aventuras e desventuras; Djane, Alene, Claudenice, Walter, Sueldo, Atílio, Brayner, Antonino, Rómulo, Romilton, Helen, Dantas, André.

In memoriam, lembro com profundo carinho Aguiar, Amós, Ailton, Vigiberto e Zé Alves.

Aos professores e funcionários do Departamento de Energia Nuclear, presença cordial e permanente ao longo das jornadas de todos os dias.

Evoco especialmente a presença de meu querido amigo Ignacio Salcedo, de quem guardo a memória das conversações, durante nossos inúmeros encontros ao meio-dia, sobre temas que nos apaixonavam, simplesmente ciência e vida.

Naum Fraidenraich
Recife, abril de 2022